U0245047

国际环境设计
精品教程

THE INTERNATIONAL COURSE
OF ENVIRONMENTAL DESIGN

# 居住空间设计图解

# Living Space Diagram

[日]本间至/编著

徐建雄　陈铁军　姚绪辉/译

# 前　言

## 经得起时间考验的家

将房间布局说成是组建在家中的生活恐怕也不为过吧。而房间布局一旦完成后，人们就将在其中生活几十年。所谓住宅，事实上就是这种承载着单调重复生活在时间轴上的延伸。也正因为这样，房间的配置必须经受得起时间的考验，同时还要在充分发挥实用功能的同时，静静地洋溢着令人心平气和的闲适氛围。而这方面仅靠房间与房间的对接是无法实现的，必须从多种角度来加以深思熟虑。

然而如果这种思考过于注重逻辑和理性的话，则“房间布局”本身难免会偏离现实生活而变得干巴巴的，或大而无用。既然说到底住宅是一种私人性的空间，那就不能基于日常观念而设计成千篇一律的模样，而应该从众多的特例中去感受房间布局的妙趣。

出于这样的考虑，我将自己在Bleistift设计事务所（注：本间至的设计事务所）所设计的住宅实例汇总于此，供大家参考。如果对大家在布局房间时有所帮助，我将感到十分欣慰。

本间 至

# 目 录

Chapter.2



Chapter.3

Chapter.1

# 根据各种『场所』来考虑『房间布局』

Chapter1_1

# 将人迎入家中的入口通道和玄关

导入建筑物的方式要根据建筑用地的面积大小和门前道路的位置等外在因素，以及在建筑用地内如何安排生活等内在因素而定。调整两种因素间关系的方式不同，导入建筑物的方式也会有所不同。就实际方法而言，可谓是千差万别，其种类应该跟房屋种类相一致。

之前人们往往认为有大门的人家才是气派的人家，因此，建造独门独院时，一定要建个大门。尽管其围墙或篱笆墙能被人轻易越过，也要装上一扇很大的门，或者即使玄关距大道仅有一步之遥，也要建一扇像样的大门。可以说，大门的存在已经脱离了生活的必需，完全成了一种形式。

其实，如果我们能够抛开大门、围墙这些形式化的观念，将关注的目光投向建筑用地所处的环境和生活方式这些客观因素，那么就肯定能够发现各种导入建筑物的方式。当然，前提是要遵循入口通道、玄关的基本作用是将人十分舒心地迎入屋内这一原则。

对于玄关也应该做同样的思考。日本是一个在世界上也极为罕见的有着脱鞋进屋习惯的国家，但我们有时也过于强调这样的习惯而将玄关仅仅当做是一个脱鞋的地方。所谓玄关，应该是一个从外面回来后第一个让人感到放松、温馨的所在。同时，它又是生活动线的出发点。因此，如果玄关的位置关系不能在空间规划中得到很好的安排，那么屋子里面的生活动线也就很难得到合理布置。

玄关既具有一定的精神作用，同时也具有相应的实用功能，且在空间规划中起着重要作用。将具有如此多重含义的玄关与入口通道结合起来考虑，其实也正是空间规划的出发点。

# 将入口通道设在院子里

即便考虑到方位上的关系而将与邻居间的空间布置成一个小小的庭院，有时也会由于被邻居家的屋子挡住阳光，而成为一块既没有阳光也不通风的死地。

如果是为了得到光照和通风，也可以将庭院设置在路边，然而仅是将一个小院子放在那里就与日常生活完全脱节了，最终往往会成为一块无用的空地。

因此，最好是使其与其他空间共享，让庭院变成一个在日常生活中能够得到利用的场所。

说到既靠着路边又具有实际用途的场所，脑海中会立刻浮现出通向玄关的入口通道。让入口通道与小小的庭院共享，这一空间就立刻变身为富有意蕴的所在了。

## 多功能地加以利用

用围墙将入口通道的空间围起来后，制成了浴室外景观带。玄关门廊和玄关都采用铺设地面的材料建造，拉开玄关的推拉门后就与宽敞的地砖地面融为一体了。这种多功能的入口通道处理方式就将所剩下的这点空间用活了。

初台的住宅 1F
1:200

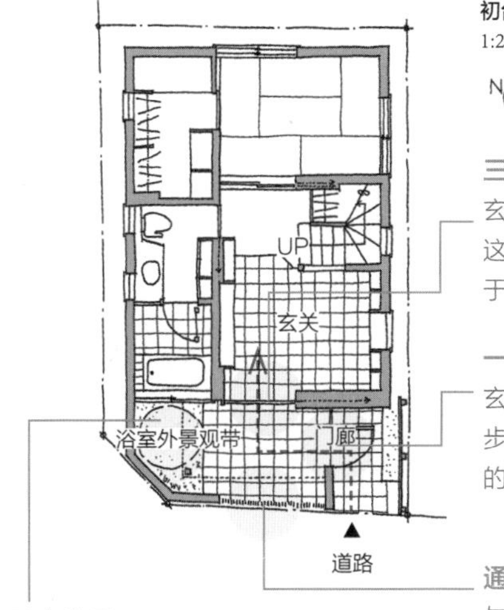


**三道门**
玄关由推拉门、玻璃门和纱门这三道门组成，可以全部收藏于墙内

**一步之遥**
玄关门廊之前，在相距道路一步之遥的地方有一道可以上锁的铁格子门

**通风与阻挡视线间的平衡**
与前面的道路之间有一道塑料网格板的隔断，既能达到通风的目的，又能多少遮挡一下外界的视线

**两个作用**
栽种于入口通道处的绿植同时也成为从浴室中可以看到的浴室外景观带

玄关门廊位于二楼阳台下。最里边的绿植也兼有浴室外景观带的功能。右侧中央木格推拉门打开后，便可进入玄关内的多功能空间。右侧靠前的铁格子门处于打开的状态

## 入口通道花园

留出了能够停放两辆车的停车场后，所剩下的外部空间自然就十分有限了。用竖条格栅将这有限的空间围起来并种上绿植，就成了一个小小的入口通道花园。由于在二楼的大平台上也能俯瞰到这个入口通道花园，所以即便在二楼也能够享受到绿植。

**并未完全隔离**
由于树木高出了浴室外景观带的围墙，因此入口通道在左右两边的绿植之间

**与室内相衔接**
这是一种凹陷式的玄关门廊。透过入口通道正面的玻璃，可以看到室内的走廊

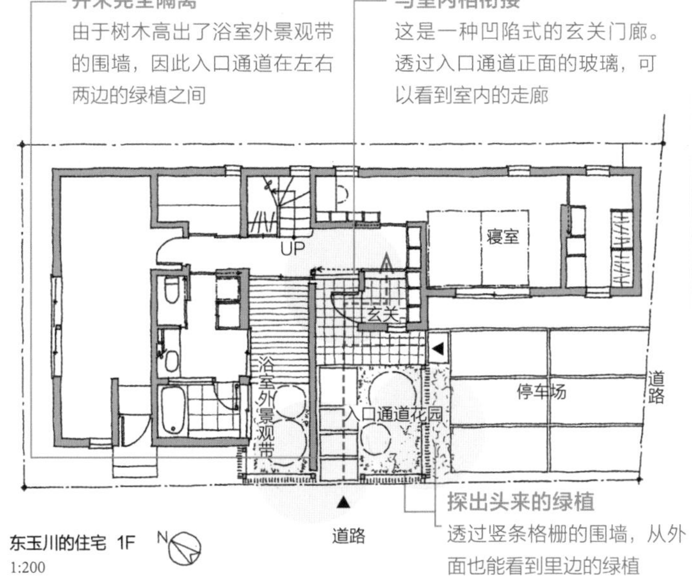


**探出头来的绿植**
透过竖条格栅的围墙，从外面也能看到里边的绿植

东玉川的住宅 1F
1:200

1. 这是从二楼阳台俯瞰时所看到的入口通道的模样。右侧的绿植为浴室外景观带所栽种的植物
2. 夹在浴室外景观带围墙与绿植之间的入口通道。玄关门廊就是二楼阳台凸出部分所形成的较大的房檐

# 在绿植的环绕中

我们走在住宅区的街道上，有时会看到一些人家的大门与围墙以及车库卷帘门紧密相连，似乎不允许外人踏入其领地一步。私人住宅自然是个人的领地，但是也同样属于公共区域的一部分，从这个角度来说，面向道路的、具有开放形态的入口通道应该是可以考虑的。

譬如说，当住宅用地比较大时，就可以将入口通道和停车场建成开放式的，同时广种绿植，将玄关门廊包围起来，以绿植来温和地阻挡来自外界的视线，这也是一种可以采用的好方法。

## 车与人的进入路线

这块住宅用地朝向道路一面的门面十分开阔，在确保了能停两辆车的空间后，沿街处留下了几乎与之相等的空间。于是通过种植绿植，造就了一条穿行于绿植中的进入路线。

**较低的屋檐**

相对于较为宽敞的入口通道，高度降低后的屋檐所围成的玄关门廊，形成了一个能使人气定神闲的温馨空间

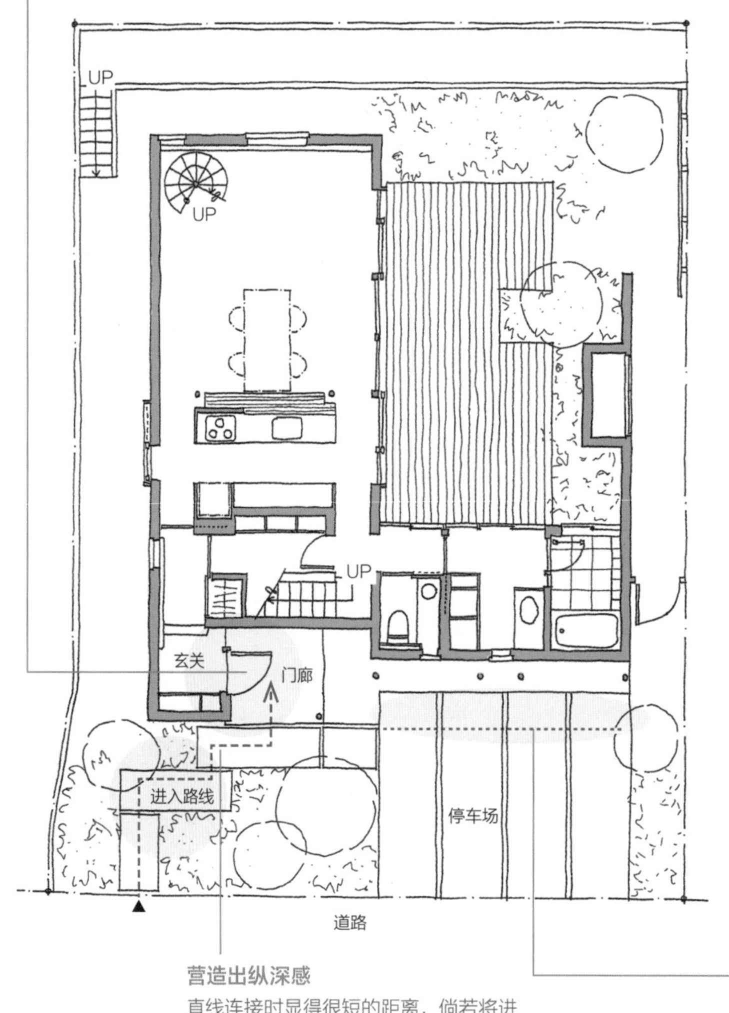

**鸠山的住宅 1F**
1:150

**营造出纵深感**

直线连接时显得很短的距离，倘若将进入路线变成曲折的路径，便会形成一个具有纵深感的入口处。由于入口处看不到玄关的门，故而纵深感更为强烈

**一部分处于屋檐下**

由于停车场靠里边的一侧处在房屋的屋檐下，往卡车上装卸货物时就不必担心下雨

1. 在灌木绿植的环绕中进入玄关门廊。这里的玄关门廊是一个由地面、墙壁和天花板所组成的半开放式的门廊
2. 门廊部分的地面要比车库部分高出一段。这种将门廊与车库完全隔离的方式使门廊具有一种独立感

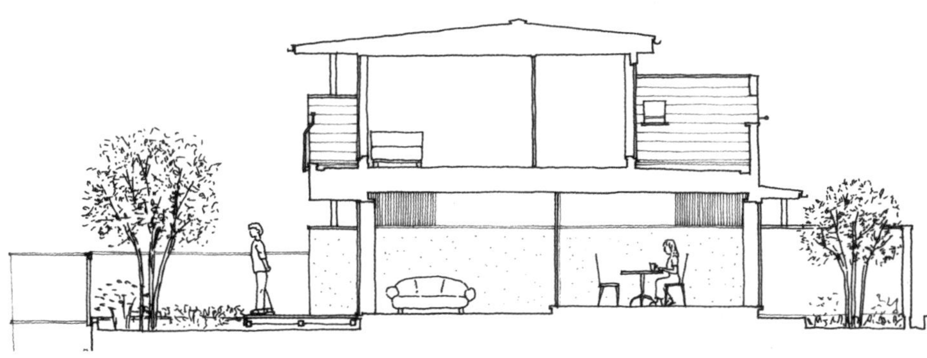

## 分离

这块住宅用地的南北方向比较长，且南面临街。要在南边设置一个庭院的话，庭院与停车场间的关系就成了关键。又由于有停车场必须能停2~3辆车的先决条件，就决定将其设计成靠街一侧是完全开放的停车场，而靠里侧用围墙围出一个庭院。直到玄关的进入路线则设计成在往里走的同时能够欣赏到庭院绿植的路径形式。同时将围墙的高度调整到从外部无法窥视室内的程度。

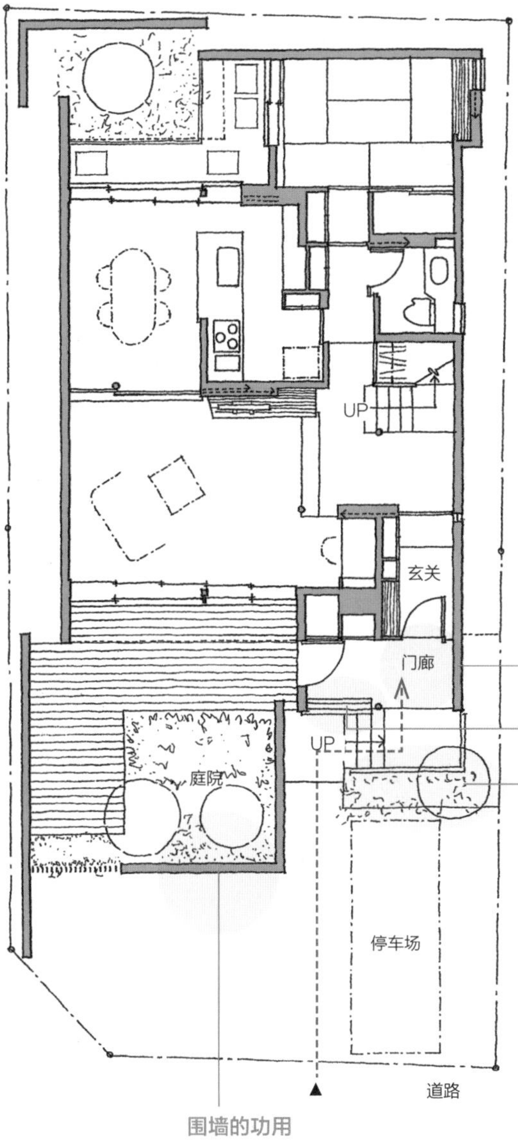

玄关门廊高出停车场几级台阶，营造出一种舞台效果。家人可以在欣赏左侧越过围墙的绿植的同时，进入屋内。而正面的绿植又将玄关十分柔和地遮掩了起来

UP
玄关
门廊
UP
庭院
停车场
道路

**形成小型场地**

住宅地标高60cm，玄关门廊也相应地高出这么一截。二楼的阳台成了玄关门廊的屋顶，整个门廊似乎变成了一个小舞台

**以长椅代替扶手**

用木制的长椅代替扶手，购物归来时可以将东西放在长椅上

**围墙的功用**

虽然是阻挡外人视线的围墙，但绿植高过了围墙的顶部，道路上来往的行人也能看到出墙的绿植。同时，一部分围墙是用纵向格栅制成的，庭院的一部分绿植也能朝停车场绽露芳容

**采用绿化来遮挡**

在停车场与玄关门廊之间的空地上栽种常绿的树木，这样，从道路上就无法直接看到门廊了

N

**祖师谷的住宅 1F**
1:150

# 隐于幽深之处

正像幽深这个词所表现的那样，具有纵深感是一件好事，表示有深度，能够引人入胜。就住宅方面来说也一样，提到一幢富有纵深感的房子，往往就会使人产生深沉、厚重的印象。

同理，对于入口通道来说，如果能够将其建得具有纵深感，就会自然产生一种引人入胜的效果。当然，这跟住宅用地是有关系的，如果住宅用地的面积比较宽裕的话，就可以有意识地建成具有纵深感的入口通道。此外，像旗杆形用地，原本就具有引向深入的特点，利用其旗杆部分便可表现出这种纵深感了。

## 三家公用

一块住宅用地上盖了两栋房子，住着三户人家。由于大门位于停车场后，大街上来往的行人只能看到在纵深处有一扇小门。由此产生一种幽深的感觉。大门处有各户人家的邮箱、内部对讲机和户主标牌，门上有三户人家都能打开的电子锁。

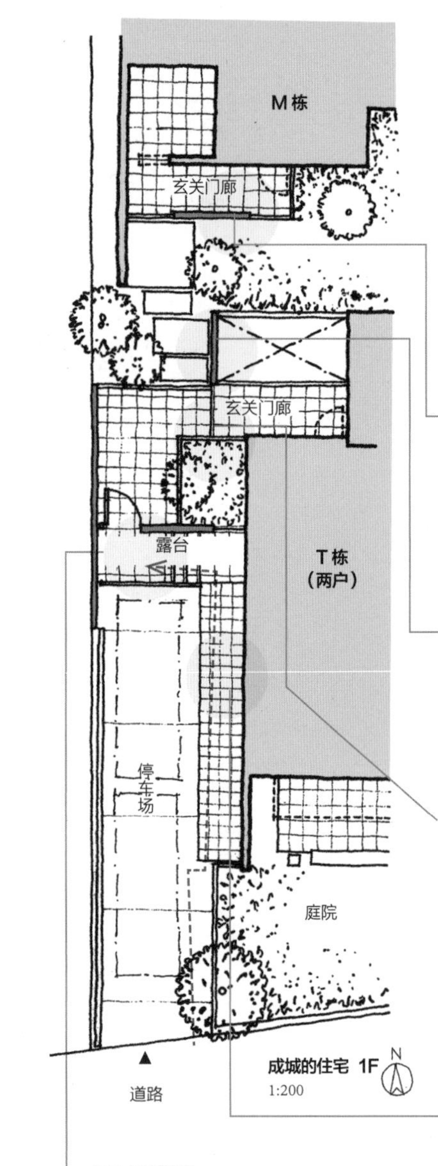


成城的住宅 1F
1:200

**隐蔽式玄关**
里边人家的玄关门廊有一部分被墙壁遮住了，从外面不能直接看到玄关

**缩短宽度**
建立部分围墙，缩短通往里边人家入口通道的宽度，显示出行进的方向性

**兵分两路**
进入大门后，入口通道就分为通往里边一栋的和通往近前一栋的。由于近前一栋的入口通道往右边踏上一步就是玄关了，因此，近前一栋的玄关门廊就在其分叉处

**用不同的材料区分人、车进入的路线**
能纵向停放两辆车的停车场旁则是行人的进入路线。进入路线的地面所用的铺设材料与停车场是不同的，以此来提示此处为步行场所

**暂时滞留区**
这是进入三级台阶入口通道门廊前的缓冲区。在此打开大门的锁后才可正式进入居住地

1. 这是 M 栋的玄关门廊。玄关的周围虽然都是墙壁，但下部是开放式的，可以看到院子里的绿植
2. 这是 T 栋的玄关门廊。大门之后的通道都在屋顶的覆盖下，显示了行走的方向性
3. 三户公用的大门。邮箱、内部对讲机、户主标牌都集中在一处
4. 站在道路上所看到的入口通道。可以看到停车场后的大门

1

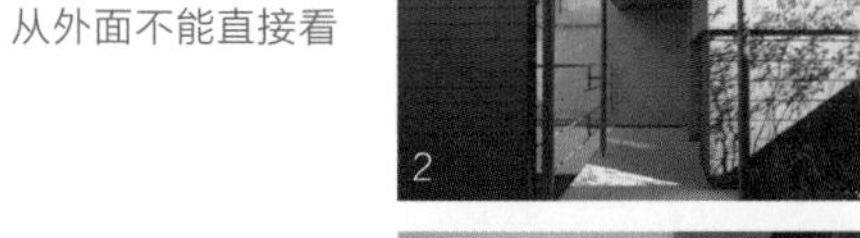
2

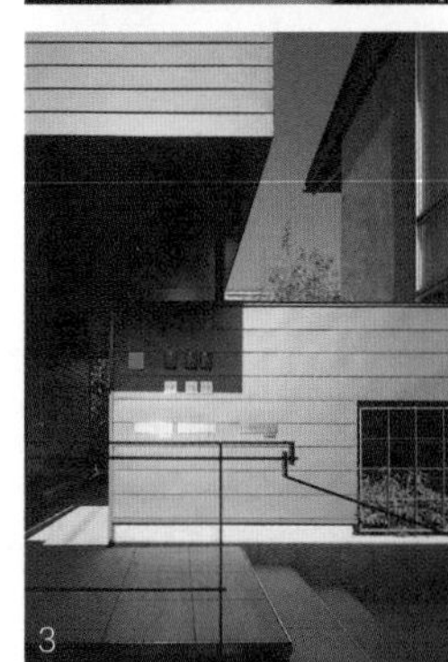
3

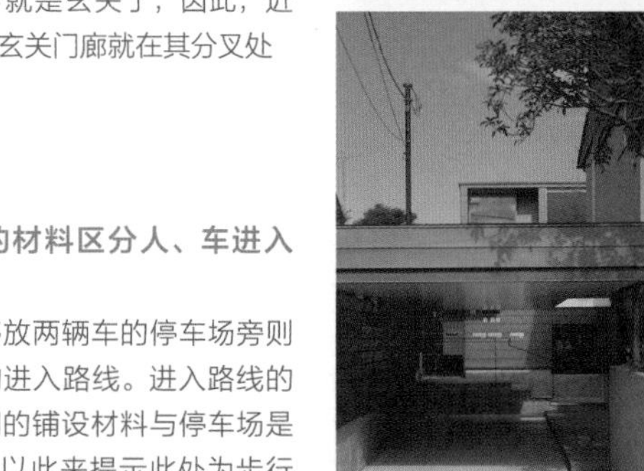
4

## 在屋顶的引导下进入

停车场旁边的进入路线位于混凝土屋顶的下方，不受风雨侵扰

整个建筑物围绕中庭形成一个コ字形，与中庭相隔一道混凝土围墙的是停车场。停车场与围墙之间的进入路线在屋顶的引导下朝纵深处延伸，打开一扇矮门后便来到了玄关门廊。此处的屋顶会让人意识到这里是人进入的入口通道。

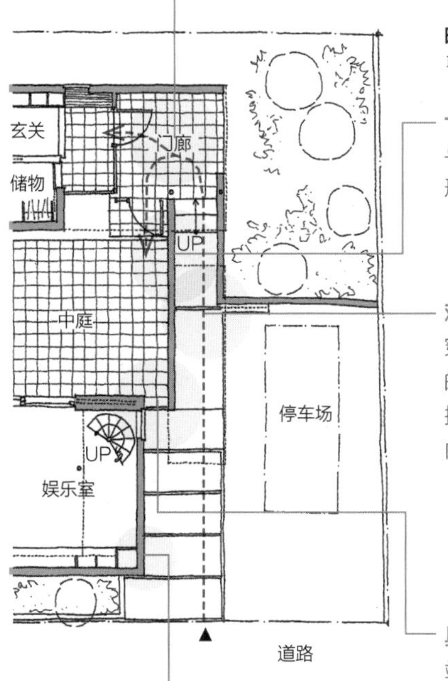


田园调布的住宅 1F
1:200

**两种进入方式**
在带有巨大屋顶的玄关门廊下，有两条入口通道：既可以进入玄关，也可以穿过中庭进入室内

**一道围墙**
与中庭间仅相隔一道围墙，就形成了内、外完全不同的空间

**欢迎入内的矮门**
穿过停车场后有一扇高约80cm的矮门。这并不是一扇将人阻挡在外的门，而是具有欢迎入内的意味

**具有前奏作用的空隙**
站在路上正面面对该住宅时，便可从此空隙处窥探院内

**在室内便可收取信件、报纸**
将邮箱设在靠近道路的娱乐室的墙上，这样在室内就可以收取信件和报纸了

## 旗杆形住宅用地

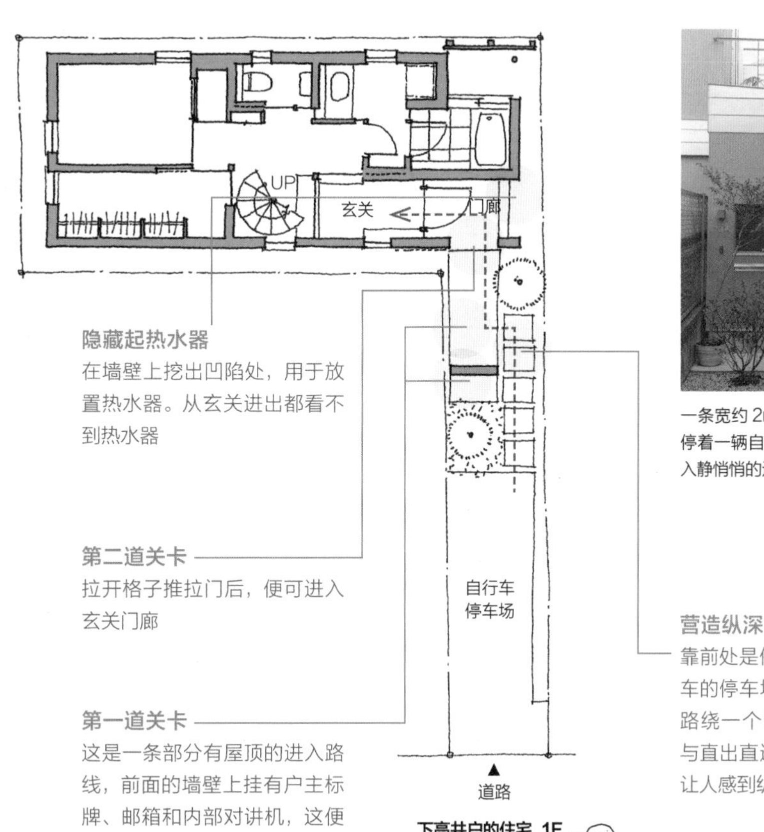


下高井户的住宅 1F
1:150

一条宽约2m的小巷。入口附近停着一辆自行车，从那儿便可步入静悄悄的进入路线

旗杆形住宅用地的『旗杆』与道路相连部分的宽度约为2m，而其纵深却有10m。将靠近道路的前边用做停放自行车或摩托车的停车场，剩下的一半则种上绿植，形成了一条只有人才能通过的进入路线。该进入路线的部分在屋顶下面，从那儿便可进入玄关。

**隐藏起热水器**
在墙壁上挖出凹陷处，用于放置热水器。从玄关进出都看不到热水器

**第二道关卡**
拉开格子推拉门后，便可进入玄关门廊

**第一道关卡**
这是一条部分有屋顶的进入路线，前面的墙壁上挂有户主标牌、邮箱和内部对讲机，这便是第一道关卡

**营造纵深感**
靠前处是停放自行车或摩托车的停车场，途中经过石板路绕一个弯儿再进入内部。与直出直进的路线相比，能让人感到纵深感

# 开放式车库

在进行空间规划时，停车场与建筑物的关系一直都是个令人头痛的难题。

由于住宅用地的面积有限，如果不管三七二十一就将住宅的一部分变成车库的话，那就相当于将建造费用的几成都用到了汽车身上。

以驾驶为爱好的人另当别论，对于一般的人来说，搭建住宅可不是为了停放车辆的。如果建筑外的空间能够停放汽车的话，这一选项是完全可以考虑的。

## 备用的停车场

使建筑物从道路旁往里缩进，将沿着道路的空地建成能够停放两辆车的停车场。自家用车与道路平行停放，而纵向还可以临时停放一辆车，平常则作为宽敞的入口通道。

**标志性树木**
标志性树木起到了隐藏玄关门廊、使动线多变的作用

**开合自由**
作为玄关地砖地面与走廊分界的双槽推拉门，可以收入墙内而完全打开

**在一个很大的屋顶下**
二楼很大的阳台形成了玄关门廊的屋顶

**穿过庭院**
能够从门廊走出穿过庭院，并在门旁搭建了给狗狗洗脚的池子

**传递光线的墙壁**
玄关的外墙是一块很大的不透明（乳白色）玻璃。透过此玻璃墙，白天外面的阳光能够照亮玄关；夜晚室内的灯光能够照亮外面

**墙壁和小孔**
为了遮蔽从邻居家入口通道看过来的视线，玄关门廊的一侧砌了一道墙。但在玄关推拉门靠前的位置，墙壁上开了孔，将这一部分建成一个小的装饰架

1. 这是建筑物的外观，能够十分宽松地停放两辆车。由于建筑物缩进了一大段，因此并不给道路造成压迫感
2. 阳台下面是玄关门廊。里面与庭院相连。靠前的标志性树木将玄关门廊隐藏了起来，从而使得路上的行人看不到玄关门廊

# 从两边进入

这是一块狭小的箭头形不规则住宅用地。比较一下用地与汽车的大小，停车场的位置自然而然就确定下来了。由于停车场的两端都面对着外面的道路，将其设计成从两边都能进入的方式也是完全可以的。但考虑到其与玄关门廊的位置关系，最终决定让汽车从一方进入，而人则可以从两个方向进入。

**遮挡视线、通风**
为了保证地下室和浴室的采光，用竖格子将其与进入路线隔离开。这样既能遮挡视线，又能保证通风

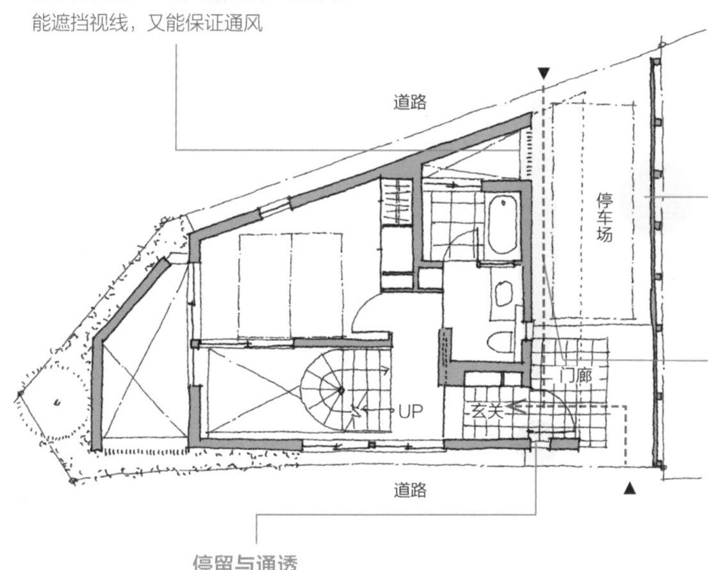


**停留与通透**
玄关门廊处在翼墙的遮蔽下，构成一个停留区，同时翼墙上又开出了狭缝，给人以通透感

从房前的两条道路都可以进入玄关。左侧的木格子围墙在阻挡邻居视线的同时还起到通风的作用

**通风**
用木格子围墙与邻居家隔开，狭长的空隙能够保证通风

**入口通道处在屋檐下**
进入路线从停车场旁边穿过，而其一部分正处在二楼的平台下

# 建筑面积率较低时

这是一块建筑面积率为40%的住宅用地，充分加以利用后，还留下了较大的一块空地，于是就将其用做了停车场。建一道与建筑物外墙平行的木格子围墙，使外人在道路上看不到浴室的大窗和地下室的采光井。

**武藏小金井的住宅 1F**
1:150

**营造出距离感**
立起木格子围墙，建成浴室外景观带。这道围墙起到了增大道路与建筑物间距离的作用

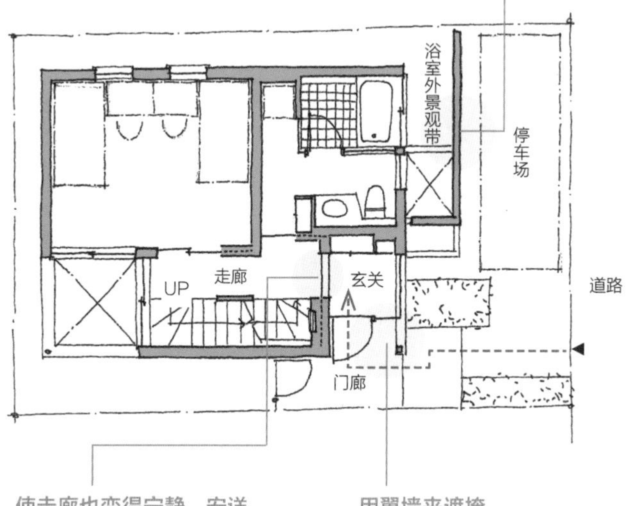


**使走廊也变得宁静、安详**
通过玄关与走廊之间的推拉门，使走廊也变成了一个宁静、安详的移动空间

**用翼墙来遮掩**
用高出视线高度的翼墙将玄关遮掩起来，使外人无法在道路上从正面看到玄关的门

这是建筑物的外观。由于停车场的关系，建筑物缩进了许多。玄关、停车场和建筑物之间用围墙围起来的部分同时又成为浴室外景观带

# 引入竖井

我们去观看棒球、足球或田径比赛时，只要穿过体育馆的入口来到观众席，随着视野的开阔，胸中也同样会产生一种豁然开朗的感觉。其实，在营造住宅时，我们也完全可以做到这一点。譬如说，从外面进入玄关后一般就已经觉得进入室内了，可如果在那里营造一个与外界连成一体的空间，就会给人以豁然开朗的感觉。

通过外、内、外这样的关系，便可给人以远超视觉意义上的精神慰藉。这里自然是不能奢望有同外界一样宽广的空间，事实上也没有这个必要。只要根据玄关的宽度来设置大小适中的竖井就足够了。

## 在玄关处看得到竖井

站在玄关门廊处，可以越过玄关门旁边的围墙看到绿植。站在外面则只能看到建筑物与住宅用地边界间所栽种的绿植。打开玄关的门进入后，就会发现在外面所看到的绿植原来是竖井中所栽种的植物。

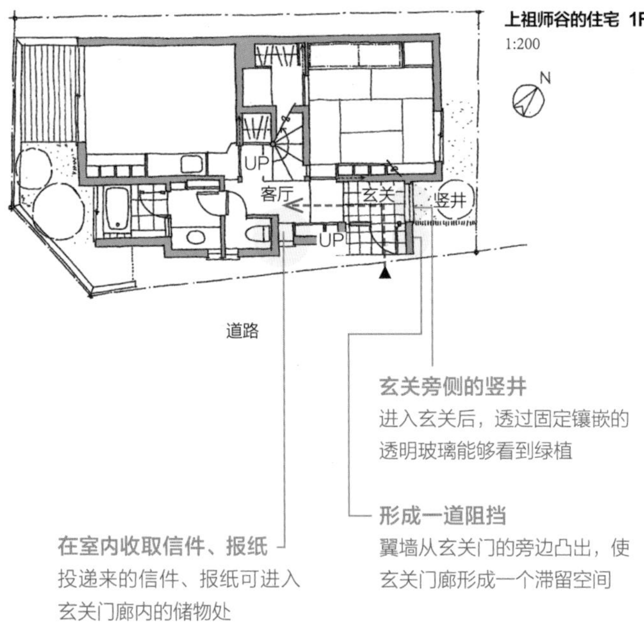


**玄关旁侧的竖井**
进入玄关后，透过固定镶嵌的透明玻璃能够看到绿植

**形成一道阻挡**
翼墙从玄关门的旁边凸出，使玄关门廊形成一个滞留空间

**在室内收取信件、报纸**
投递来的信件、报纸可进入玄关门廊内的储物处

1. 这是站在道路上从正面观看玄关时所见到的样子。右侧有一个小竖井
2. 从走廊上看玄关时，可以透过玻璃看到竖井

## 内外充实

从车库一侧的门进入，沿着带有屋顶的入口通道门廊往里走，随着明亮的采光可以看到与入口通道门廊并排的小庭院。进入玄关内部后，余光可看到庭院中的绿植，透过透明的玻璃墙能够发现，刚才所看到的庭院中的绿植原来跟玄关是一体的。

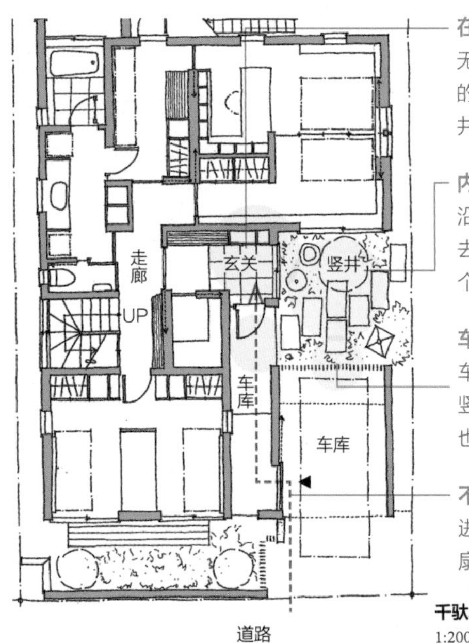


**在室内也能够欣赏**
无论是从玄关还是从里边的走廊，都能够欣赏到竖井里的绿植

**内藏洞天**
沿着隧道形的入口通道进去后，其尽头便会出现一个明亮的竖井

**车库后面的绿植**
车库后面的墙壁是木制的竖格围墙，因此站在外边也能看到竖井中的绿植

**不起眼的门**
进入车库后不远处便有一扇门。该门是可以上锁的

千驮木的住宅 1F
1:200

这是从竖井看玄关方向时的模样。左侧的竖格围墙是竖井与车库之间的隔断。竖井给正面入口通道的门廊和玄关都带来绿色的滋润和明亮的光线

# 营造滞留区

如果住宅用地的面积允许，便可在道路与玄关之间的入口通道上留出一个空间。该空间相当于进入住宅展开家庭生活前的一个滞留区，能起到连接外界与室内的作用。但若是住宅用地的面积有限，就很难营造出这样的空间。

然而，即便这样的空间很小，我们也总希望布置一个滞留区似的场所。因为，就个人行为来讲，来到玄关前必然会站定身子，从包里掏出钥匙，再收起雨伞。如果手里提着重物，就会将其放在什么地方。

因此，只要在玄关前营造出能够完成日常小事的小空间，就能够起到家庭生活的前奏作用了。

## 产生一定角度的入口通道

玄关就在道路边上。当玄关与道路很近时，可营造出一个小小的空间，使玄关的门与道路形成一定的角度。两次改变进入时的角度，便可将这个空间用做滞留区。

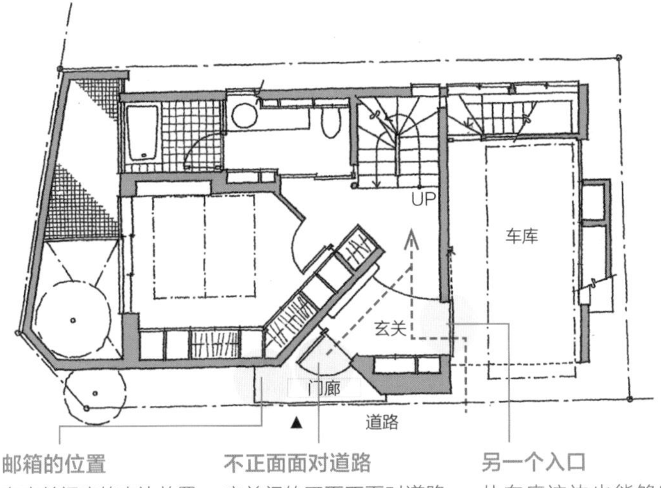


**邮箱的位置**
在玄关门廊的旁边放置邮箱

**不正面面对道路**
玄关门的正面不面对道路，而是使其形成斜角。这时所产生的空间就可作为一个小的滞留区，成为玄关门廊

**另一个入口**
从车库这边也能够出入。考虑到要停车的关系，该门采用推拉门

**赤堤的住宅 1F**
1:150

将玄关斜向设置后，玄关门廊就呈三角形了

## 借景所带来的宽裕

住宅用地越小，相对于缺角部分就显得越大了。而将缺角部分用做入口通道部分的空间，就能使外人觉得场地还是比较宽裕的。

**邮箱的位置**
将玄关鞋箱的一部分设计成为邮箱

**巩固立脚地**
由于住宅用地处于道路的转角处，在玄关前筑一道低矮的混凝土腰墙，便可起到保护玄关门廊的作用

**小平台**
在玄关旁边设置一个小平台，除了回家时可以临时搁放手中的物品，放上小型的盆栽后还能成为玄关处的装饰

**共享的绿植**
从玄关门廊处能够越过木格子围墙看到浴室外景观带的绿植

UP
玄关
浴室外景观带
门廊
道路

**日野的住宅 1F**
1:150

二楼厨房的露台成了玄关门廊的屋顶。左边越过围墙可以看到浴室外景观带的绿植

# 从外楼梯上二楼

住宅的玄关并不一定要设在与道路同一高度的一楼。如果考虑到是综合住宅楼，就更没有必要必须设置在一楼了。尤其是LDK（译注：L为起居室；D为餐厅；K厨房）都在二楼或三楼的情况，从家务动线的角度来考虑的话，往往是将玄关设在二楼更为方便。

如果将玄关设在一楼，进入后依然要上楼梯，那么在室外上楼和在室内上楼就没差别。考虑到来访者上楼梯后才来到玄关前的情形，或许还是利用外楼梯上楼更为方便。

再者，方便不方便这种使用便利性方面的问题暂且不考虑，若从外楼梯上到玄关的这段步行距离较长的话，入口通道也就具有回转余地了。

## 两户人家的外楼梯

**收发室的位置**

这道腰墙上有两户人家的邮箱和内部对讲机

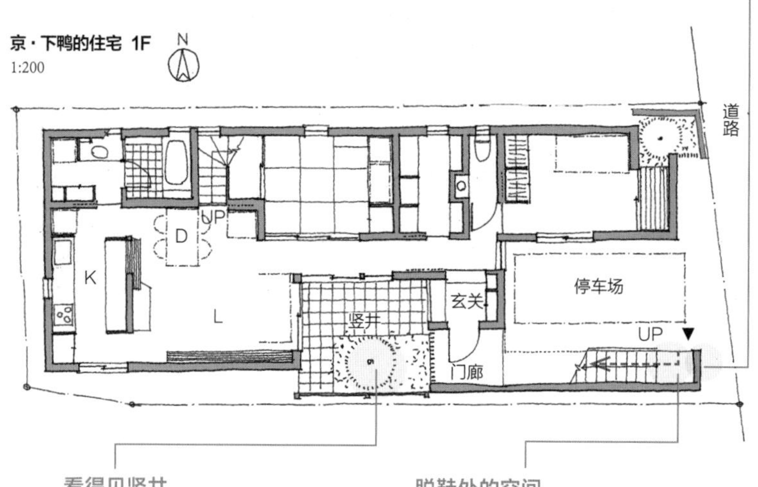


**看得见竖井**

从道路一直走进去便是一楼人家的玄关门廊，在此可隔着竖格围墙看到竖井

**脱鞋处的空间**

将外楼梯的第一阶用做平整的脱鞋空间，用腰墙将其与道路相隔离，人从停车场便可进入

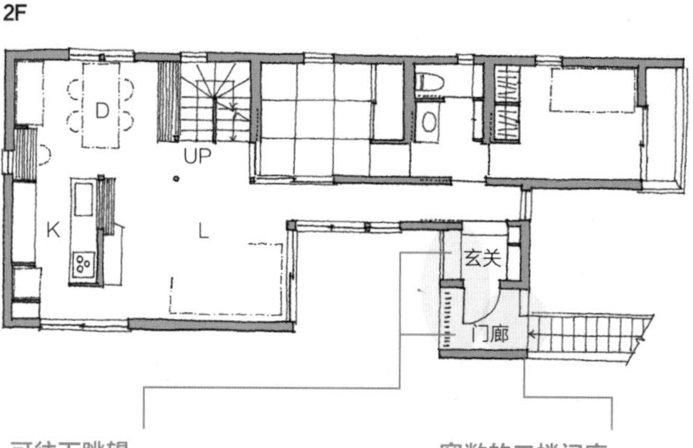


**可往下眺望**

从二楼的玄关门廊和玄关处，可以看到一楼竖井里的绿植

**宽敞的二楼门廊**

走上楼梯便是二楼人家较为宽敞的玄关门廊。三楼的露台自然成为该门廊的屋顶

这是个各自拥有玄关，分住在上下两层楼的两户型住宅。一楼住户的玄关就在一楼。楼上住户在二楼拥有LDK，且三楼拥有独用空间，因此将其玄关置于外楼梯上的二楼。

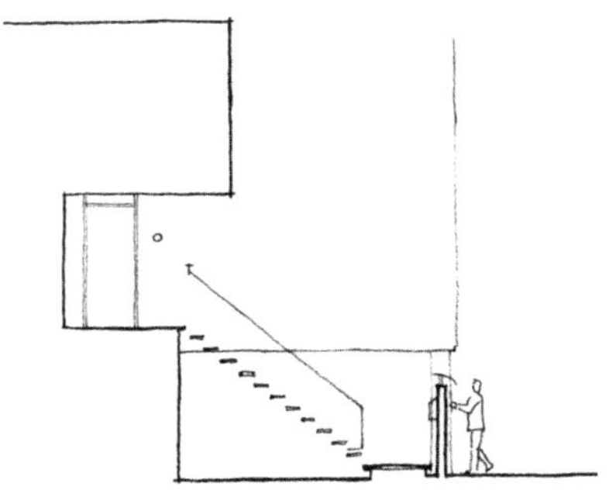

# 日常生活都在二楼以上

考虑到与邻居之间的关系，将LDK设置在了三楼。一楼的预备室并不是经常使用的，因此日常生活几乎都是在二楼以上完成。

基于这种情况，就将玄关设置在二楼与外楼梯直接相连。将玄关设置在一楼与三楼之间，从规划生活动线的角度来看也是比较合理的。

**考虑到将来**

考虑到将来或许会另作他用，在一楼也设置了一个出入口

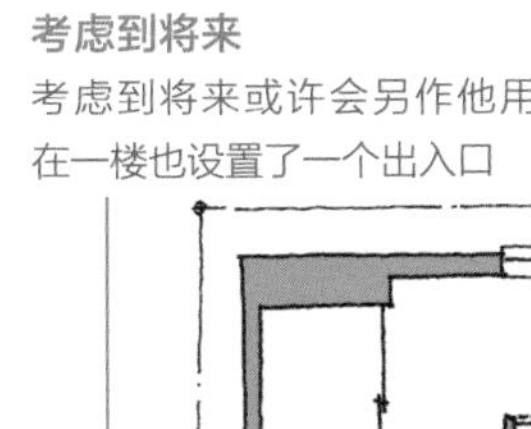

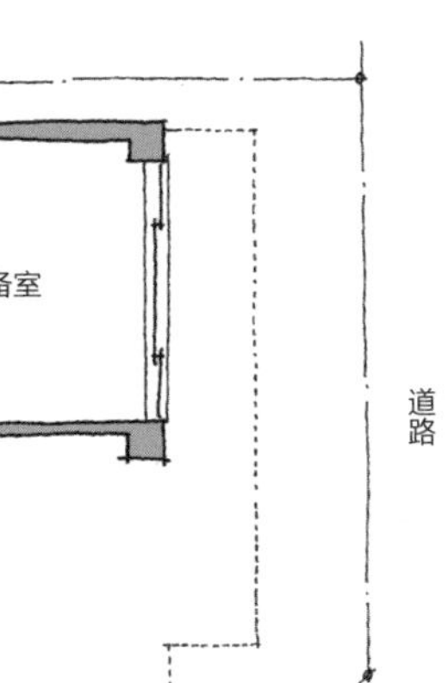


**不露痕迹地隐藏入口**

在掩藏楼梯入口的墙壁上，设置了内部对讲机等，起到了与外界隔离的缓冲作用

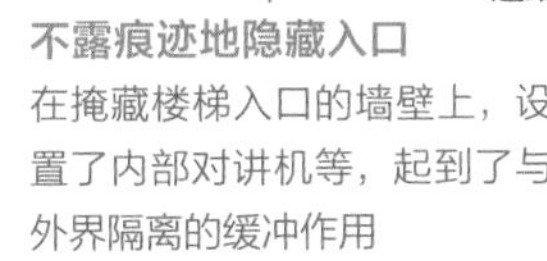

**玄关为中间领域**

玄关由玻璃和推拉门将其与居室分隔开，成为一个中间领域，以此在室内营造出宁静、安详的氛围

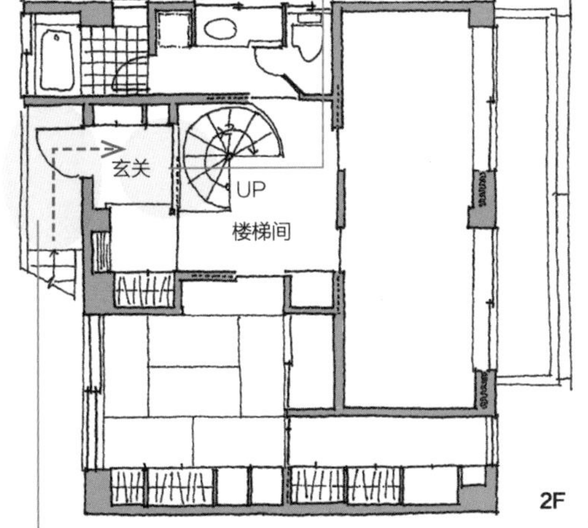


**滞留空间**

作为进入玄关前的滞留空间，由于无法保证足够的宽度，改用足够的纵深来加以弥补

1. 外楼梯下面的墙壁上，集中配置了邮箱、户主标牌以及对讲机
2. 这是从一楼停车场看到的通往二楼的外楼梯。停车场占了一楼一半的面积
3. 进入玄关后，透过正面的玻璃墙可以看到里面的螺旋式楼梯。分为三格的玻璃墙的最上面一格是透明的，视线可由此穿过

# 与住宅用地相连的台阶

道路与住宅用地之间存在高度差的话，就必须通过台阶才能上到玄关处了。而该台阶到底是建在空地还是建在建筑里，就要视道路与建筑物的位置关系而定了。

如果以占用住宅用地的方式来建造台阶的话，台阶与玄关之间就需要一块衔接空间。若是台阶凸出于建筑物之外，则台阶本身就成了衔接道路与玄关的空间。因此，如果高度差在1m左右的话，将台阶建在建筑物之外，能使台阶具有衔接空间的存在感，以及作为入口通道的宽敞感。

## 走上一半便可小歇一下

该住宅的构造为沿道路的地下室、车库，以及位于一、二楼的居室。外楼梯上到一半的地方有个平台，然后上面还有一半的楼梯。由于可以在楼梯平台上小歇一下，从而使得楼梯具有生活序曲般的存在感。

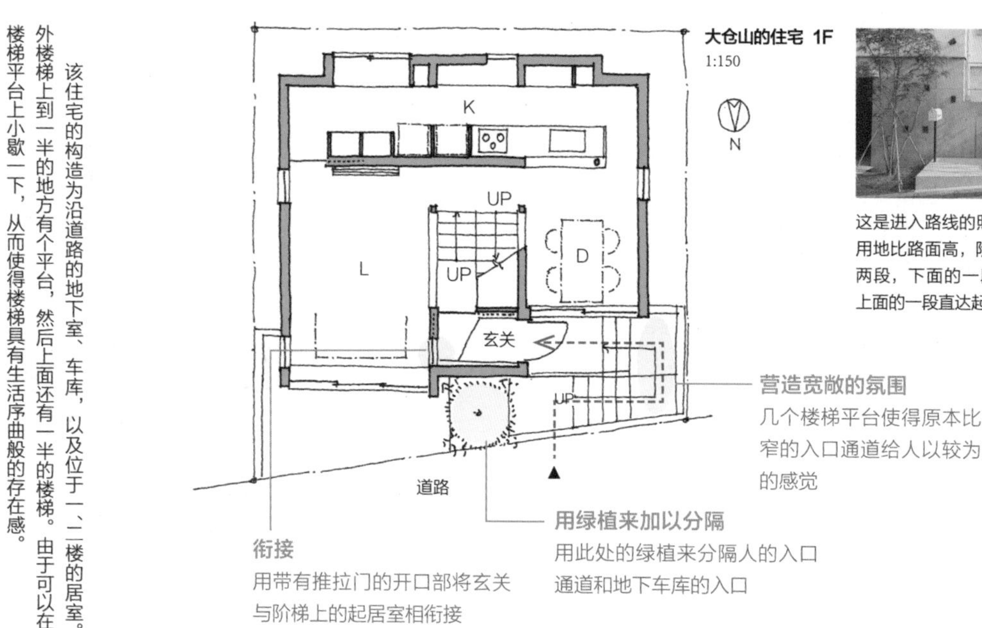


这是进入路线的照片。由于住宅用地比路面高，阶梯分做了上下两段，下面的一段到玄关为止，上面的一段直达起居室

**营造宽敞的氛围**
几个楼梯平台使得原本比较狭窄的入口通道给人以较为宽敞的感觉

**用绿植来加以分隔**
用此处的绿植来分隔人的入口通道和地下车库的入口

**衔接**
用带有推拉门的开口部将玄关与阶梯上的起居室相衔接

## 漂浮感

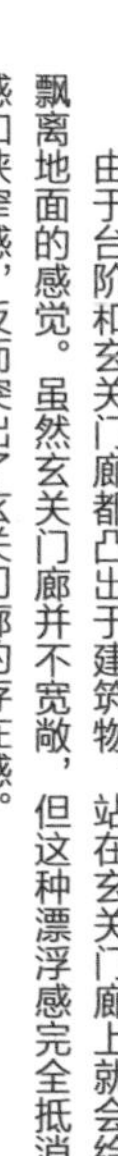
由于台阶和玄关门廊都凸出于建筑物，站在玄关门廊上就会给人一种飘离地面的感觉。虽然玄关门廊并不宽敞，但这种漂浮感完全抵消了闭塞感和狭窄感，反而突出了玄关门廊的存在感。

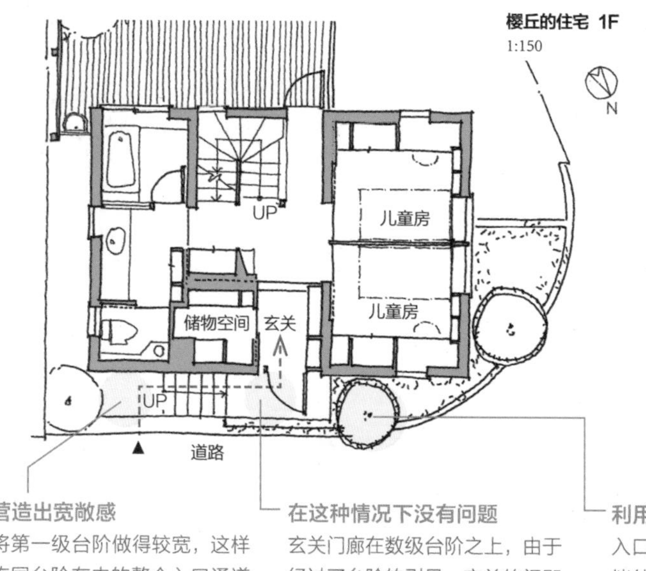

即便玄关就在道路边，也可将其设计成须走上几级台阶，这样能使人感到玄关与道路间的距离感

**营造出宽敞感**
将第一级台阶做得较宽，这样连同台阶在内的整个入口通道就都显得游刃有余了

**在这种情况下没有问题**
玄关门廊在数级台阶之上，由于经过了台阶的引导，玄关的门即便正面朝外也没有关系

**利用树木阻挡外人视线**
入口通道两侧的树木起到了阻挡外人视线的作用，给入口通道带来安全感

# 与室内车库共享

将来到底会怎样暂且不说，至少在目前，人们在建造住宅时，一般都会保证自己有一个停车的空间。如果住宅用地比较宽裕，要做到这一点自然是不在话下，可要是住宅用地原本就比较狭窄，那么车库就要与居室争夺空间了。因为车库所需的面积往往大得出人意料，通常来说需要8到10张榻榻米大小（一张榻榻米通常为1.62m²）。与此同时，还必须考虑车辆进出所需的空间，更何况是人的入口通道往往还会和汽车的入口通道相交叉。

那么，到底是优先考虑人的入口通道呢？还是优先考虑汽车的入口通道呢？其实，此时完全可以采取两全其美的选择，那就是将室内车库与入口通道共享。

## 在里边是合二为一的

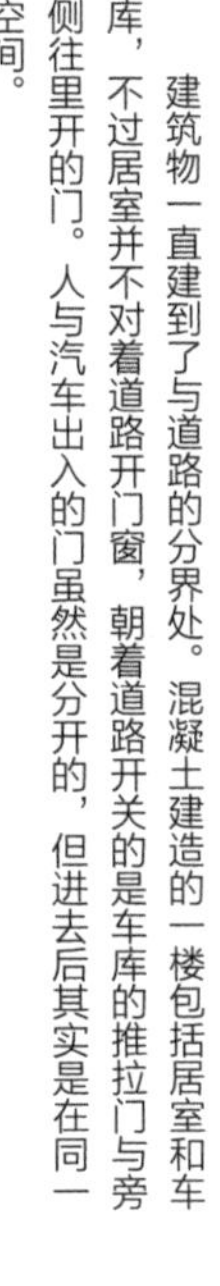
建筑物一直建到了与道路的分界处。混凝土建造的一楼包括居室和车库，不过居室并不对着道路开门窗，朝着道路开关的是车库的推拉门与旁侧往里开的门。人与汽车出入的门虽然是分开的，但进去后其实是在同一空间。

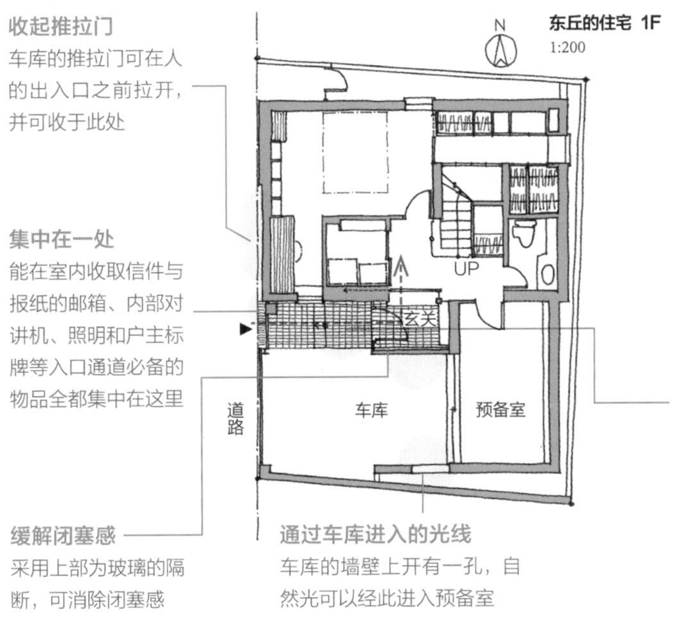


**收起推拉门**
车库的推拉门可在人的出入口之前拉开，并可收于此处

**集中在一处**
能在室内收取信件与报纸的邮箱、内部对讲机、照明和户主标牌等入口通道必备的物品全都集中在这里

**缓解闭塞感**
采用上部为玻璃的隔断，可消除闭塞感

**通过车库进入的光线**
车库的墙壁上开有一孔，自然光可以经此进入预备室

这是车库内部空间的情况。玻璃的内部为玄关。为了在视觉上加以区分，入口通道处的地面铺设了地砖，走下两级台阶后就可到达玄关

**降低玄关前水泥地的高度**
为了弥补高度上的限制，我们将一楼的地面高度做得跟地基几乎一样高。因此，玄关前的水泥地就比车库低了两级台阶

## 不规则的狭小住宅用地也能停两辆车

由于靠道路一侧的门比较窄，并且又需要满足停放两辆车的要求，于是就设计成将一辆车停放在室内车库，另一辆停放在室外。因此，人的入口通道采用了通过室内车库旁边进入玄关的方式。面朝道路的两扇推拉门大小不同，这样在仅有人进出的时候可以最小限度地开关推拉门。

**竖井的作用**
为了保证内部采光、通风，在外墙上留出缺口建成一个竖井

**以不同的地面材料来区分不同的区域**
人行走的地面上铺设地砖。通过不同的地面材料来区分不同的区域

**邮箱设置在此处**
在距离道路一步之遥的墙壁上设置邮箱，在车库内便可收取信件、报纸

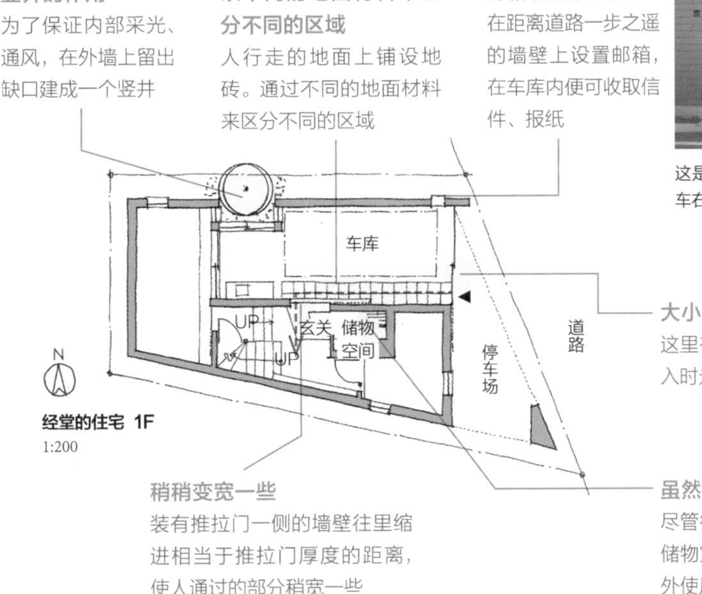


**稍稍变宽一些**
装有推拉门一侧的墙壁往里缩进相当于推拉门厚度的距离，使人通过的部分稍宽一些

这是入口通道处的情形。打开汽车右侧的推拉门后便可进入玄关

**大小不同的两扇推拉门**
这里有大小两扇推拉门，人进入时走小的那扇门

**虽然很小但也有玄关储物室**
尽管很小，但也同样建有玄关储物室，用于存放鞋子等在室外使用的物件

# 穿过鞋箱间进入

在住宅用地十分宽裕，能够在室外安置库房的时代，在室外使用的物件自然都是放置在库房里的。可不知从何时起，这样充足的空间就没有了，在室外所使用的东西也只能放在外面最靠近玄关的地方了。但玄关门口毕竟是与外部的连接点，并不是一个放置不需要物品的好地方。

后来人们就开始在玄关旁建造储物柜了。其形状跟日本式小旅馆的鞋柜差不多，可放置的物品却不仅限于鞋子，人们会将带进玄关的各种物品都放入其中。如果家人能从这样的地方直接进入室内，那就更方便了。所以说鞋箱间既是储物空间，也是生活动线的起点。

## 内部动线

进入玄关后，通过左侧的双槽推拉门可以进入室内，而正面的单槽推拉门却是与鞋箱间相连的。此处形成了一条从鞋箱间到事务角、厨房的内部动线。

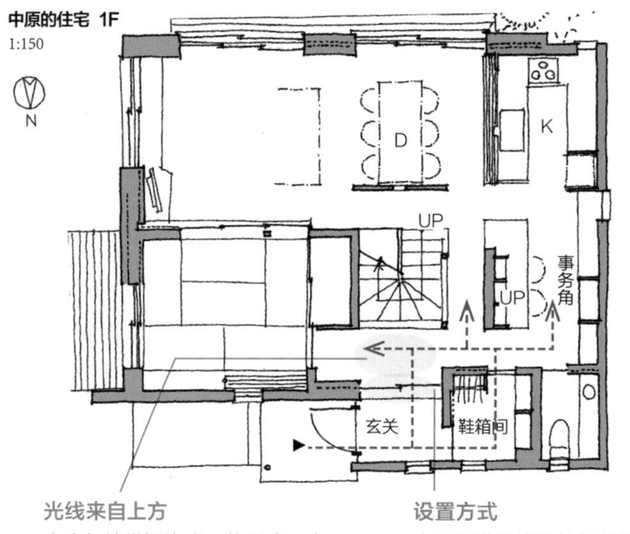


**光线来自上方**

走廊与楼梯间连成一体形成一个共享空间，楼上天窗的光线能够照到走廊上

**设置方式**

由于两道双槽推拉门都能够收于墙壁内，因此全部打开时玄关就可与走廊、阶梯连成一体

这是从楼梯上俯瞰玄关时所看到的情形。天窗的光线同时照耀着玄关和楼梯间

## 与储藏室也相连

由于储藏室是放置杂物的，设置在任何地方都无所谓。而将储藏室与鞋箱间相连的话，不但可以收藏室内外所用的物品，而且还能产生循环的生活动线。

**消除闭塞感**

玄关的装饰架在靠楼梯一侧有一道镶嵌玻璃的狭缝，这样即便推拉门关上也不会有闭塞感

**储物空间连成一体**

将鞋箱间与储藏室间的推拉门推入墙壁后，就可以将这两间当做一个空间来使用

**也能够通风**

打开两个储物空间的推拉门，再打开房间的窗户，就形成了一个通风通道

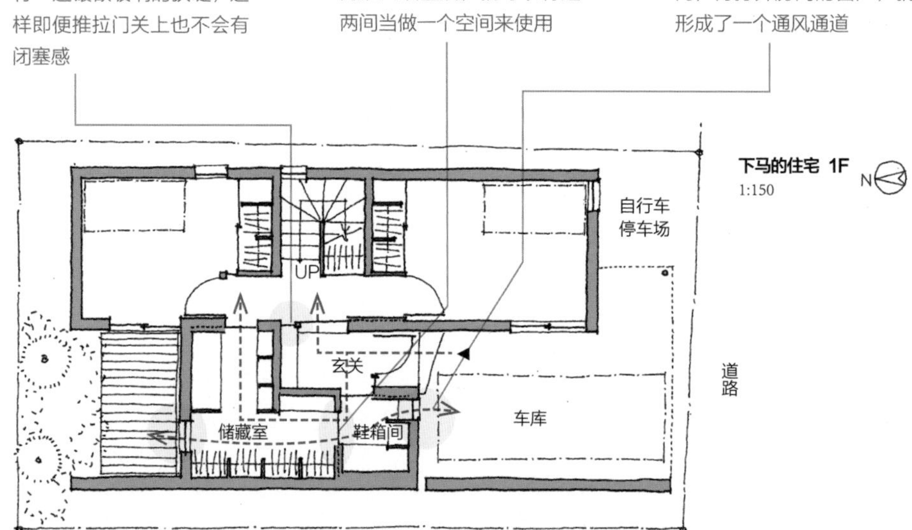

# 用玄关来分隔两户人家

两住户住宅的玄关有多种处理方式，主要是根据住户的生活方式来定。其一，特别是在两户人家分住在一楼、二楼的情况下，建造内、外两个玄关就是个比较有效的方式。

将外玄关处理成可共享玄关门廊的方式，并连接通往二楼玄关的楼梯。如果由于面积的关系而无法在室内建造玄关门廊，就可通过外楼梯通往二楼的玄关。无论是外玄关还是内玄关，就其功能方面来说是没有什么差别的，而共享室内的玄关门廊后，便会产生两户人家在一个屋檐下生活的感觉。并且由于内玄关是各自分开的，相互之间依然能够保护好自己的隐私。

## 外玄关就是大门

这是一栋分住于一楼、二楼的两住户住宅。两户人家可以通过公用的入口门厅进入各自的玄关。信件、报纸及快递等可在入口门厅的内侧收取。此外，外玄关还兼有大门的作用。

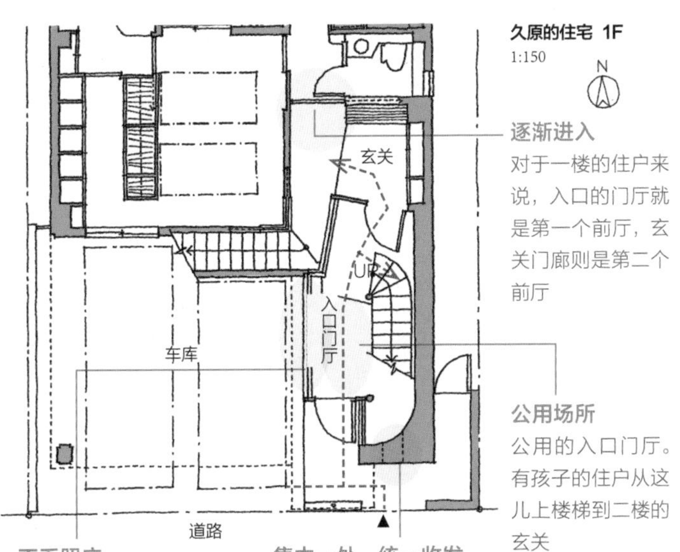

这是两住户公用的入口门厅。不透明的玻璃能够从车库采光。左边是通往二楼玄关的楼梯。中间靠里侧是外玄关的门

## 在哪里脱鞋好呢？

走进入口通道后便是一个公用的玄关门厅，这里有通往二楼的楼梯。那么楼上的住户到底是在上楼梯前脱鞋还是上楼后在玄关处脱鞋呢？为了让住户在实际的生活中自主选择，我们在上楼处也设置了一个鞋箱。

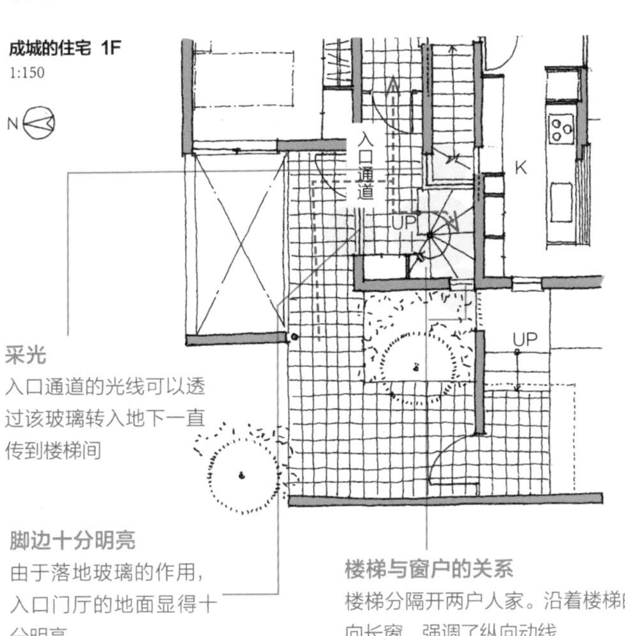

这是个两住户公用的入口门厅。走上螺旋式的楼梯便是上面住户的玄关

# 从两个方向到达玄关

之前的一些高屋豪宅除了前门玄关之外还有后门玄关，而不同身份的人出入不同的玄关。仅是就后门来说，现在也并不少见，有两种与外界相通的方式也是极为普遍的，然而要说有两个用于出入的玄关还是并不多见的。

一般来讲，玄关处的门只有一道。这似乎也是理所当然的，因为在同一个场所对外的出入口也确实没必要弄成两个。然而如果我们自由地设想一下生活方式的话，从外面经由两个方向到达玄关也是可以考虑的。原先玄关处只有一道的门变成两道后，有时也确实能够给生活带来便利。

## 利用储物空间连接的玄关

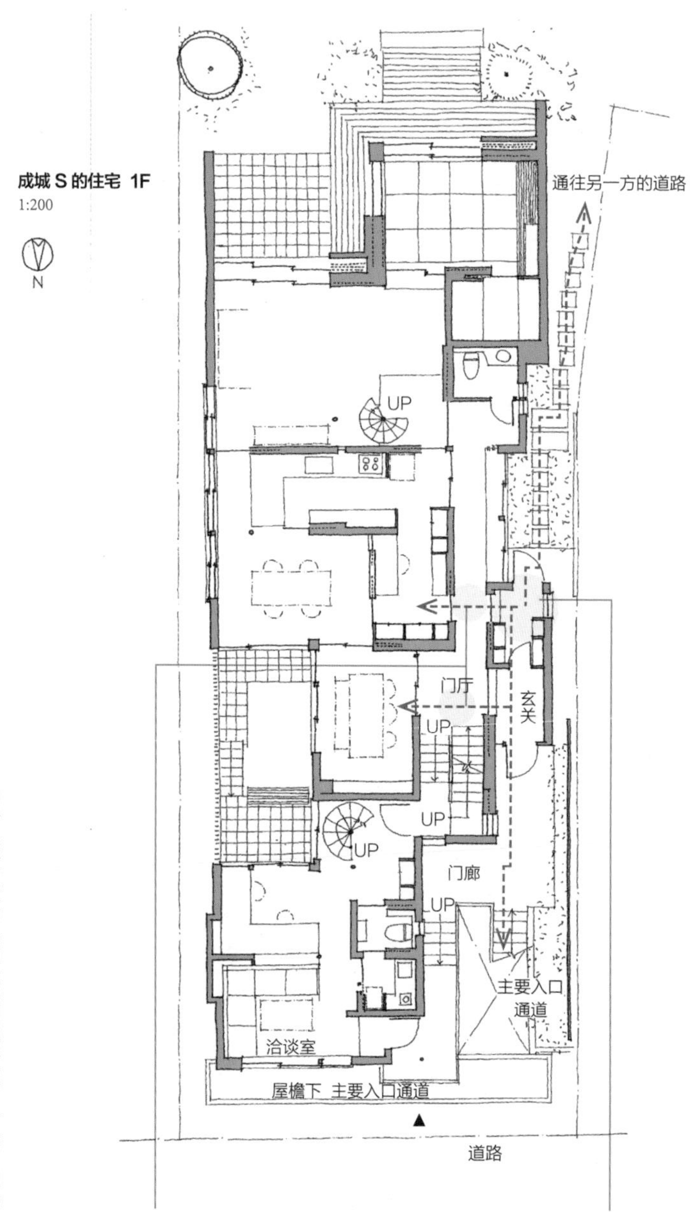


由于是将原本两块的住宅用地并做了一块，因此该住宅与两条道路相邻。为了便于从这两条道路进入建筑物，我们设计了两个出入口。而这两个出入口是与玄关储物空间相连的。

**两条玄关动线**

从前门玄关进入后可以直接走进宾客用的起居室，而从后门玄关进入后可走进家务室

**彼此相邻的玄关**

后面的玄关还兼有储物空间的功能。从前面的玄关进入后也可以经由此处进入室内

1. 主要的入口通道
2. 进入主要入口通道，走上一半楼梯时仰视所见的玄关门廊。走上左侧的一半楼梯，就是工作洽谈室
3. 穿过庭院的入口通道。有一个很大的屋檐，可避免淋雨

# 经过储物空间进入

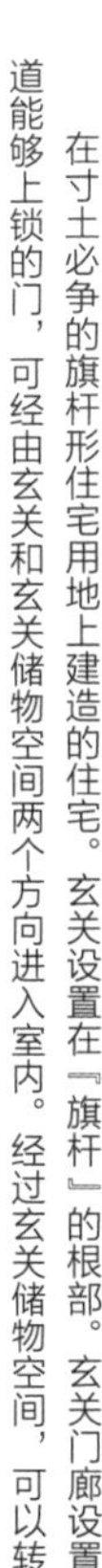

在寸土必争的旗杆形住宅用地上建造的住宅。玄关设置在『旗杆』的根部。玄关门廊设置了一道能够上锁的门，可经由玄关和玄关储物空间两个方向进入室内。经过玄关储物空间，可以转到玄关门厅。

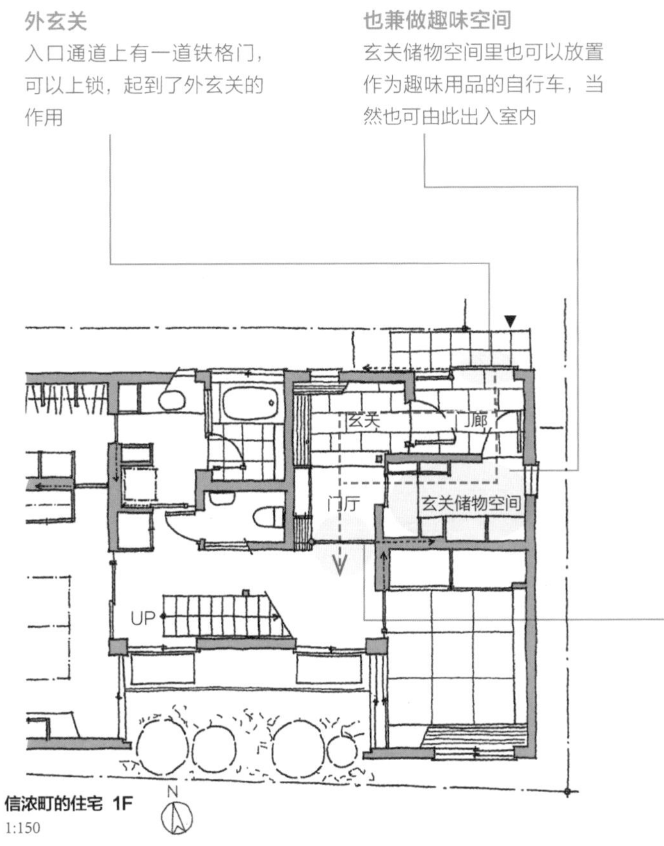


**外玄关**
入口通道上有一道铁格门，可以上锁，起到了外玄关的作用

**也兼做趣味空间**
玄关储物空间里也可以放置作为趣味用品的自行车，当然也可由此出入室内

**在玄关门厅处装推拉门**
这道推拉门将玄关与室内明确地分隔开来。从保温与让住户内心平静这两方面来说，这道推拉门都起着极其重要的作用

位于狭窄通道里侧的入口通道，在玄关门廊的前面还有一道铁格屏障。正面里侧靠左是通往玄关储物空间的入口，右边里侧的门则是前门玄关的入口

# 两道门

这是一块与两条死胡同相邻的住宅用地，随便从哪一条胡同都能到达住宅用地。如果设计成两个玄关空间的话，则不仅浪费面积，家里的动线也会变得更复杂。但仅只有一道玄关门，要从外面绕进屋的话，外部动线就变长了。因此，我们给玄关设置了两道门，这样就可以分别从两个方向进入了。

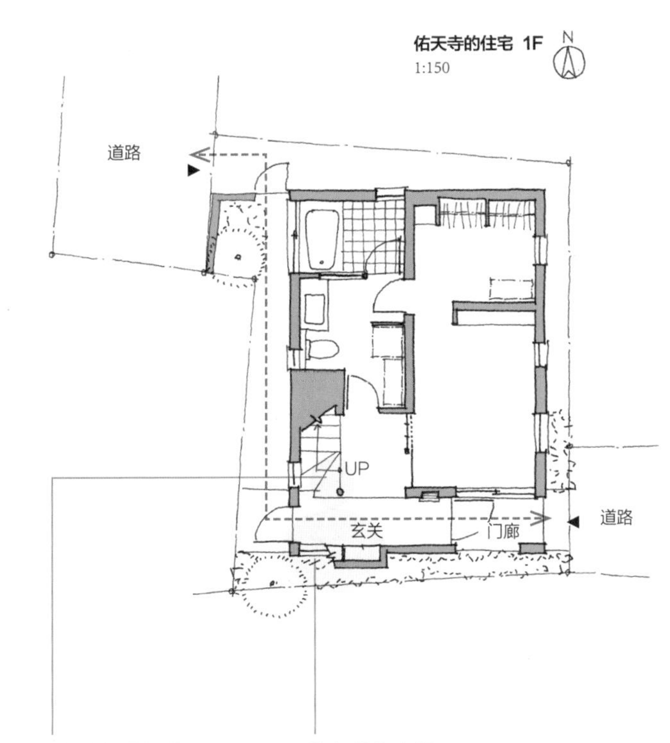


**楼梯台阶兼做板凳**
楼梯的第一级也用做坐着脱鞋、穿鞋的板凳

**开口处与储物空间**
从双槽推拉窗可以看到外面所栽种的绿植，上面则是高至天花板的鞋箱

1. 这是房屋正面小小的玄关门廊。由于外墙装修的不同，入口通道部分十分明显
2. 左侧是通往屋后的门。楼梯的第一级可以兼做脱鞋、穿鞋时坐的板凳

# 从玄关进入车库

在建筑物内建造室内停车场后，车库是否安装卷帘门就决定了其与室内的衔接方式。

如果不安装卷帘门的话，那么，车库就跟带有屋顶的开放式停车场没什么两样。因此，可以从玄关门廊处打开玄关的门进入家中。可如果安装了卷帘门，由于车库本身也在室内，就可以经由车库直接进入室内了。

此时，如果从离玄关较远的地方出入，那鞋子、大衣等物件的存放、拿取就会变得极为不便。若是能从车库进入玄关空间，玄关处的储物功能就得到集中，生活动线也就更为顺畅了。

## 经由车库的玄关

车库的门是两扇推拉门，打开后汽车便可进出了。由于玄关门廊也在此处，人员进出时也需打开此门再进入玄关。

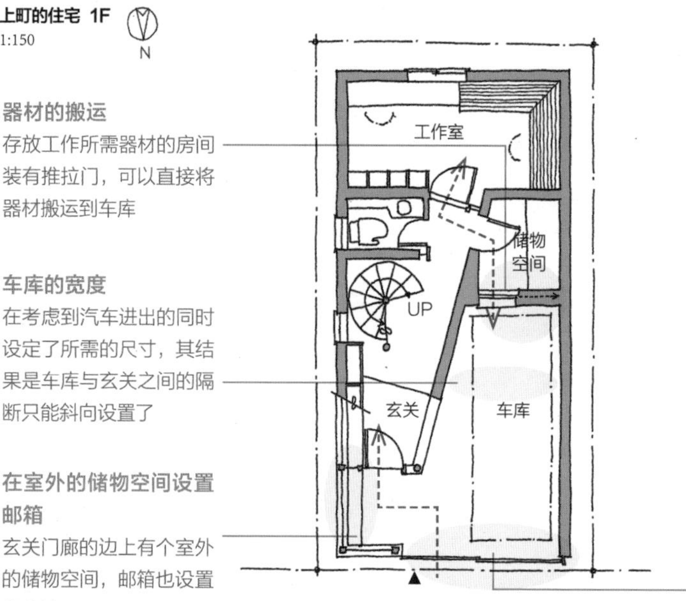


**推拉门的用法**

汽车出入时要打开两扇推拉门，人员进出时只需打开一扇推拉门

半透明的玻璃内就是玄关。靠前位置则为车库。淡淡的灯光将玄关和车库联系起来。中间凹陷的地方为玄关门廊，设置了储物空间和邮箱

## 玄关较为幽深

车库和玄关都从道路进入。玄关位于建筑物的一角，由于凹陷式的玄关门廊位于曲折进入路线的尽头，因此从道路边只能看到车库的大门。

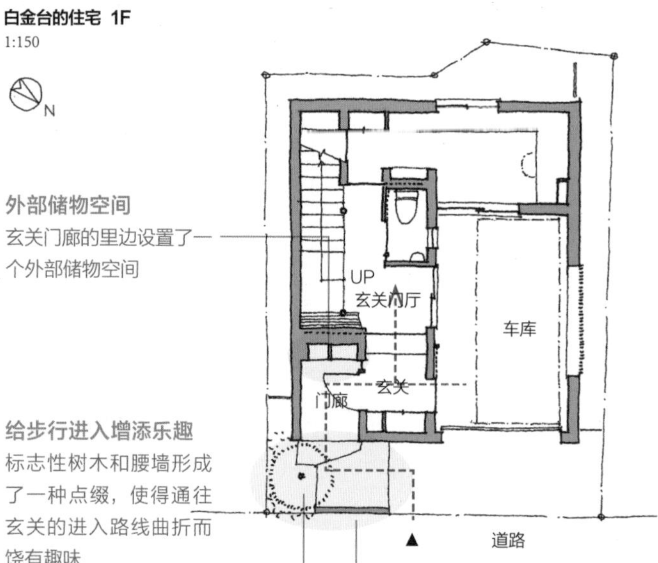

在玄关门厅处打开推拉门后便可看到玄关。正面为鞋箱，右边是玄关的出入口，左边是进出车库的门

## 用翼墙加以遮挡

玄关门前，有作为翼墙延伸的一道隔断墙，里边则为滞留空间的玄关门廊。这样即便打开玄关的门，从外边也看不到内部。

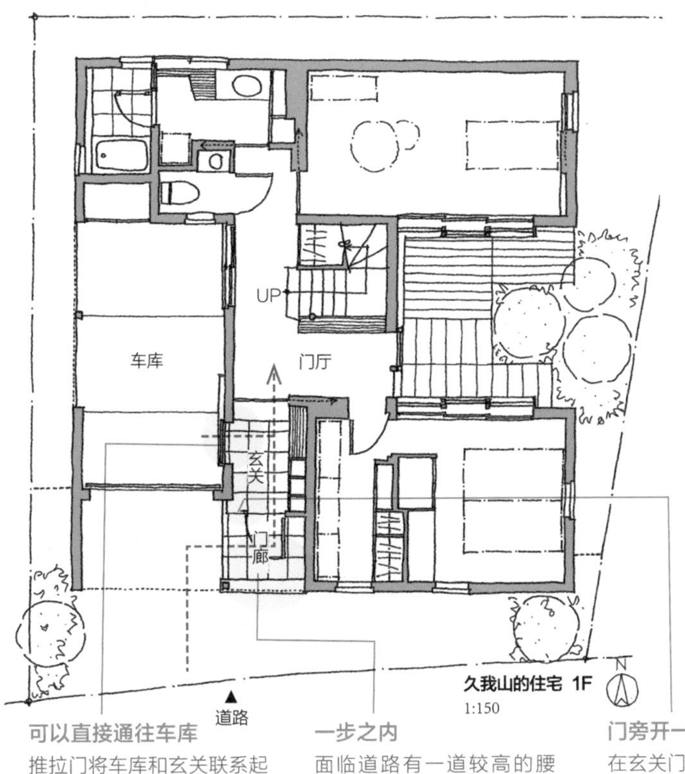


**可以直接通往车库**

推拉门将车库和玄关联系起来，从室内就可以直接进出车库

**一步之内**

面临道路有一道较高的腰墙，其中便是被环绕的玄关门廊

**门旁开一狭缝**

在玄关门的旁边开一道狭缝，这样，无论是白天还是黑夜，玄关内外的光线就可相互传递

从室内打开玄关的门，眼前的玄关门廊处有一道腰墙，这样便可挡住从外边来的视线和光线

## 即便打开之后也能让人安心

车库的卷帘门和玄关的门都面朝着道路，玄关内部与车库相通。另外，玄关的门缩进道路不少，初看似乎是开放性的，事实上是具有纵深感的，并能够令人感到宁静。

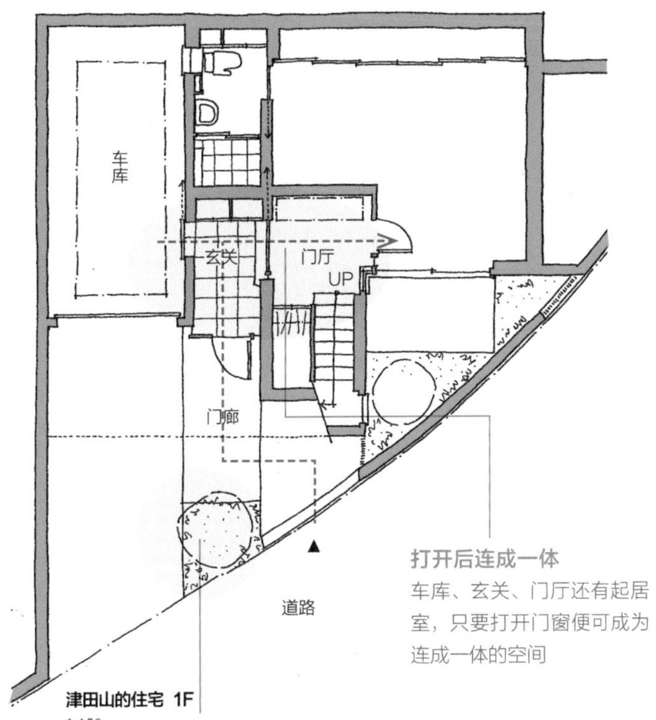


**打开后连成一体**

车库、玄关、门厅还有起居室，只要打开门窗便可成为连成一体的空间

**标志性树木的位置**

将玄关的门柔和地隐藏在道路的里侧，为玄关门廊营造出平静、安详的氛围

1. 这是从玄关门厅所看到的玄关。正面为车库的门，门厅和玄关间的推拉门能够收入墙壁中

2. 面朝着斜向的道路，汽车的入口通道和人员的入口通道有一个高度差，可十分明快地分清不同的区域

# 最低限度的空间

在有着进屋之前要脱鞋习惯的日本，要将玄关看做无用的空间，采取从外边直接踏进屋里的方式是需要很大勇气的。可是，如果住宅面积很小，当然还是要优先保证居室的面积，这样玄关就只能维持最低限度的空间了。

如果要问玄关的功能到底是什么，其实就是脱鞋，以及随之而来的放置鞋子。只要实现了这两方面的功能，剩下的就只需人能够通过的宽度就可以了。因此，在考虑玄关时，并不是要还是不要这样的二选一问题，而是要考虑怎样做成面积小却使用方便的玄关，这样其他居室的面积也就自然而然地扩大了。

## 实现其功能

在一层楼面积只有7坪（译注：1坪约为3.306平方米。）的空间里，配置了玄关、楼梯和多功能房间。玄关的面积虽然被压缩到了最低限度，但其储物功能丝毫未减，在其与水泥地面间还安装了具有挡风功能的推拉门。

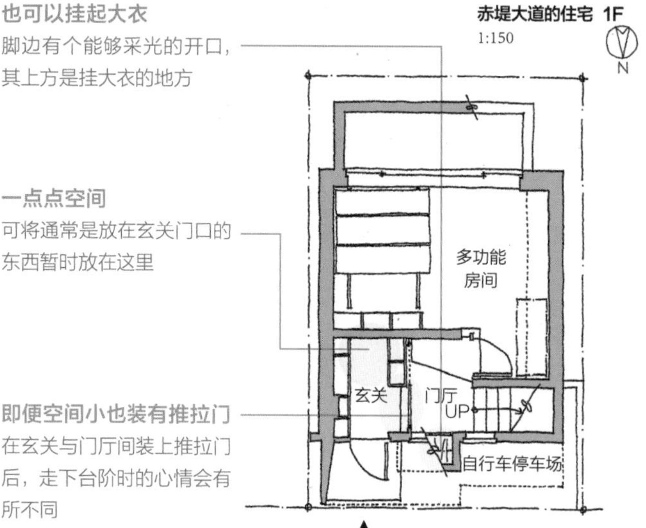

玄关门厅。虽然空间很小，但脚边明亮后就显得大了些

## 通道的一部分

打开玄关的门后，便是作为通道一部分的玄关空间。在玄关处脱了鞋，走进一步便是几级台阶，而台阶之后便是室内了。由于玄关储物空间的上部是与居室相连的，所以作为通道空间，玄关毫无闭塞感。

**虽然小也照样能够储物**
储物空间的下部是可以在玄关处使用的鞋箱，而另一部分则可以放入雨伞等较长的物品

**不闷住气味儿**
玄关是一个能让人感受到该户人家气味的场所。正由于空间较小，就更要开个换气窗了

**水泥地上也用原木材**
不到半张榻榻米的水泥地上也铺着柏树的原木材。这样，即便从室内看出来也不感到别扭

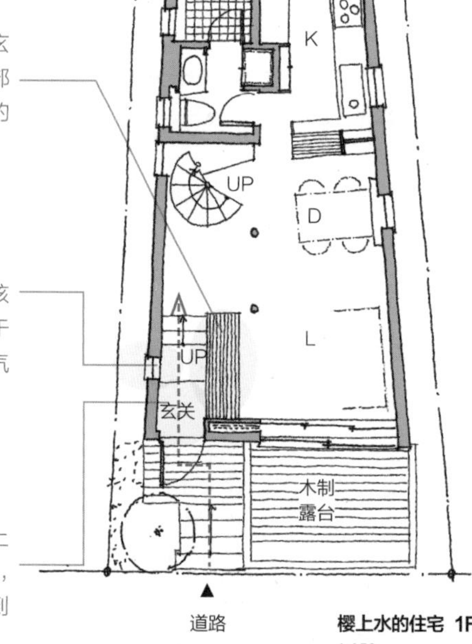


樱上水的住宅 1F
1:150

这是从玄关门廊朝玄关内看过去的景象。玄关的三级阶梯上是居室。玄关尽管很小，可视线通畅，由于楼梯间十分明亮，能够一直看到最里边的螺旋楼梯，毫无闭塞感

Chapter1_2

# 要从生活动线的角度来考虑厨房

如果仅是将厨房当做“做饭的地方”，那么只需考虑它跟餐厅的关系就行了。然而，尽管厨房确实是做饭的地方，但无疑也是每天都会频繁出入的场所。就拿做饭这件事来说，也不可能像专业厨师那样专心致志地进行烹调，必然是跟其他相关家务同时进行的。这种区别或许也体现在日常的炊煮和男人周末偶尔下厨之间吧。

尤其是在准备早饭时，动作更是需要迅速、麻利。在准备早餐和午餐便当的同时，还要三番五次地叫赖床的家人，往洗衣机里放衣物，如果自己要上班的话，还要做外出准备。一会儿上这，一会儿跑那，往往得在家里满堂飞。虽不能断言每个家庭的早晨都这样，但至少在做饭时，一般还会为别的家务分心，转移到别的地方去。

除了烹饪之外，厨房还有其他用途，譬如说喝水、倒茶、找点心吃。倒垃圾要从厨房里走出去；购物回来后，要进厨房将物品放入冰箱或储藏室。

从这个角度来考虑的话，厨房似乎就是家中交叉点一样的场所，似乎有必要从生活动线的角度来确定其具体的位置。也就是说，可以将使用功能或个人偏好等具体细节放到第二位去考虑，首先应该在空间规划时仔细安排厨房的位置。

## 经由食品储藏室进入

我们经常听到人们在谈论建造自家住宅时的一个梦想，那就是“好想在厨房边设一个食品储藏室哦”。所谓食品储藏室，就是存放食品、食材以及餐具的小型储藏间。如果仅仅是存放餐具和食品，那么一般来说将厨房背面的墙壁做成壁橱也就可以了。因为，这样的话，存储量足够，使用起来也十分便利。但有时候也会碰到无法在厨房搭建壁橱的情况，这时，一个食品储藏室就显得必不可少了。

再者，即便壁橱已经足够了，作为缩短家务动线的交通枢纽，食品储藏室也另有存在的理由。我们只要稍稍改变一下视角，就会发现食品储藏室还能发挥储藏室之外的功能。

**分开的动线**

**家务的中心**

事务角位于往返于食品储藏室、餐厅、后门和厨房之间的家务动线的中心处

**从存放物件的角度出发**

后门处有一个小小的架子，可以放置瓶瓶罐罐等比较占地方的物件。购物后，可以从后门进入食品储藏室，迅速将食材存放好

三居户住宅的最上层（三楼）的住户，从外楼梯到达楼梯平台，此处配置了玄关和后门。进入玄关门厅后，动线可分别通向个人隐私区域和公用区域。通往公用区域的，还设置了经由食品储藏室的内部动线。同一空间的二重使用，使得地板面积得到了高效利用。

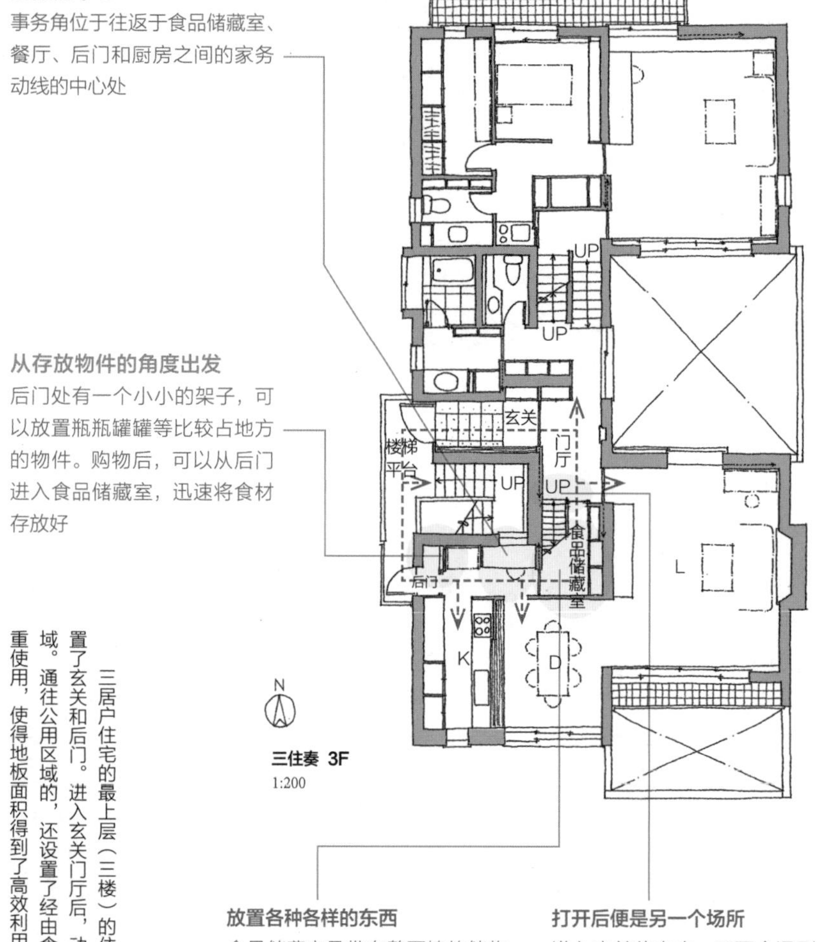


三住奏 3F
1:200

**放置各种各样的东西**

食品储藏室是带有整面墙的储物空间。内部装有配电表，电脑通信设备的主机也配置在此

**打开后便是另一个场所**

进入玄关往右走，正面会遇到一扇双槽推拉门，一边是通往阁楼的，另一边的推拉门后则是可直接到厨房的食品储藏室

1. 玄关门厅：双槽推拉门的左侧门内是食品储藏室，右侧的门后是通往阁楼的楼梯。推拉门的左前侧是起居室
2. 这是从后门所看到的食品储藏室。靠前处是事务角。事务角的背后（右侧）是餐厅

# 与父亲同住

这是个与父亲同住的五口之家。在这种情况下，为使彼此在生活上不相互干扰，考虑合适的生活动线就显得至关重要了。在将大家都要使用的厨房和卫生间置于基本动线的同时，考虑到父亲也能使用方便，就又将食品储藏室也置于此动线上。

这是开放式厨房。靠墙一侧从左至右分别是煤气灶、冰箱、储物柜。打开右边的推拉门便是食品储藏室，从那儿可以一直走到卫生间

**越近越好**

由于可以穿过食品储藏室进出，厨房与洗漱间之间的距离就缩短了。虽说现在没必要进一步使其靠近，但总是越近越好

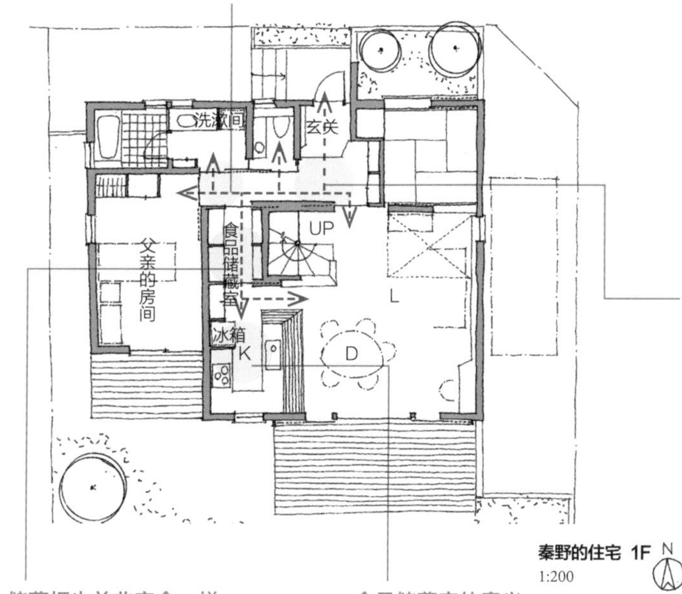


**秦野的住宅 1F**
1:200

**不必横穿居室**

采购回来后，可由玄关直接进入厨房。有了这种不穿过起居室便可进入厨房的动线后，就会给人以宽松感

**储藏柜也并非完全一样**

由于动线经过这里，估计推拉门是常开的。考虑需要隐藏的东西和不需要隐藏的东西，储藏柜设计了敞开和带门两种样式

**食品储藏室的意义**

在采用开放式厨房的情况下，有时候厨房内无法存放下全部物品，这时，食品储藏室就显得不可或缺了

# 根据日常生活的要求设置动线

由于卫生间、洗漱间等用水的场所全都集中于二楼，除了打扫卫生之外，所有的家务在此层楼面上几乎全都能解决。家务动线安排在以食品储藏室（洗涤区）为中心的一条直线上，该直线上的三扇推拉门的开合可以反映每天具体的生活状态。食品储藏室同时还是起居室与餐厅间的回游动线。

**室内晾干**

作为通往起居室、卫生间、食品储藏室动线的岔口，我们将楼梯间设计得比较宽敞，与此同时，北边的开口部分比较低，又安装了天窗，可以将此处作为室内晾衣空间

洗涤动线

洗衣机放在这里。脱衣（洗漱间）、搬运（楼梯间）、洗涤（食品储藏室）、搬运后晾干（楼梯间），一系列动作都能够串联起来

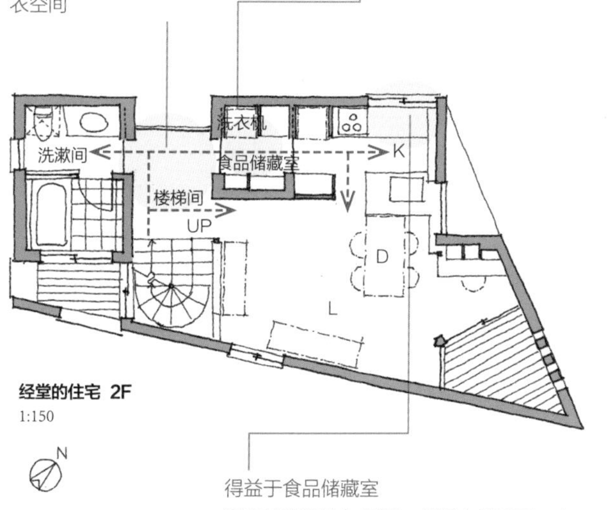


**经堂的住宅 2F**
1:150

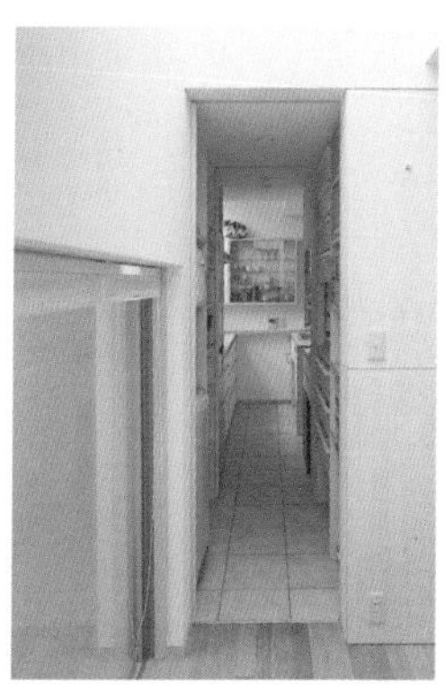

这是站在楼梯间所看到的厨房，形成了楼梯间、食品储藏室、厨房这样的家务动线

得益于食品储藏室

厨房的洗涤池与餐厅、起居室处于同一空间内，其旁侧又配有一扇很大的窗户。由于窗户而减少的储物空间，可以由食品储藏室来弥补

# 从后楼梯到二楼厨房

在都市的住宅区中，LDK位于二楼的情况越来越多了。考虑到采光和通风等因素，这样的安排也不无道理，尤其是对于白天的日常生活来说非常便利。但是有一点是必须加以注意的，那就是厨房的位置。因为在生活中往往会有很重的东西要搬运到厨房，也要从厨房往外丢垃圾，因此有很多东西都会在厨房里进进出出，其程度常常超出我们的想象。

由于厨房是个要经常出入的场所，因此，将其安排在二楼后，家务动线和存放物品方面就必须多加考虑了。大部分LDK位于二楼的家庭都选择将需要进出厨房的物资存放在一楼的玄关处。然而，如果在二楼厨房的隔壁建一平台，通过外楼梯与外界直接联系的话，就能够缩短家务动线了，同时也能解决存放物资的问题。

## 带屋顶的平台

二楼厨房的旁边建有一处带屋顶的平台，可暂时存放蔬菜箱、罐头、瓶子及垃圾等。此处还设有可以直接运货的外楼梯，以及清洗带泥蔬菜的污水盆。

**室外的设施**

在此处设置污水盆，用于清洗从家庭菜园中摘取的带泥蔬菜

L

D

事务角

平台

K

冰箱

**也可在此加工**

二楼的后门处就是带屋顶的平台。由于地面是用钢格栅板铺成的，光线可直达楼下的浴室外景观带

**通风**

后门处装有纱门，能够保证厨房的通风

**千驮木的住宅 2F**

1:150

N

这是厨房正面的辅助平台。其右侧是可以下到后院的楼梯

## 从食品储藏室到外楼梯

厨房旁边的食品储藏室的前端就是后门，从后门经由平台下外楼梯可到达一楼。通过楼梯，可频繁地将物品运至二楼的厨房。

**食品储藏室就是后门**

位于厨房背后的食品储藏室同时兼作后门。从平台经由螺旋楼梯与楼下相连接

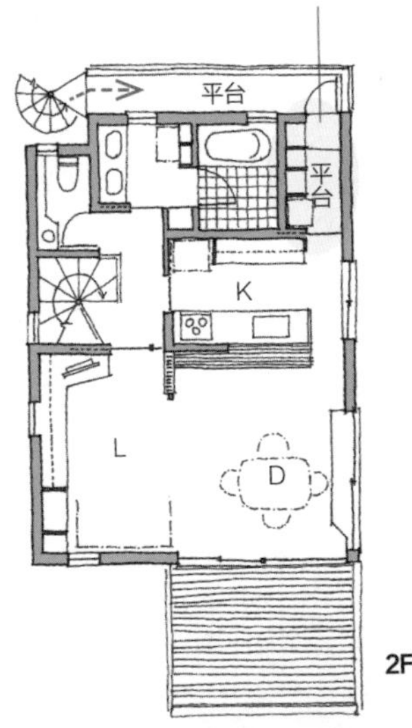


2F

**通向两处**

玄关门廊同时也是与二楼相连的螺旋楼梯的入口，由此既可通往玄关也可以通往后门

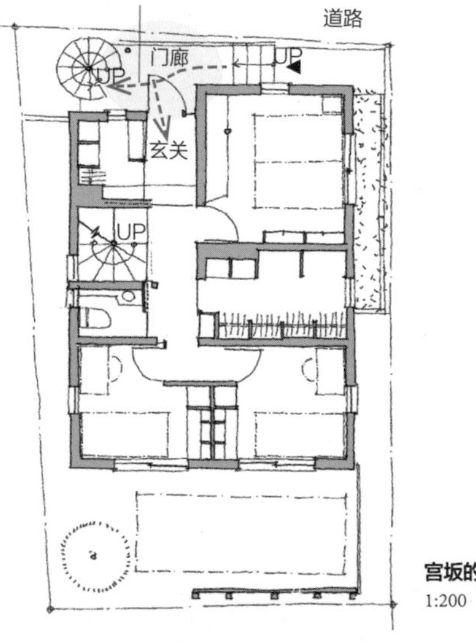


**宫坂的住宅 1F**

1:200

# 通向厨房的内部动线

制定空间规划时必须时刻设想日常生活时的各种情形。就优先顺序来说，虽然有因人而异的情况，但在某种程度上来讲有些方面是不会改变的。

就拿购物回来后由玄关直接进入厨房的这一行为来说，由于这样的行为几乎是每天都重复发生的，因此，从玄关到厨房这条动线的优先权应该很大。

若在这一动线中加入储藏室的话，那么，从玄关的角度来看它是鞋帽间，而从厨房的角度来看它就是食品储藏室了。这样的话，一个储藏室就身兼二职，与此同时，它还是连接两个空间的内部动线。

## 穿过鞋帽间

进入玄关后有两扇推拉门，一扇大的推拉门是通往餐厅兼起居室的，还有一扇推拉门是通往储藏室的。穿过储藏室便可出入厨房了。

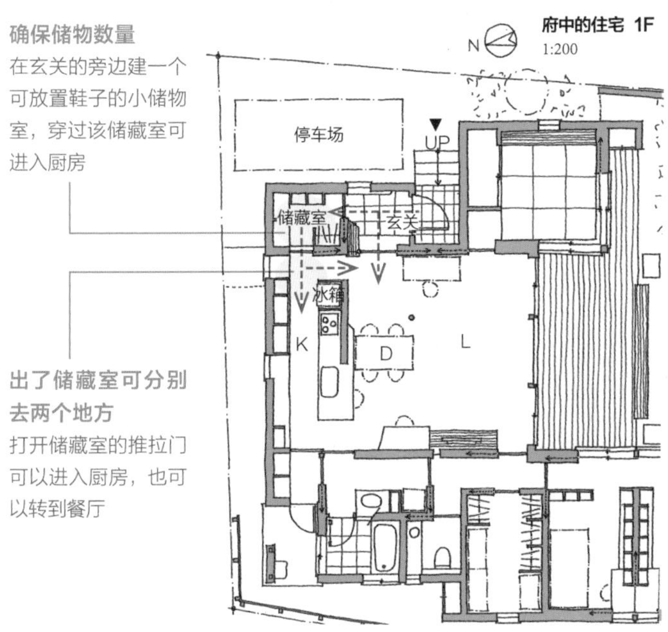


**确保储物数量**
在玄关的旁边建一个可放置鞋子的小储物室，穿过该储藏室可进入厨房

**出了储藏室可分别去两个地方**
打开储藏室的推拉门可以进入厨房，也可以转到餐厅

这是从餐厅看到的玄关。位于中央的推拉门是通往储藏室（鞋柜）的入口。进入储藏室时可以不脱鞋。平时穿的鞋可放在玄关旁边兼作装饰架的鞋柜里

## 一举两得的储藏室

打开玄关旁的推拉门后，就能进入存放一些日常用品的玄关储藏室。而该储物空间的里侧一半也是食品储藏室，与厨房隔着一道推拉门。

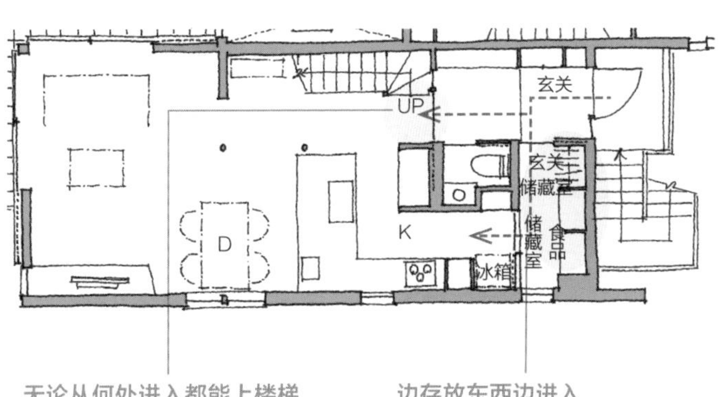


**无论从何处进入都能上楼梯**
无论是从玄关直接进入还是经过厨房进入，都能够不穿过起居室、餐厅直接到三楼的寝室

**边存放东西边进入**
这是在购物后将物品放入玄关储藏室、食品储藏室，及将生鲜放入冰箱的动线

三宿的住宅 2F
1:150

这是从餐厅看到的玄关。此处为从玄关进入房间的主要动线

# 通向卫生间的回游动线

厨房和卫生间在使用层面上，应尽可能使其靠近，这样的话，在日常生活中就比较方便。如果两者相邻，通过推拉门的开合便可进出的话，厨房和卫生间就成了贯通的内部动线，构成了回游动线的一部分。



二楼的南侧隔着楼梯是宽敞的起居室和餐厅，其北面是开放式厨房，与卫生间隔着一道推拉门。

北边是内部动线，如果有客人来，家人可以不通过起居室、餐厅而直接进入浴室、厕所。与此同时，与起居室、餐厅一起成为回游动线。

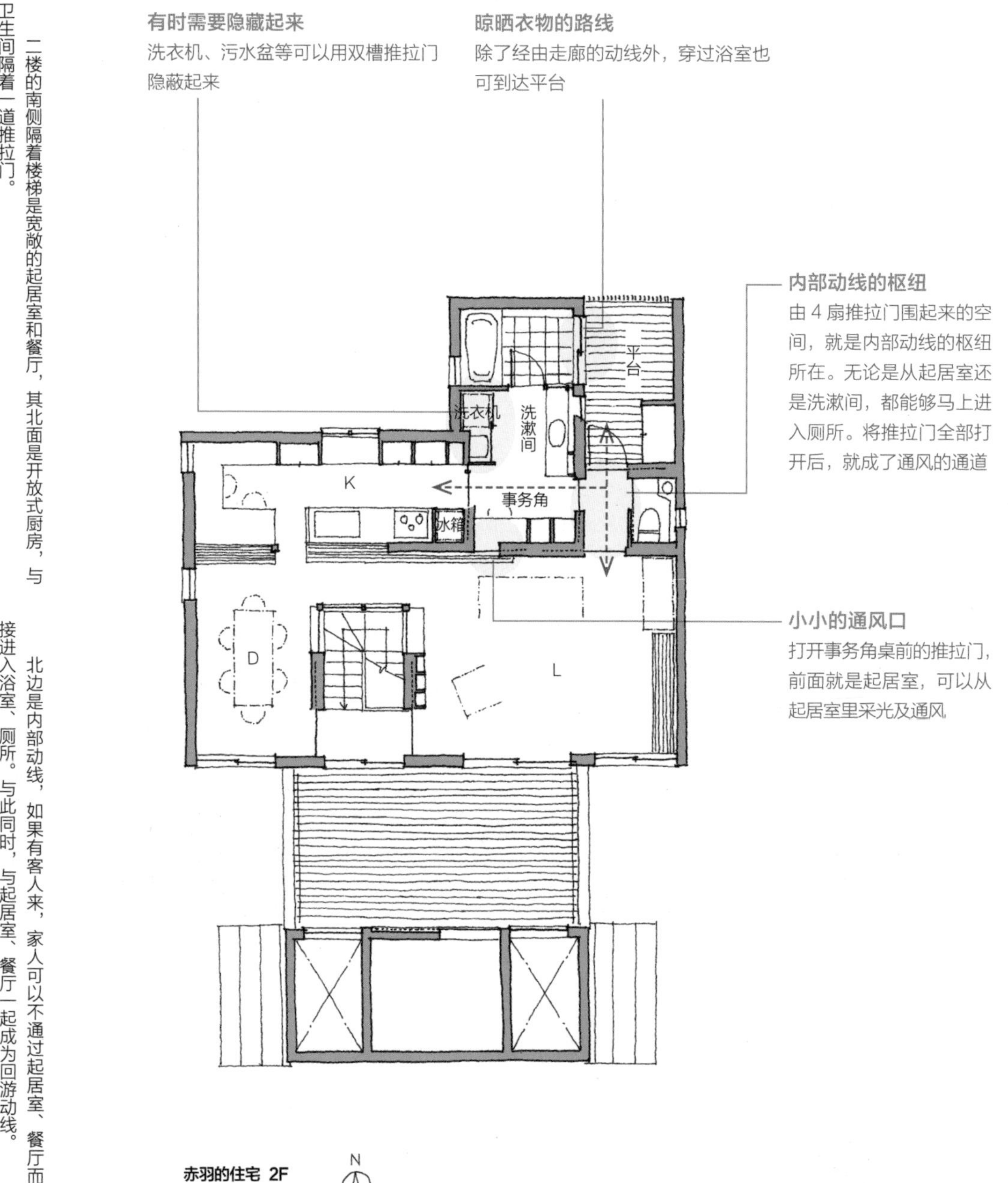


赤羽的住宅 2F
1:150

## 东西一直线

厨房、食品储藏室、洗漱间、浴室一字排开，站在浴室可一直看到阳台。由于洗漱间位于走廊上，因此，这一带同时也是回游动线的一部分。

**隐藏起冰箱**

将冰箱放置于食品储藏室内，这样，从起居室或餐厅就看不到它了

**推拉门起到调节作用**

食品储藏室两端推拉门的开合，能够调节视线和通风

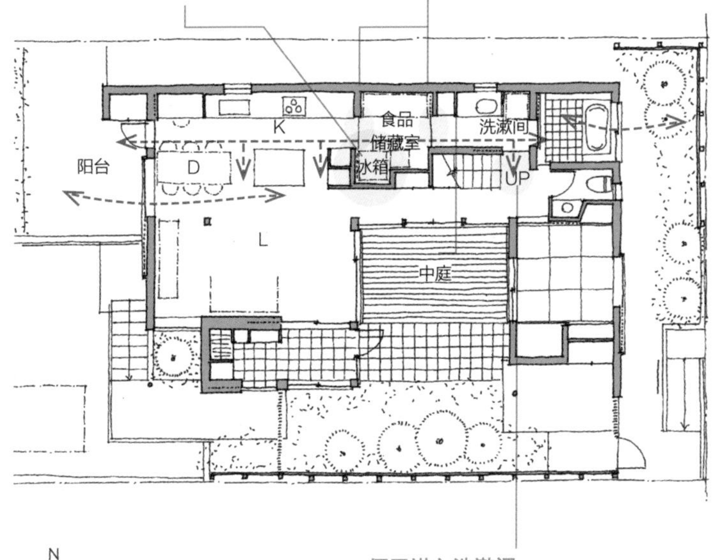


**茅崎东的住宅 1F**

1:200

**便于进入洗漱间**

通过楼梯从二楼下来后，可不穿过其他房间直接进入洗漱间。从作为客房的日式房间到洗漱间、厕所也很近

1. 从洗漱间望出去，视线可穿过食品储藏室、厨房直达阳台。食品储藏室可用推拉门将其分别与厨房、洗漱间隔离开

2. 从起居室沿着中庭一侧则是与厕所、日式房间相连接的主要动线（走廊），可通过洗漱间前面的走廊与内部的动线相连

## 缩短距离

进入玄关后，也可从餐厅旁绕过事务角进入厨房，但若是从近前的洗漱间进入的话，距离就近得多了。

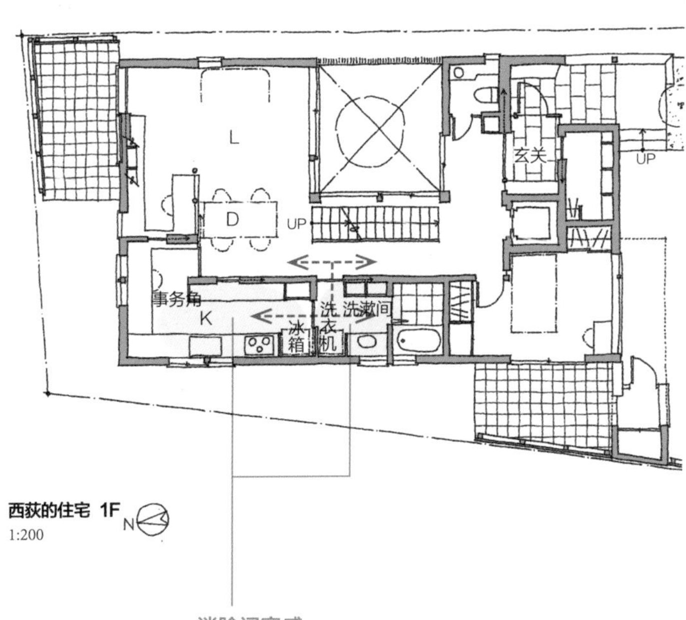


**西荻的住宅 1F**

1:200

**消除闭塞感**

虽然推拉门可开、可关，但由于厨房和洗漱间处在家务动线上，因此都没有单间的那种闭塞感

1. 这是从厨房处看到的洗漱间以及里侧浴室的情形。洗漱间的左侧与走廊相连

2. 餐桌左侧里边的门是通往洗漱间的。这里是起居室、走廊以及楼梯间之间动线的中枢

# 将封闭式厨房安排在回游动线上

厨房是设为开放式的还是封闭式的，要根据其所处的具体位置而定。

做成封闭式厨房时，就是将厨房当做操作场所来考虑，使用起来是否方便是第一要求。而所谓的使用起来是否方便，主要是从物品存放、烹饪以及收拾整理等方面来考虑，而最基本的还得考虑包含厨房在内的家务动线。

由于做成开放式厨房时，厨房为餐厅和起居室的一部分，对于必须将厨房配置在回游动线上的要求并不太高；若是封闭式厨房，考虑到操作的便利性，就必须将其配置在回游动线上。

## 让部分动线处在自然光下

厨房位于从楼梯间到餐厅的回游动线上。厨房的天花板根据屋顶的形状设计得略倾斜，其部分天花板安装了天窗，而偏北的部分依然有自然光可以照入。

**濑田的住宅 2F**
1:200

从楼梯旁的走廊可以看到正前方的厨房。厨房天花板上的天窗也能够照亮走廊

**设置纵向狭缝**
为了让厨房与餐厅相互间能够传递光线，在门的旁边开一道纵向的狭缝，并配上玻璃

**配膳台的位置**
将靠近餐厅的长条桌延展成L形，使其可用作配膳台

## 以储物家具为中心

封闭式厨房被固定式储物家具与餐厅隔离开。这些固定式储物家具可从厨房和餐厅两个方向存放物品，成了回游动线的中心。从厨房通往走廊的旁侧，配置了一个平台。

**鹄沼的住宅 3F**
1:150

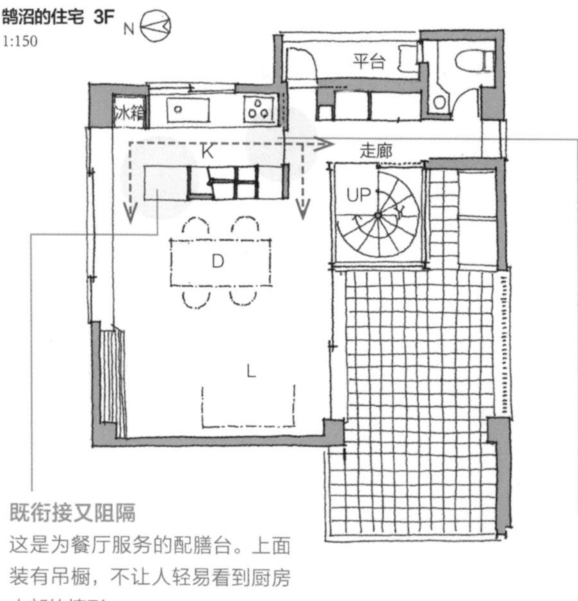

打开封闭式厨房与走廊间的推拉门，走廊的纵深感及自然光能够消除其闭塞感

**既衔接又阻隔**
这是为餐厅服务的配膳台。上面装有吊橱，不让人轻易看到厨房内部的情形

**能看到身影**
推拉门的上半部分镶有乳白色的玻璃，即便关上后也能看到隔壁的身影

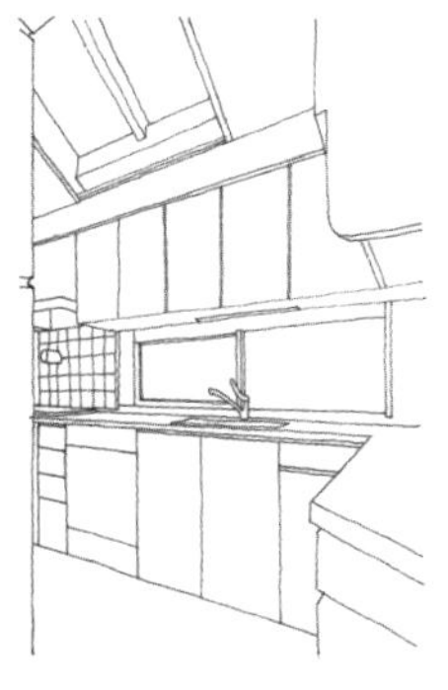

## 生活动线的轴心

穿过杂物间可以进入厨房，而其另一端则与餐厅相连。杂物间有后门，同时也面朝着楼梯间，其因此成了生活动线的轴心。

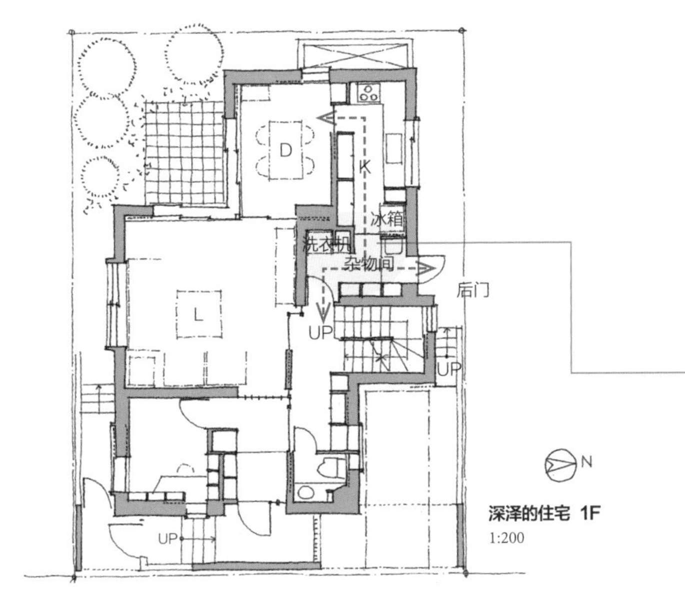


深泽的住宅 1F
1:200

这是位于回游动线上的封闭式厨房，两侧配置了大量的储物柜

**轴心的位置**

距离各场所都比较近，杂物间成了家务动线的轴心

## 用楼梯间来区分左右

楼梯上门厅的里边就是封闭式厨房。考虑到家务动线，厨房正处在既能到辅助平台，又能到起居室的回游动线上。

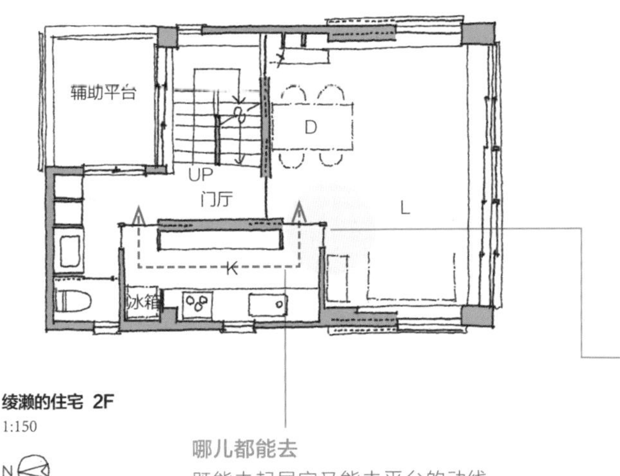


绫濑的住宅 2F
1:150
N

从起居室看到的餐厅、楼梯间的情形。左侧半透明玻璃墙的里边是厨房，打开玻璃墙边上的推拉门便可进入厨房，从最里面的楼梯间也可以进入厨房

**与其他场所相连**

正是由于建成了封闭式的厨房，就更要有意识地布置好与其他场所柔和的连接。厨房与起居室之间隔着一道不透明玻璃，能够看到对方的身影

**哪儿都能去**

既能去起居室又能去平台的动线。即便是有客来访，也能毫无顾忌地从楼梯进入厨房

# 通过窗口来配膳

如果是开放式厨房，则隔着吧台便可配膳了，但要是封闭式厨房的话，配膳就不那么方便了。尤其是当家里人比较多的时候，或许还会想到用手推车来配膳吧。

其实，只要在厨房和餐厅之间的墙壁上开一个配膳用的窗口就大可不必采用手推车来配膳了。然而，既然要建成封闭式的厨房，就是为了不让外界看到厨房的内部，因此在不配膳的时候要能够将该窗口关闭上。

此时，可在配膳窗的窗口装上推拉窗，这样便可开关自如了。

## 窗口能够消除闭塞感

这是个无法形成回游动线的厨房，因此要开出配膳用的窗口。这样可让空气以及家人有种回游感，减轻封闭式厨房的闭塞感。

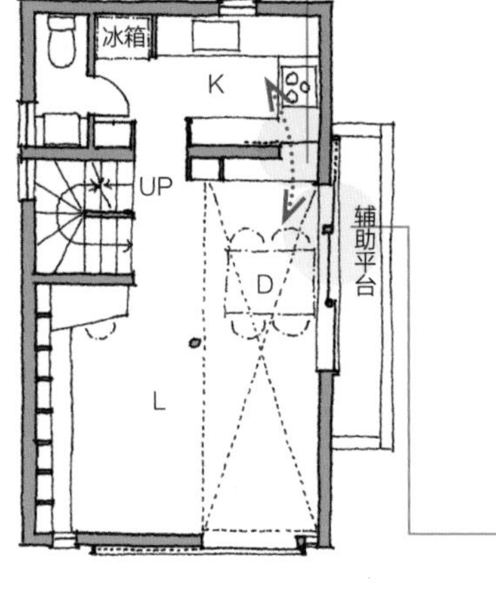


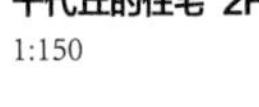

**上下均为储藏柜**
配有乳白色玻璃推拉窗的配膳窗口开闭自如。无论是餐厅还是厨房，配膳窗口的上面都是吊橱

**看不到所放置的物品**
可从餐厅进出辅助平台。由于餐桌边上的敞开部分是腰窗，从室内看不到放在平台上的物品

餐桌后面固定式储藏柜的部分成了配膳用的窗口。配膳窗口上装有玻璃推拉窗，能够将厨房隐蔽起来

## 打通墙壁开出配膳窗口

厨房和餐厅虽同处于天花板相连的同一空间里，但由于储物隔墙的阻隔，各自又形成了独立的单间。在这个具有储物作用的隔墙上开一个小孔，可形成配膳窗口。

二叶的住宅 2F
1:150

N

**也能从内侧进入**
可以从餐厅的内侧绕到厨房。厕所的入口也在这条动线上，在起居室和餐厅是看不到的

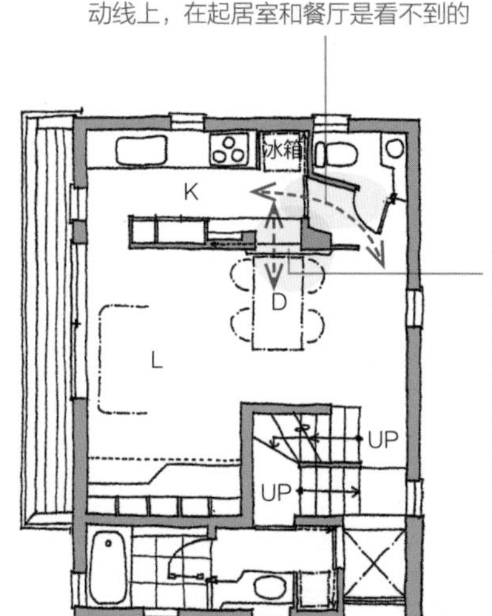


**可兼作装饰架**
在装有储物壁橱的墙上开有配膳窗口，窗口的上框如同面板一般，可以兼作两边都可看到的装饰架

正面白色墙壁的后面是厨房里的储藏柜。墙壁右侧的乳白色玻璃推拉窗就是配膳窗口。配膳窗口的上框面板可用作装饰架

## 作为家务回游动线的一部分

在厨房里烹调以及餐后收拾等家务活儿与别的家务活儿到底是什么样的关系，这是随着各家的生活方式而定的。就拿洗衣机的位置来说，大概可以有两种：一是在洗漱间里，另一种则是在靠近厨房的位置。

放在洗漱间里，是其与更衣、洗涤的关系决定的。如果考虑到要在室内晾衣，就应该将洗衣机放在靠近厨房的位置。因晾衣的过程非常耗费时间，在早晨分秒必争的时段里，洗衣机放在厨房边上就显得极为方便。在居室中安排出一个家务空间，利于集中处理家庭杂务。而将家务行为分散到几处后，就有必要使家务动线循环起来。

### 以楼梯为中心

以楼梯为中心，厨房、洗涤区、事务角还有起居室、餐厅形成了一条回游动线。厨房是与杂物间连成一体的独立空间。为了能够在室内晾衣，特将洗涤区设在了有光照的南边。

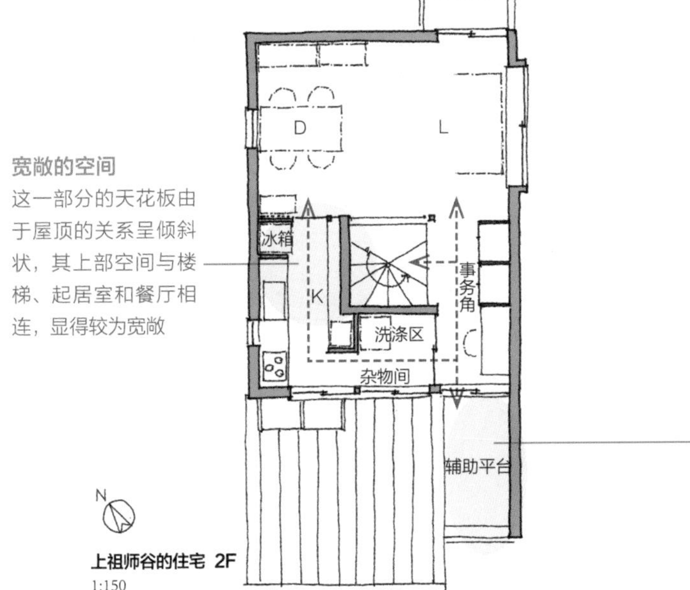


**宽敞的空间**
这一部分的天花板由于屋顶的关系呈倾斜状，其上部空间与楼梯、起居室和餐厅相连，显得较为宽敞

**室内晾衣处与室外晾衣处很近**
清洗过的衣物可以在辅助平台上晾晒，也可以暂时晾在杂物间里

**上祖师谷的住宅 2F**
1:150

楼梯间右边的推拉门是厨房的出入口。楼梯上面的天窗可使光线照入厨房。左边通道尽头的玻璃门，则是进出辅助平台的出入口

### 连接所有的空间

厨房和杂物间处在同一条直线上。可以从厨房一侧或杂物间的一侧进入起居室。起居室和餐厅间夹着楼梯，但依然属于同一空间，这些场所都由回游动线连接起来。

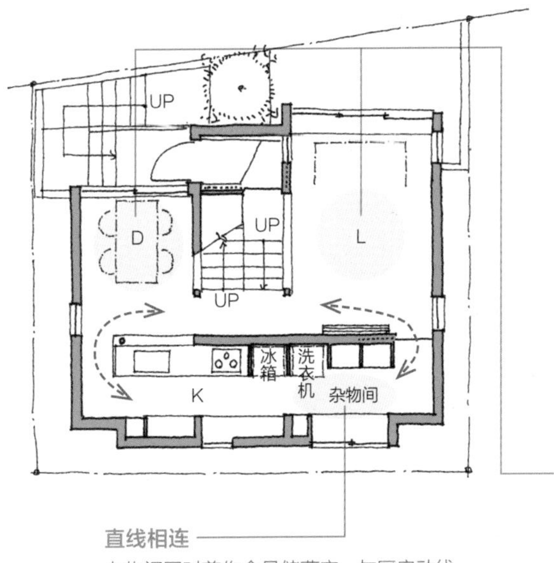


**直线相连**
杂物间同时兼作食品储藏室，与厨房动线相连

**凹室的空间**
起居室和餐厅分别被制成凹室的模样，都是十分安静的空间

**大仓山的住宅 1F**
1:100

从厨房透过楼梯间可以看到起居室。厨房的右边是放有洗衣机的杂物间。它们同处在一条动线上

# 同时通往两处

有时候起居室和餐厅虽然同处于一个空间，却是分别配置在不同位置上的两个场所。从使用功能上考虑，使厨房与餐厅相连似乎是顺理成章的，而是否与起居室相连就绝非必要了。

设想一下日常生活中的场景我们就会发现，在起居室里吃吃喝喝也是常有的。尤其是请来很多宾客开派对的时候，起居室无疑是整个聚会的中心，于是我们也希望能够从起居室直接进出厨房。通常我们会将LDK当做一间房间来考虑，可事实上即便起居室和餐厅分处两个不同的位置，只要能从厨房直接进出这两个场所，也就没必要非将起居室和餐厅放在一起。

## 从厨房绕到起居室

起居室和餐厅中间隔着楼梯，厨房则横跨这两个空间，由回游动线将这三处连接起来。面朝餐厅一侧的厨房是开放式的，但与起居室间有隔断，从起居室看不到厨房内部的情形。

赤堤的住宅 2F

1:150



**观察**

墙壁上开有20cm见方的小孔，由此可观察起居室内的动静

**将污水池隐藏起来**

用储物柜将污水池隐藏起来。事实上需要用污水池的家务也是很多的

**距离餐厅也很近**

在从餐厅转入厨房的地方安排了一个事务角

1. 这是从起居室朝厨房看去的情形。厨房位于正面墙壁的背后。厨房的上部装有天窗，故而没有进入狭窄空间时的闭塞感

2. 这是从厨房朝起居室看去时的情形

## 回游动线通过楼梯间的里侧

上楼后迎面便是一堵墙，接下来往左或右便分别是餐厅和起居室，厨房就在这道墙的后面。厨房本身就是连接餐厅和起居室动线的一部分。

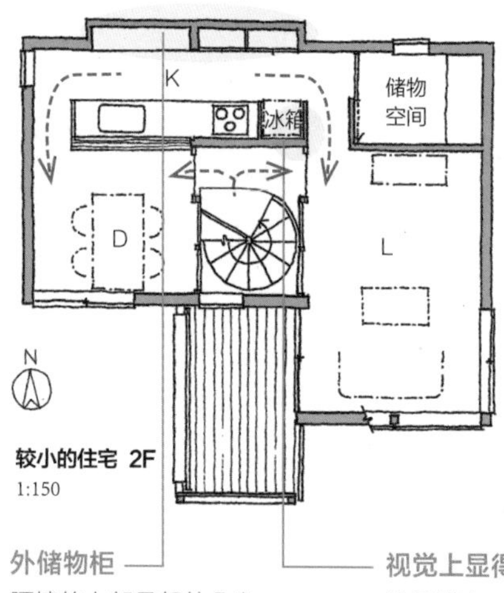



较小的住宅 2F

1:150

**外储物柜**

腰墙的上部是朝外凸出的储物柜

**视觉上显得比较远**

这是横向一字展开的I形厨房。由于煤气炉前面的墙壁阻隔，从起居室是看不到厨房的，向前走几步马上就可进入厨房

这是从餐厅朝厨房看去时的情形。尽管厨房相对餐厅来说是开放式的，但由于腰墙的阻挡，厨房里的水槽是看不见的。右边楼梯间的里面是起居室

## 尽管看不见却仅相隔一步之遥

起居室与餐厅是连在一起的，但由于餐厅旁的厨房被墙壁围成了箱子状，使人察觉不出来。然而只要拉开作为箱子一部分的推拉门，厨房就立刻出现在眼前了。

信浓町的住宅 2F
1:150

**相连而又不可见**
起居室与餐厅、餐厅与厨房都是相连的，但从起居室看不到厨房

**平时仅使用双槽推拉门的一边**
拉开推拉门后，厨房与起居室就连成一体了。考虑到冰箱的搬出、搬进，此门采用双槽推拉门结构

这是从起居室看餐厅、厨房时的情形。中间围成一个大箱子模样的就是厨房。餐桌边上就是配膳长桌，可将餐厅与厨房相连

## 内部相连

将楼梯间置于中央，以回游动线将起居室、餐厅和厨房连接起来。厨房可通往起居室，也可通往餐厅。

**复合多种用途**
与起居室相连的厨房部分有一个洗手处，同时也是厕所的入口

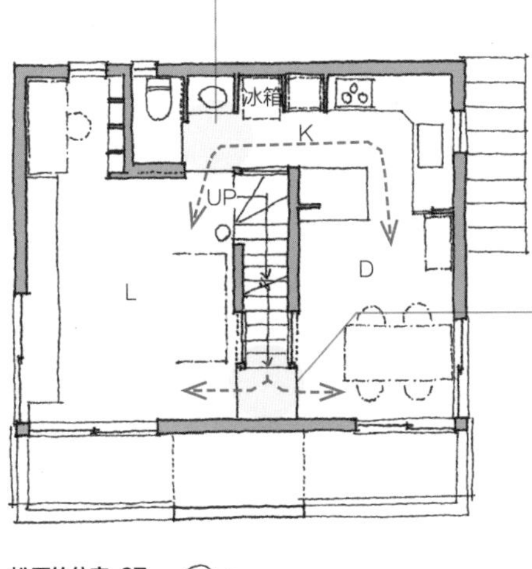

**分隔却又相连**
上楼梯后，两边分别是起居室和餐厅。由于推拉门和翼墙是玻璃制成的，因此，在视觉上是相连的

松原的住宅 2F
1:150

这是从厨房看到的通往三楼的楼梯。由于光线能够通过楼梯照射进来，由厨房通往起居室的内部动线给人以较为宽敞的感觉

## 以厨房为内部动线

起居室和餐厅分别位于楼梯间的两侧。厨房位于楼梯间的后面，故而成了连接起居室和餐厅的内部动线。

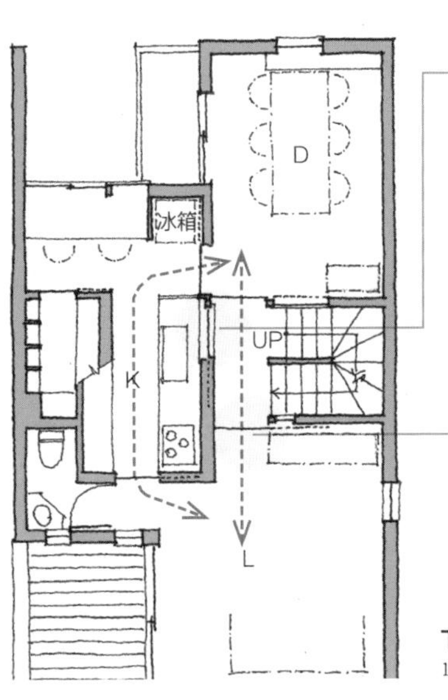


**引入光线**
水槽前的敞开部分与楼梯间相连，楼梯间天窗的光线能够照进厨房

**用推拉门相连**
楼梯间与各个房间之间都装有推拉门。开、关此门，可使各个房间都成为单间或将各房间连成一体

下马的住宅 2F
1:150

起居室正面的玻璃推拉门后是楼梯间，与餐厅相连。照片左边的推拉门就是厨房的进出口，从厨房可以通往餐厅

# 回游动线的中心

餐前的炒菜做饭、餐后的洗洗涮涮，以及烧水、泡茶等，每天的日常生活中待在厨房里的时间往往要比想象中长。更何况并不是在特定的时间段才待在厨房里的，在做别的家务时有时也会进出厨房。

因此，改善通往厨房的进出方式，也就等于减轻了所有家务在生活中的负担。

简单地说，让各房间到厨房的距离都变得很短，即让厨房位于屋子的中央，能够以放射状的形式进出厨房比较好。在厨房的周围形成能够循环的生活动线，是一种值得考虑的方法。

## 位于生活动线的正中间

将厨房放在屋子的中央，还能起到分隔起居室、餐厅与个人区域的作用。因此，不论到哪个区域都要经过厨房，以厨房为中心的回游动线也就自然形成了。

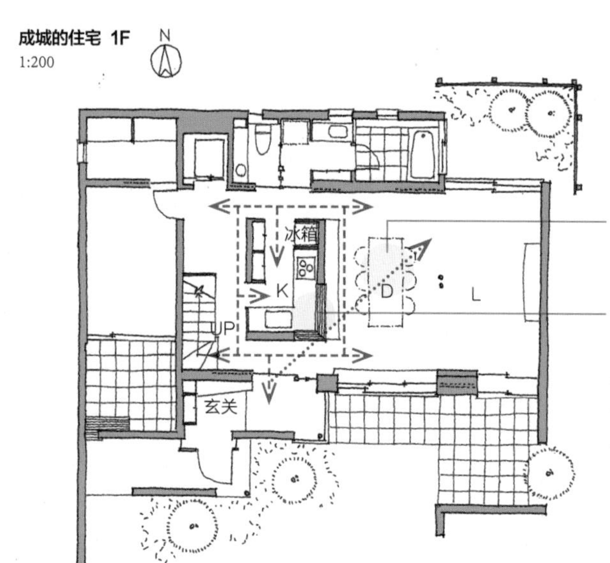


**让视线能够斜向穿过**

进入玄关稍稍朝右望去，视线可以穿过厨房开放的一角，一直看到餐厅和起居室

**视线可以穿过的部分和无法穿过的部分**

水槽跟煤气灶的前面有墙壁，但L字形的角落部分对于餐厅和起居室来说呈开放状

## 可从五个开口出入

餐厅和起居室将厨房夹在中间分别形成单间，以厨房为中心形成了较大的回游动线。包括事务角在内的厨房共有五个出入口，形成了多条小型回游动线。

成城S的住宅 1F

1:200

N D K L 餐厅（来客用） 冰箱 事务角 UP UP

从厨房穿过起居室的动线。天花板上装着天窗，能将厨房周围都照亮

**并不孤立的事务角**

事务角桌子前有一个装有推拉门的敞开部分，以此与餐厅相连

**想要隐藏起来时就将此关闭**

平时是常开的，当想要将厨房内部隐藏起来时，可将其关闭

**许多人一起准备饭菜**

这是能让许多人一起围着准备饭菜的大长桌，与厨房长桌相连

# 将事务角安排在哪里？

从户主那里拿到的建造要求上，很多都写着想要一个事务角。可是，这个事务角本身却是个模糊的概念。甚至有时连提出这一要求的户主都没有想好要在这个区域里干什么，似乎是事务角这个词自己跑到纸上的。建造住宅，是要以生活中的日常行为为依据，将其目的以某种具体的形式落实到空间中的工作。反过来说，要将不明确的行为以某种具体的形式反映出来是十分困难的。

想要一个事务角。那么是想要一个个人使用的场所呢？还是要一个家人都可以自由使用的多功能场所呢？想要在那里做什么呢？家人们又要在那里做什么呢？必须在思考这些问题后，才能确定事务角。也就是说只有明确了谁用、什么时候用、干什么用之后，才能在空间规划中确定出事务角的位置。

所谓家务如果分解开来讲，那就是扫地、洗衣服、做饭等家庭生活所必须的大小事务。如果事务角就是主妇（或主夫）实际处理这些事务的场所，就可以将其纳入家务动线中。如果将事务角理解为家中别的人也要频繁加以利用的场所，那么或许将其安排在稍偏离家务动线的位置上会比较方便。如果更进一步，是将事务角当做工作或学习的场所来考虑，那在设计时还必须考虑该场所是否安静。

因此事务角实际上必须在设想了多种用途后才能安排空间规划。而这个事务角到底安排在什么地方，最终还是要根据家人的生活特点来决定的。但是，倘若将事务角安排在一个出人意料的位置上，或许所有家人的生活范围都会扩大。

## 小小书房

书房是父亲经常待的地方。在家长专治的从前，书房可不是谁都能随便进出的，是十分威严的场所。但是，随着时代的变迁，母亲也能在外面工作了，书房已不再是父亲的专属领地。

既然书房也成了母亲要待的地方，那么，将其安排在什么位置上好呢？事实上，尽管母亲也踏入社会工作，但依然难以摆脱家务，必须事业、家务一肩挑。因此，只要不是需要待在单间里的专注工作，那么也可考虑将书房安排在较为公开的场所，以期与家务劳动取得平衡。

出于这样的考虑，将书房与在家务中占据了相当时间的做饭联系起来也应该是比较合理的吧。设置在厨房附近的事务角，就成了母亲停留的场所，成了一个小小的书房。

### 既分开又相连的三个场所

将起居室定位为休闲区，而将厨房、事务角（书房）、餐厅定位为作业区并加以区分。

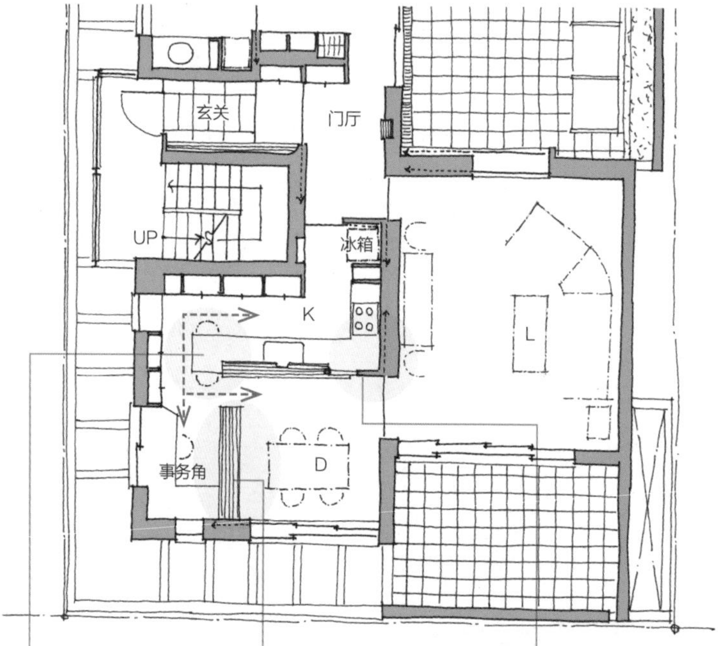

事务角和餐厅之间用储物柜隔开，而储物柜的上部则是敞开的，厨房对于事务角和餐厅两处都是开放的。厨房、事务角和餐厅这三个作业区共享一个空间且连在一起。

玄关 门厅 UP 冰箱 K L 事务角 D

**三住奏 2F**
1:150

1. 正面的墙壁后面就是事务角（书房）。右边则是厨房的长条桌
2. 这是从厨房长条桌看到的事务角。左边的书架就是与餐厅分隔用的储物柜

**仅仅阻隔视线**
在事务角一侧可以加以使用的储物柜高 1.5m，因此虽然看不到对面，但空间上是相连的

**吃便饭的场所**
与厨房工作台相连的长条桌是吃早餐、午餐等便饭的地方

**建造翼墙**
开放式厨房的某一部分是翼墙，这样从餐厅一侧就看不到冰箱了。这道翼墙能使空间产生纵深感

# 正因为宽敞才好围起来

这是一种对于阳台敞开的开放式空间规划的LDK。事务角和与位于同一角落的厨房相连。同时事务角虽然处在与厨房、走廊及楼梯都相邻的位置上，但又被墙壁和储物柜包围，是一个完全可以用作书房的宁静场所。

**区分作业区**

像个小岛似的被墙壁围起来的冰箱。这样事务角就与厨房完全分开了，确保了各自的独立性

**既围住又敞开**

这是个被墙壁围住的宁静场所，但通过敞开着的墙壁上部，可以察觉到上下楼梯的动静

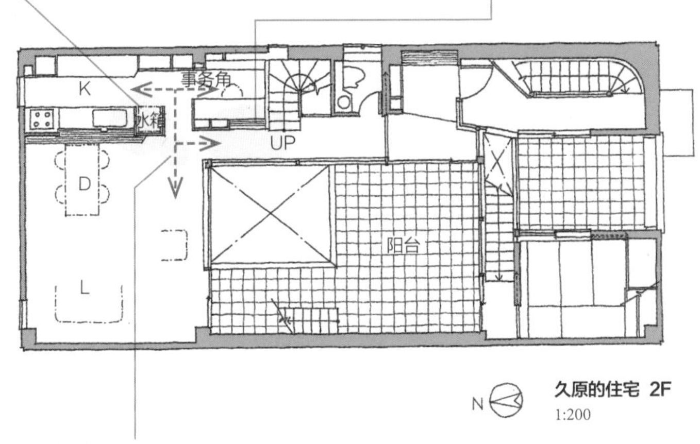

久原的住宅 2F
1:200

**缩短动线**

从走廊进入起居室和餐厅区域后，马上就能踏进厨房。从此处拐进去，立刻就是分成通往厨房和事务角的简短动线

1. 从厨房看事务角。坐下来后会觉得是被墙壁和架子所包围，但上部是敞开的，与走廊和上一层楼面相通
2. 从遮掩了冰箱和事务角的墙壁处，可进入厨房和事务角

# 两个事务角

在封闭式厨房内有一个事务角，而在隔着一道墙的餐厅一侧还有一个事务角。这样与家务有关的简单作业可在厨房的事务角进行，而需要固定时间的作业可在另一个事务角中进行。

**将通道用作滞留区**

将事务角设置在回游式动线上，形成滞留区，空间的利用率就更高了

**用敞开部加以连接**

两个事务角虽然用墙壁隔开，但墙上的敞开部分装有推拉窗，可以自由开合

**将厨房遮蔽起来**

配膳窗口上有可以藏入墙壁的不透明玻璃推拉窗，因此可将厨房遮蔽起来，从餐厅处看不到厨房

**用一道墙壁隔离开**

餐厅与事务角看似连在一起，但其间有一道隔断的墙壁，在视觉上形成独立的空间

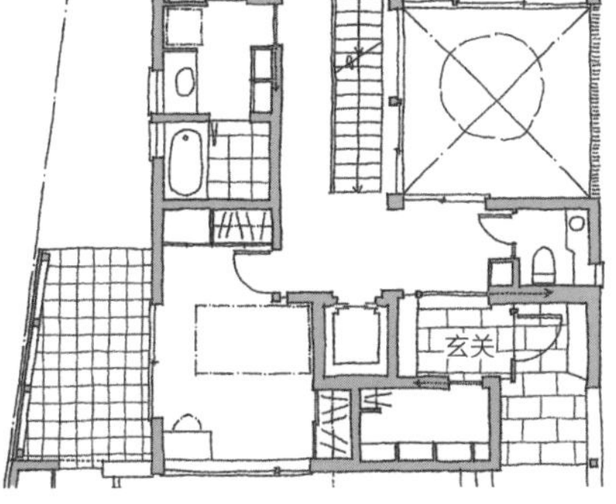

西荻的住宅 1F
1:200

1. 位于厨房内的事务角。位于通往餐厅的动线上，右边敞开部的前面，是另一个事务角。窗口的上方确保了储物的空间
2. 处在餐厅后面的事务角。正面敞开部分的前面是厨房中的事务角

# 将事务角安排在餐厅的一角

如今，事务角里也需要电脑。只要有笔记本电脑和无线网络，在家里的任何地方都可以使用电脑。

如果是需要打印的话，考虑到要补充纸张等因素，就会觉得将电脑放在某个固定的场所会比较好，并且最好是放在家人都可以用的场所。说到家人都可以用的场所，大家或许马上就会想到玄关、卫生间和餐厅，而前两个场所显然不适合放置电脑。所以在餐厅放置电脑和配套设施就顺理成章了。于是，餐厅的某个角落也就成了事务角十分有力的备选区。

## 降低空间，给人安心感

LD是天花板很高的共享空间。于是就在其一角增设了较低的天花板，建造固定式的书桌，使其成为事务角。由此可见，使天花板产生一些变化后，就可以将空间设定为各种各样的场所。

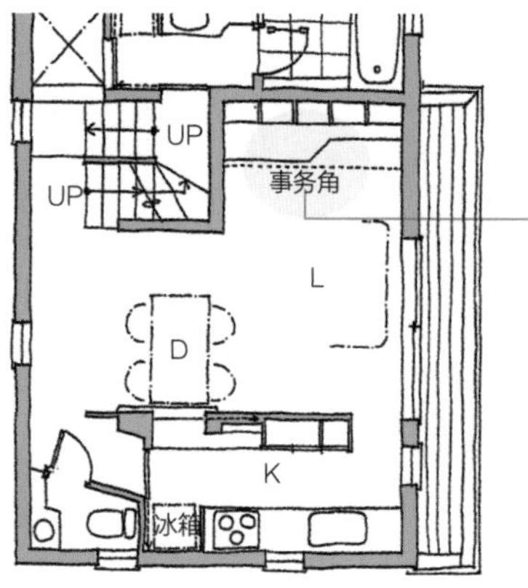


**凹室也能加以利用**

书桌上方的天花板比较低，使该区域形成一个凹室，因此也就成了能使人感到安心的场所

**二叶的住宅 2F**
1:150
N

事务角的天花板有两级，显得比较低，打开两级天花板之间的移门，就能给位于二楼的儿童房通风了

## 杂物在别处处理

餐厅和起居室分处于楼梯的两侧。餐厅一角里的固定储物柜，有一部分被改成了书桌，于是这一空间就成了事务角。该事务角不同于餐桌，可在此处理一些杂务。

L
冰箱
UP
K
D
事务角

**将储物柜设置在事务角**

利用事务角的空间沿墙壁制作储物柜，并将储物柜的一部分制成书桌，这样该空间就可以作为事务角了

**处台的住宅 2F**
1:150

照片的右侧凹陷处为事务角。将餐厅储物柜的一部分改成书桌，并在窗的两侧用公示板作软装饰，可用磁铁吸盘将便条等固定在上面。楼梯的后边就是起居室

## 摆放式家具和固定式家具

在餐厅的一角制作了一张较大的固定式书桌，构成事务角兼书房的结构。餐厅里的餐桌采用的是摆放式家具，使餐厅的氛围有别于事务角。

**小金井的住宅 2F**
1:150
N

**与沙发椅连成一体**

在沙发椅的延伸处制作书房（事务角）的书桌，看起来就像固定式家具一样

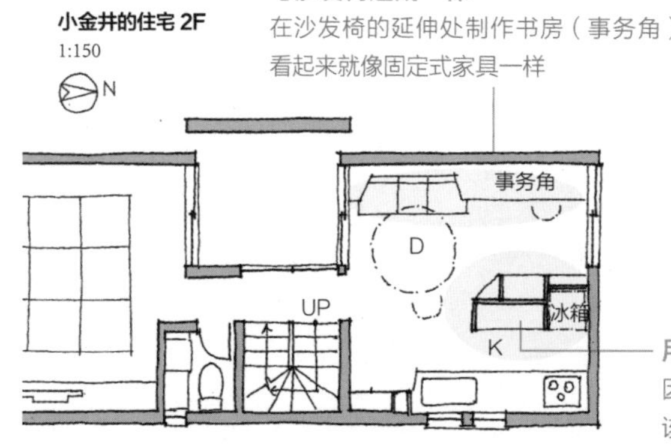


**用储物柜来加以分隔**

因储物柜的分隔，形成了能令人安心的空间。该储物柜与属于厨房的储物柜是连成一体的

固定式的书桌，其左侧与沙发椅相连

# 将事务角设置在家务动线上

在厨房的附近设置什么好呢？这一想法事实上会随着家人生活方式的不同而产生很大的不同，尤其是家庭主妇的想法无疑会起到决定性作用。虽说同样是厨房的周边，但由于其大小、内容和组合方式等因素，完全可以设计出多种截然不同的空间规划。将处理生活琐事的事务角置于厨房旁边是较为常见的安排，但也可将事务角用作工作室或使其与洗涤区相连，组合的方式同样是多种多样的。

然而，也不仅仅是通过某种组合使其便于使用就可以，在进行空间规划时，还必须考虑到家务动线。因为，如果不能在众多的要素中整理出动线，便于日常使用的话，那仅是将不同的功能集中起来也是毫无意义的。

## 一条动线

事务角位于杂物间内，从厨房出来的一条内部动线将其串联了起来。厕所和洗手处也在同一侧，但只要将推拉门关上后，虽然近在咫尺，也能达到隐秘的目的。

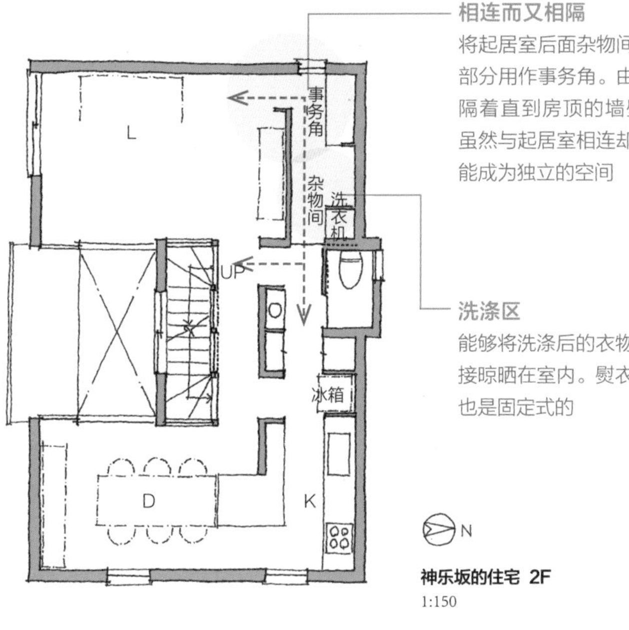


**相连而又相隔**
将起居室后面杂物间的部分用作事务角。由于隔着直到房顶的墙壁，虽然与起居室相连却又能成为独立的空间

**洗涤区**
能够将洗涤后的衣物直接晾晒在室内。熨衣台也是固定式的

**神乐坂的住宅 2F**
1:150

这是房间北侧的杂物间，同时也兼作事务角和洗涤区，右边的门厅可以晾晒衣物。天花板上的天窗能够照亮室内

## 安排在厨房与玄关的内部动线上

从厨房出来后，走过书房兼事务角及玄关的储物柜后，便直达玄关。事务角位于连接厨房与玄关的内部动线上，从事务角的两侧都可以走到外部动线上。

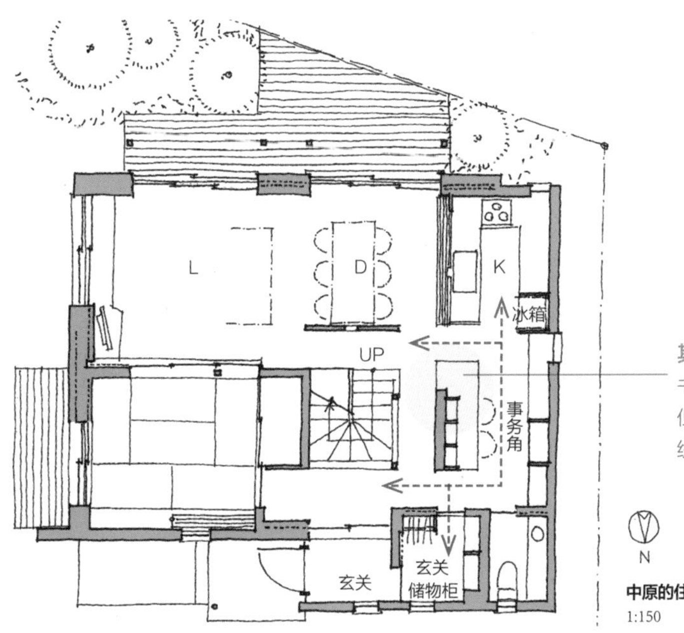


**其一部分是可以穿过视线的**书架将事务角与走廊隔开了，但朝餐厅的一侧是敞开的，视线可以穿过去

**中原的住宅 1F**
1:150

正面腰墙的后面就是厨房，走进其右侧就会发现事务角是与厨房并排着的

# 将事务角当做厨房的一部分

早、中、晚都必须给孩子做便当，还要给家人准备饭菜，基本上每天都会在相同的时间段来到厨房。在此期间也会考虑一下菜单，整理一下孩子从幼儿园或学校带回来的资料，并处理一些与自身相关的各种事务。如果再加上自己的工作，那整整一天都会因为种种事务而忙得不亦乐乎。而将事务角安排在厨房里，这些事情就能在厨房中全部搞定了。

由于烹饪是必须在厨房中进行的，所以厨房的位置基本上是固定的。若是要将其他杂务也放在厨房处理的话，就能节约时间，也能将储物空间集中到一起。因此，考虑到生活的便利性，将事务角安排在厨房的想法是完全能够接受的。

## 书桌前有一扇大窗

使事务角以L形与厨房相连。由于厨房的北面和东面都与邻居相连，因此就在其西面临街处开设了一个视线通畅的大窗户，窗下便是明亮的事务角。

**佑天寺的住宅 2F**
1:150
N

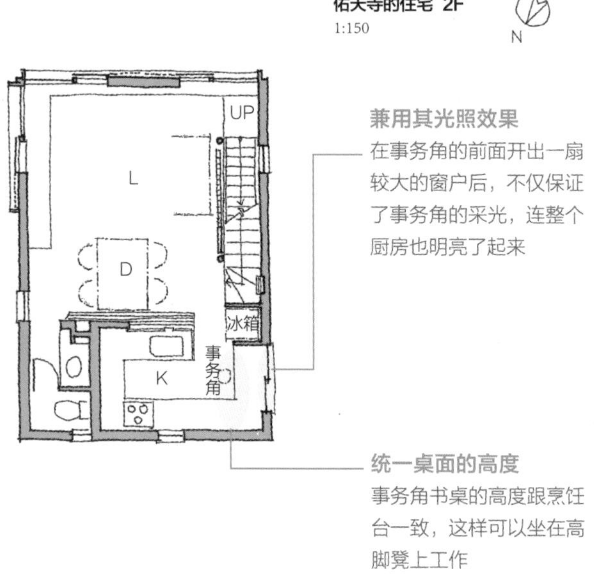


**兼用其光照效果**
在事务角的前面开出一扇较大的窗户后，不仅保证了事务角的采光，连整个厨房也明亮了起来

**统一桌面的高度**
事务角书桌的高度跟烹饪台一致，这样可以坐在高脚凳上工作

近前处储物装饰柜的后面是厨房。左边有阳光照入的地方就是事务角。从大窗户射入的光线照亮了整个厨房

## 能够隐蔽起来的事务角

将事务角安排在餐厅的一角，而餐厅与休闲室之间的推拉门拉向事务角一侧后，就能将事务角隐蔽起来。

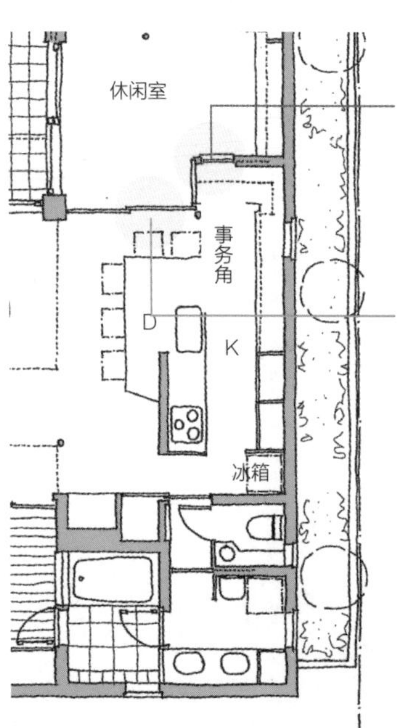


**小小的衔接处**
事务角与休闲室之间的墙壁上有个小小的敞开部分，打开此处的推拉窗后两个空间就连在一起了

**要遮挡的时候就能将其隐蔽起来**
将休闲室与餐厅之间的推拉门拉向事务角的一侧，事务角就被隐蔽起来了

正面便是事务角。从书桌前的敞开部分可以看到休闲室里。事务角的左边有一道将休闲室与餐厅隔开的推拉门，该门拉向右边时，事务角就被隐蔽起来了

**田园调布的住宅 1F**
1:150

N

## 将事务角设置在动线的交叉部分

从餐厅往厨房看去，在厨房的左侧，即厨房通往辅助平台的附近，设置了事务角。由于此处是家务动线的交叉处，在此处设置事务角使用起来会比较方便。

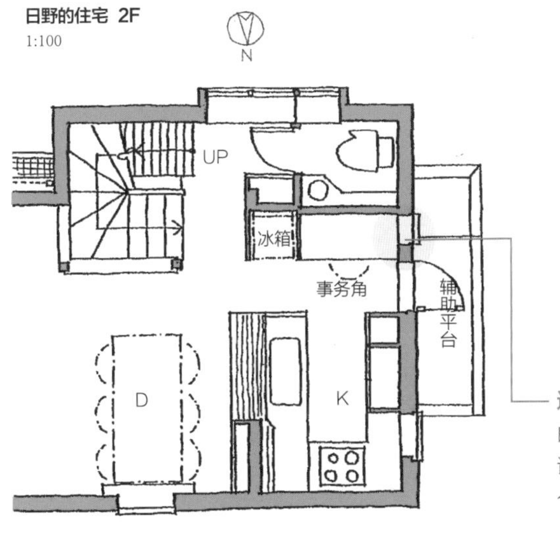

餐厅一侧具有储物功能的隔断后是厨房，而厨房里与冰箱并排着的一个角落里设置了事务角

**通风**

由于事务角设置在厨房的一角，该处的空气不流通，故而开一个小窗以通风

## 较为宽敞的空间

起居室和餐厅的中间隔着楼梯，是独立的两个空间，厨房则在中间起到连接这两个空间的作用，且在厨房里留出了能够放置两把椅子的较为宽敞的空间，将其作为事务角。

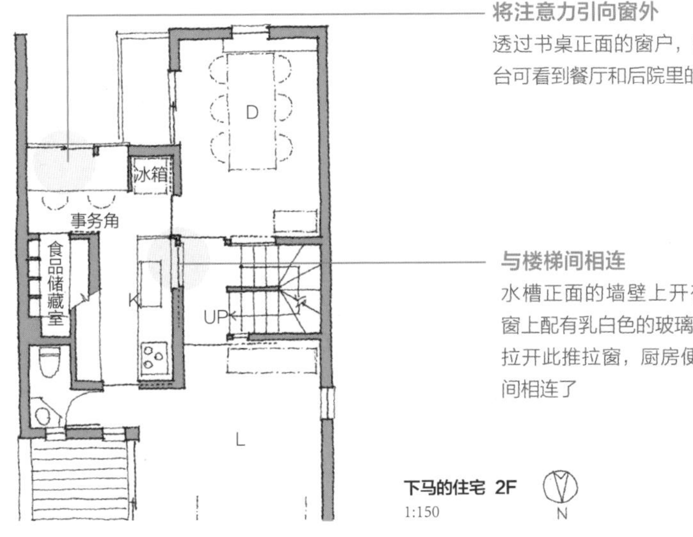


**将注意力引向窗外**

透过书桌正面的窗户，隔着阳台可看到餐厅和后院里的绿植

**与楼梯间相连**

水槽正面的墙壁上开有一窗，窗上配有乳白色的玻璃推拉窗，拉开此推拉窗，厨房便与楼梯间相连了

## 『暧昧』的位置

从厨房到餐厅后，正面可以看到一道与视线等高的隔断，隔断的背后就是事务角。事务角既是厨房的一角，又是餐厅的一角，处在一个『暧昧』的位置上，但使用起来十分方便。

餐桌的左后方，即隔断的背后就是事务角

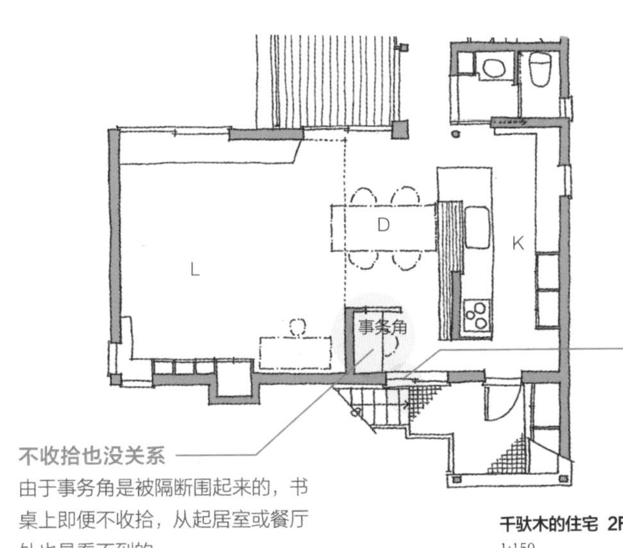


**既围起来又开放**

对于室内而言是围起来的，但又开设了一个窗户，其高度使坐着的时候也能看到外边

**不收拾也没关系**

由于事务角是被隔断围起来的，书桌上即便不收拾，从起居室或餐厅处也是看不到的

千驮木的住宅 2F
1:150

# 既舒适又方便的卫生相关设施

所谓卫生相关设施，从住宅设计角度来说，就是指洗漱间、浴室等设施，这个词通常意味着“卫生方面”或“卫生”。从这两种含义来考虑，可见厕所、洗漱间、浴室就是出于“卫生方面”的考虑而设置的场所。在面积有限的住宅用地上考虑空间规划时，往往都是根据采光情况来优先考虑居室，最后才是卫生相关设施。然而，在空间规划时，并非一开始就将卫生相关设施往后推，而是将它与其他房间放在同等地位来加以考虑，这样就能使卫生相关设施设计得更实用、更舒适。

即便是从家务角度来考虑，研究一下洗涤及后续一系列行为也是十分重要的。随着家电产品功能的不断完善，如今，洗衣服只需按一下按钮，就能将从洗涤到甩干的所有过程自动完成。就这种状况来看，比起考虑洗涤本身，我们似乎更应该考虑一下洗涤前后的事情，诸如在什么地方脱衣服？换洗衣物放在什么地方？洗完后在什么地方晾晒？晾晒过后收纳在什么地方？在什么地方叠衣服？还有最后一个问题，叠好后存放在什么地方？也就是说，在决定洗衣机放在什么地方时，就应该考虑这一连串的作业过程。

一般来说，将衣服全都脱下来的地方，并且是为了洗涤的脱衣场所，往往还是在洗漱间。因此，在考虑空间规划时，以洗漱间为中心的家务动线就是最重要的生活动线，这样的设想往往也会自然而然地浮上心头。

总的来说，卫生相关设施在空间规划时不能一味地拖后考虑，而是要将其当做卫生的居室来考虑，并且还要更进一步，将其考虑成生活动线的中枢。这样的话，空间规划的整体便会产生某种自由度，从而使各个房间的配置与日常生活更加协调，为生活带来更大的便利。

# 与一楼的露台融为一体

卫生相关设施到底应该设置在一楼还是二楼，这要根据各种各样的条件来确定。但通常设置在一楼要比设置在二楼更需要考虑其与外界的关系。事实上，积极主动地多考虑一些因素往往能够提高卫生相关设施的舒适程度。

在需要考虑的众多因素中，如何如理与外部空间的关系便是较为重要的一环。例如，使卫生相关设施与露台相连，为了遮挡来自外界的视线，用墙壁将露台围起来后，既能保证卫生相关设施的安宁，又能给人以与外界融为一体的感觉。并且，将露台的一部分制成不受风雨侵扰的式样后，还能用做临时的衣物晾晒场所。

将卫生相关设施设置在一楼时，因拥有既刺激感性又具有实用性的露台，因此，能够十二分地发挥其应有的作用。

## 南边庭院的一角为浴室外景观带

**浴室前种上绿植**

在浴室前种上绿植，形成浴室外景观带。这样，在洗浴时也能观赏绿植了

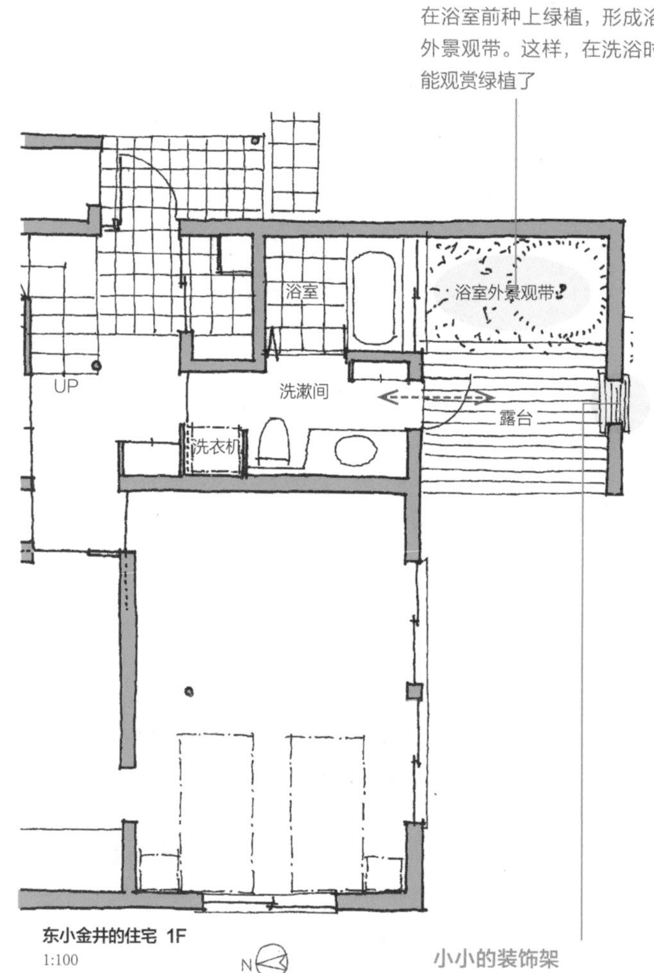


**东小金井的住宅 1F**

1:100

**小小的装饰架**

露台虽然被围墙围住了，但从洗漱间朝外望去，围墙上视线所及之处开了一个小孔，可以放上盆栽等绿植

为了在二楼安排宽敞的LDK，于是将包括玄关在内的其他房间均设置在一楼。由于南边用作庭院，因此在庭院一角竖起隔墙，铺上地板制成露台，并将卫生相关设施也设置于此，这样就形成了卫生相关设施与露台融为一体的区域。

1. 这是从洗漱间朝露台看去时的景象。左侧推拉门里面是浴室。由于露台被围墙围了起来，洗漱间与露台具有融为一体的感觉。围墙上开的小孔处放上了绿植，纵深感和生活情趣油然而生

2. 从住宅的外墙延伸出来的围墙将露台和浴室外景观带都围了起来。二楼的阳台朝外凸出，成了一楼的露台和浴室外景观带的遮阳房檐

# 可供观赏且实用的外部空间

在考虑一楼的空间规划时，我们将卫生相关设施安排在了入口通道的对面。两者之间隔着一道围墙，这样就形成了两个外部空间。其一就是能够从洗漱间直接进出的木制露台。该露台也可作为晾晒衣物的场所。

**给现实生活带来便利**

由于一楼露台的上方是二楼的露台，因此可作为不必担心风雨侵扰的晾衣场地。可从洗漱间和走廊两个方向进入，形成了回游动线

**东玉川的住宅 1F**

1:150

走廊
UP
洗衣机
玄关
露台
门廊
浴室
洗漱间
浴室外景观带
外景观带

**洗浴时也能观赏绿植**

从浴室和二楼的露台处都能够看到浴室外景观带中所栽种的绿植

**区分不同的区域**

这一道围墙将浴室外景观带和入口通道分隔开

1. 这是从室内走廊看到的位于左边的入口门廊和位于右边的浴室外景观带。浴室外景观带的露台，可从近前处的走廊和右边的洗漱间进入。左边的门是玄关

2. 这是从洗漱间所看到的位于右边的浴室以及位于左边的浴室外景观带的绿植和露台

# 北边也无屋后之感

考虑到与厨房周边动线的衔接，我们将卫生相关设施安排在了一楼，其位置处于房屋的北面。建造与起居室相连接的木制露台，由于屋顶很大，因此，在令人感觉整个空间均融为一体的同时，还能分享北面的庭院，完全消除了通常意义上的屋后之感。

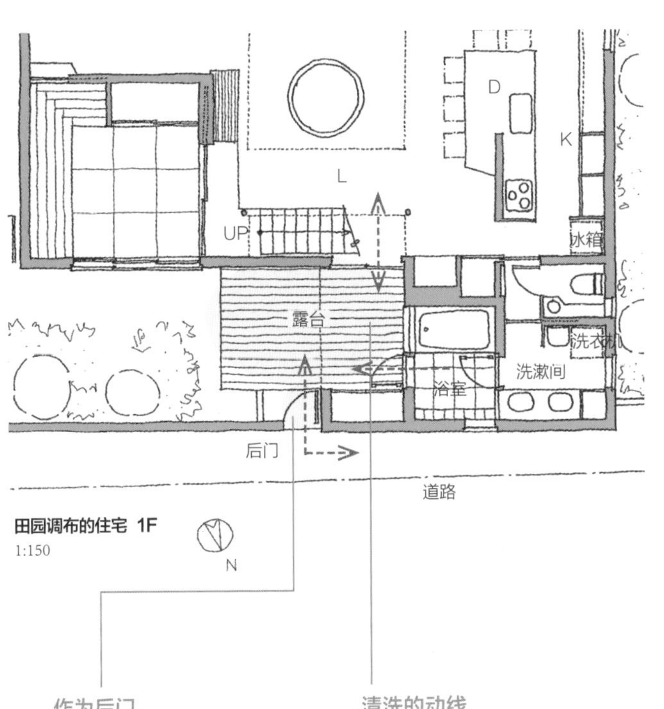


**作为后门**

经由北面的露台，可从后门进出。也可在此处接收快递、包裹等

**清洗的动线**

在洗漱间里洗涤，穿过浴室来到露台上晾晒，晒干后的衣物收进起居室后存放起来

打开一道推拉门便可来到北面的露台上

# 二楼的露台也发挥了很大的作用

考虑到卫生相关设施是十分私人的领域，那么到底是将其作为个人隐私区域来处理，还是在优先考虑家务动线的前提下将其设置在厨房附近好呢？对此，各家庭的具体认识不同，在进行空间规划时自然也会有不同的安排。此外，到底将卫生相关设施设置在一楼还是二楼，是要根据空间规划的整体安排来定的。

将卫生相关设施设置在二楼时需考虑如何处理它跟外界的关系。其中尤其要注意的是：浴室与来自邻居家视线间的关系，以及将洗衣机放置在洗漱间时如何将洗过的衣物拿到晾衣区。从某种程度上来说，建造露台后便可同时解决这些问题了。关键是要建造能从洗漱间直接进出并且能阻挡邻居家视线的露台。有了这样的露台后，那么卫生相关设施就比设置在一楼时更实用、更舒适了。

## 北边的露台

将卫生相关设施设置在了二楼具有隐秘性的几个单间中。其北面建造了一个很大的露台，可从洗漱间进出，乳白色聚碳酸酯板的立墙可遮挡来自邻居家的视线。

中原的住宅 2F

1:150

**通过反射光照亮室内**

遮挡视线用的乳白色聚碳酸酯板能传递从邻居家反射过来的光线，可将北边的卫生相关设施照亮

**纱门透风**

进入露台的推拉门是一道能够收入墙壁内的纱门。将其全部打开后便可南北通风，使空气流通于露台、洗漱间、走廊和儿童房之间

**与露台融为一体**

大大的窗户，从视觉上保证了浴室与露台融为一体的感觉

这是从洗漱间朝露台看去的景象。左侧玻璃窗内是浴室。露台建在一楼的屋顶上，能通过洗漱间的推拉门进出。正面乳白色的立墙既能遮挡来自邻居家的视线，也能通过墙壁的反射将光线传达到室内

## 嵌入式的露台

浴室前的露台。以嵌入方式建造的露台，实际上处在外墙的内侧。位于外墙延长线上的露台的敞开部分装有乳白色的透光隔墙，能够遮挡来自邻居家的视线，同时也能柔化光线。

**分享自然的恩惠**

面朝露台的楼梯间窗户，可将露台处的亮光和风引入 1 楼的玄关处

经堂的住宅 2F

1:150

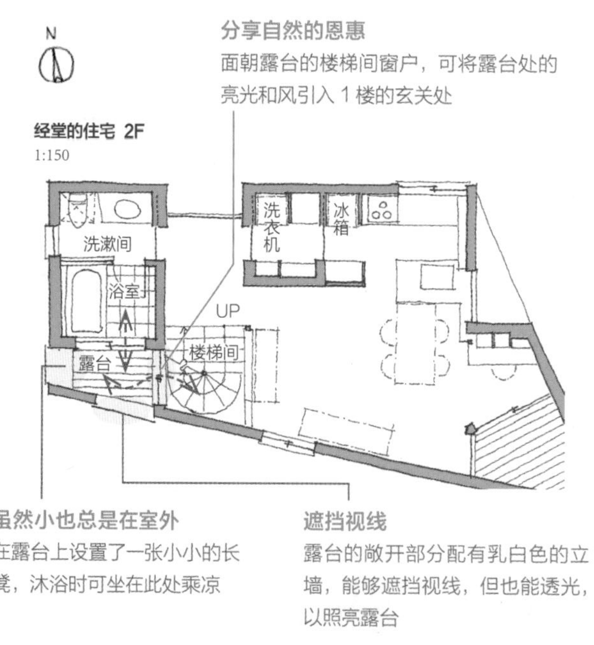


**虽然小也总是在室外**

在露台上设置了一张小小的长凳，沐浴时可坐在此处乘凉

**遮挡视线**

露台的敞开部分配有乳白色的立墙，能够遮挡视线，但也能透光，以照亮露台

浴室的里侧有一个能够进出的露台。正面的乳白色隔断墙挡住了来自邻居家的视线，同时也扩散了光线，使光线能够柔和地照亮室内空间。左边里侧玻璃门后是楼梯间

## 既有隔阻又能让视线穿透

二楼的南面建有平台，为了遮挡来自邻居家的视线设立起了高墙，但由于浴室内的视线仍能延伸到远方，会给人以室内空间较为宽敞的感觉。从洗漱间可以进出平台。

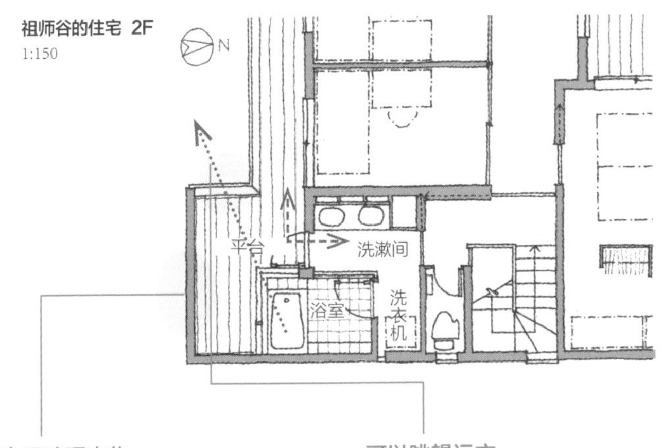


祖师谷的住宅 2F
1:150

浴室面朝着平台的一角设有窗户，视线可以越过平台眺望远处

**也可晾晒衣物**

为了阻挡来自近邻处的视线，在此建有围墙。同时，也可在此晾晒衣物

**可以眺望远方**

洗浴时可从未遮蔽处越过平台眺望远处的景色

## 室内空间的延伸

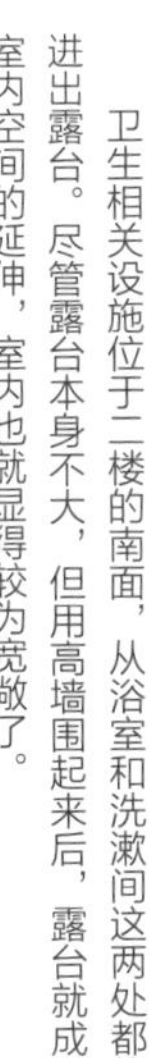

卫生相关设施位于二楼的南面，从浴室和洗漱间这两处都能进出露台。尽管露台本身不大，但用高墙围起来后，露台就成了室内空间的延伸，室内也就显得较为宽敞了。

**遮挡邻居的视线**

由于房屋位于住宅林立的地区，只要立起高墙便可遮挡来自邻居家的视线了。露台虽是外部空间，但建起围墙后也就成为了室内的延伸空间

**打开窗户洗澡**

由于有露台，可以打开窗户洗澡。这样，浴室的面积虽小，但同样会使人感到十分舒畅

露台
洗衣机
洗漱间
浴室
UP

白金台的住宅 2F
1:150

## 建成多功能的露台

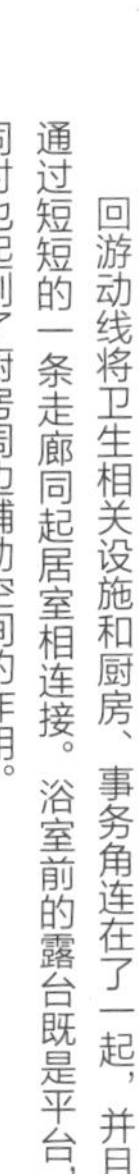

回游动线将卫生相关设施和厨房、事务角连在了一起，并且通过短短的一条走廊同起居室相连接。浴室前的露台既是平台，同时也起到了厨房周边辅助空间的作用。

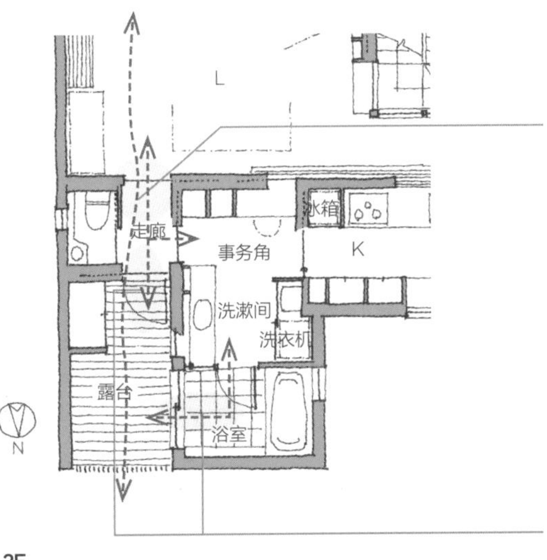


**风的通道**

从走廊通往露台的出入口处装有可推拉的纱门，这样就可形成一条从起居室到露台的通风通道

**人的通道**

这里形成了一条可分别从走廊与浴室两个方向进出的回游动线，根据不同的生活场景，还能形成更为多样化的动线

赤羽的住宅 2F
1:150

# 看得见庭院

将卫生相关设施设置在一楼后，便可使其与外界的关系更为密切了。

与连排建筑不同，独栋住宅的卫生相关设施往往总会有一面墙是建筑外墙。如果这道外墙之外是一片比较大的空地，那么朝此空间开设一扇窗，便能建立起与外界的关系。

外界空地的大小是多种多样的，这跟空间规划有关。根据具体的情况来适当选择窗户的位置、大小，以及所用玻璃的种类后，便可不受来自邻居和路上行人的视线干扰了。

再者，即便只能从浴室眺望外界，但若是在洗漱间与浴室之间设置一道透明的隔断的话，在大白天就也能从洗漱间通过浴室看到外面了。

## 玄关门廊的延长

在玄关门廊的延伸处设有绿化空间，浴室的窗户也朝此绿化空间开着。玄关门廊上格子门的高度是以能够阻挡路上行人视线为标准进行设定的。

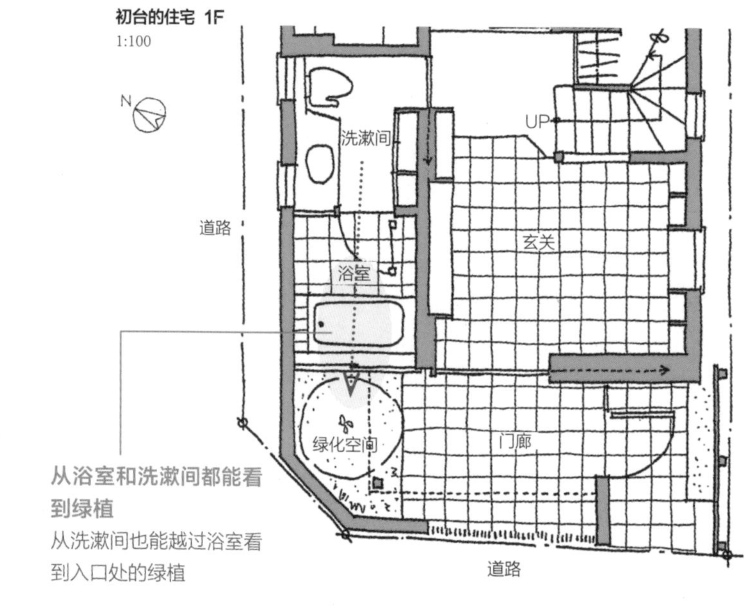


**从浴室和洗漱间都能看到绿植**

从洗漱间也能越过浴室看到入口处的绿植

从浴室能够看到绿化空间。绿化空间位于玄关门廊的延长线上，同时也兼做入口处的竖井和浴室外景观带

## 小小的浴室外景观带

在玄关门廊的旁侧设有竖井，并将其建成了浴室外景观带。与此同时，给浴室外景观带围上围墙，其高度正好使路上行人或是站在玄关门廊处的人看不到内部。

**虽小但也其乐融融**

沿道路一侧的空间用木制围墙围成一个小小的浴室外景观带，沐浴时可欣赏绿植

**获取亮光**

由于洗漱间与浴室间隔断的上部是配有玻璃的，在白天洗漱间就能通过浴室中的光亮采光

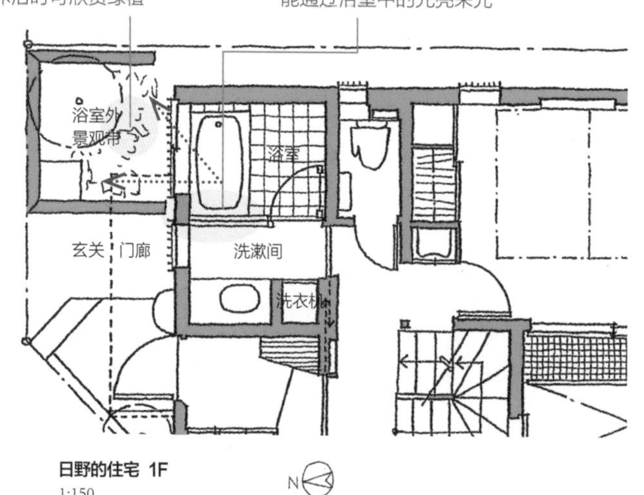

身处浴室中，能够看到用木制围墙围起来的浴室外景观带。上部的双槽推拉窗，可起到通风换气的作用。由于推拉窗上装有铁栅栏，即便没人在家也可将其打开

## 采光

在卫生相关设施的南面，建有一个可以晾晒衣物的超大木制露台，露台的前面有一个庭院。浴室面朝露台处开有一扇大窗，白天时外界的光线可透过此窗一直照到洗漱间里。

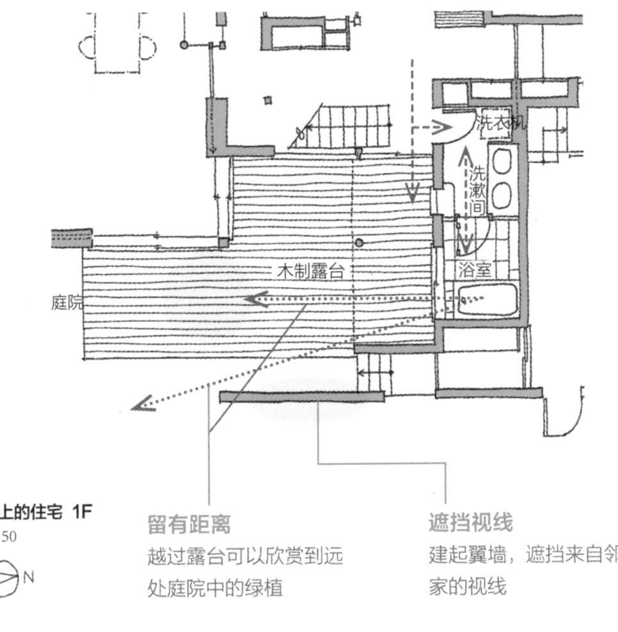


北上的住宅 1F
1:150

**留有距离**
越过露台可以欣赏到远处庭院中的绿植

**遮挡视线**
建起翼墙，遮挡来自邻居家的视线

这是从浴室越过露台眺望庭院中绿植时的景象。光线透过巨大的窗户能够穿过浴室一直照射到洗漱间

## 用绿植来遮挡视线

从卫生相关设施处能够看到被建筑物围成了L形的庭院。从洗漱间可直接进出露台，而在浴室窗前栽种的绿植成了视线的缓冲带。

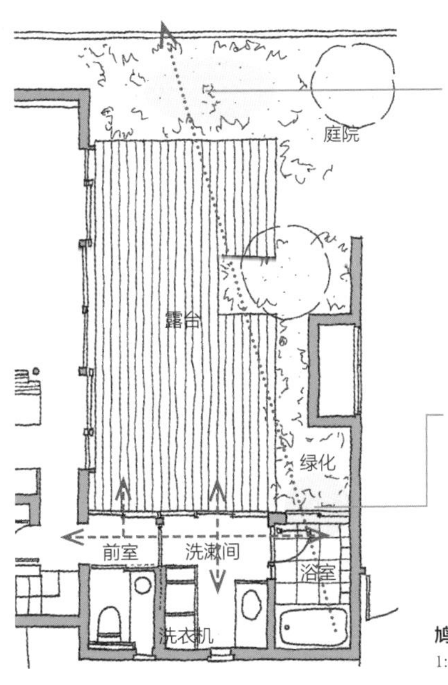


**长长的视线轴**
身处浴室之中，不仅能够欣赏近前处的绿植，还能越过露台观赏到远处庭院中的绿植。由于露台处在绿植的阴影里，故而看不到浴室内部

**放弃进出**
虽然从洗漱间和前室是可以进出露台的，但浴室前栽种了绿植，放弃从此处进出的便利可以使视线轴具有纵深感

鸠山的住宅 1F
1:150

这是面朝庭院的浴室景象。窗户前的绿化能够柔和地遮挡住来自外界的视线

# 让绿植带来勃勃生机

从楼梯旁的走廊处可以出入建在浴室南边的超大露台。要晾晒衣物时，可以从洗漱间经过走廊走到露台上。在露台的一个角落处栽种了绿植，从浴室朝外眺望时能够感受到勃勃生机。

**实用的露台上也种有绿植**

用于晾晒衣物的露台用木制围墙与邻居家隔离开。而被围墙围起来的露台上有一部分也栽种了绿植，从浴室便可加以观赏

**樱丘的住宅 1F**
1:100

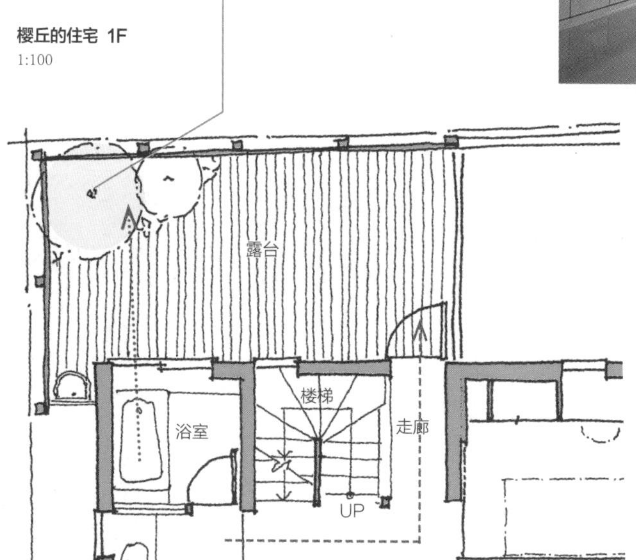

这是从浴室所看到的浴室外景观带的景象。木制的围墙将浴室与邻居家隔开，泡在浴缸里也能从较低的位置眺望到露台

# 成为通往庭院的通道

将卫生相关设施设置在了两面临街的住宅用地的一角。周边用围墙围住，挡住了来自路上行人的视线。浴室前侧成了从相邻的画室通往外边的通道。由于外面栽种了绿植，即便从露台处望过去，卫生相关设施也是个十分安宁的空间。

**绿植就在眼前**

从走廊处打开洗漱间的门后，隔着浴室，庭院中的绿植立刻就映入眼帘了

**与道路分隔开来**

由于这道围墙完全挡住了来自路上行人的视线，浴室里的窗户就能够随意敞开了

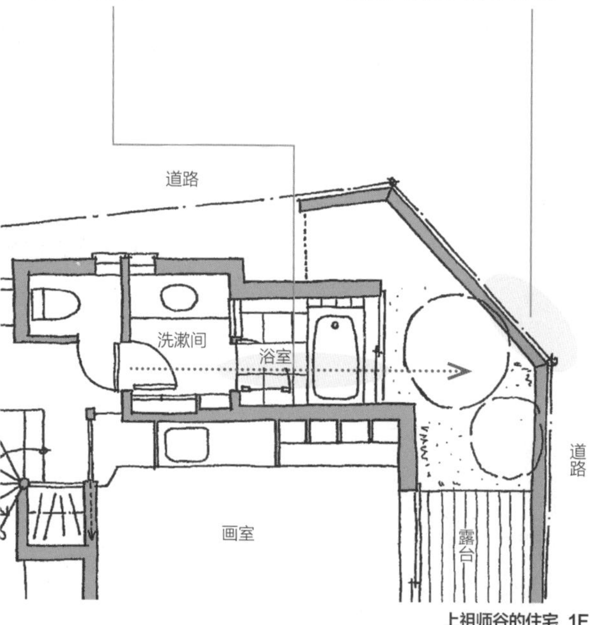


**上祖师谷的住宅 1F**
1:100

浴室敞开部分的下部配有透明的玻璃推拉窗，透过此窗可以看到庭院中的绿植。其上部则配有不透明的玻璃，在挡住来自隔壁视线的同时，还能起到柔和光线的作用

## 内外之间的缓冲地带

用围墙将车库旁的狭小空间围起来，使其成为浴室外景观带。景观带内部所栽种的绿植要高过围墙，今后定将成为该住宅的标志。

从南边浴室外景观带射入浴室的阳光，经过墙上白色瓷砖的反射将室内照得通亮

**回旋余地和纵深感**

从洗漱间到浴室形成了一个狭长的空间，又由于视线可一直到达浴室外景观带，形成的回转空间能够令人感受到一种纵深感

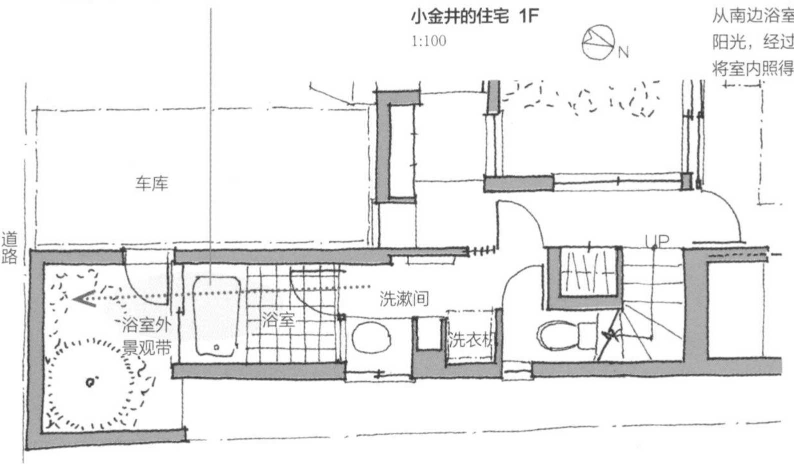
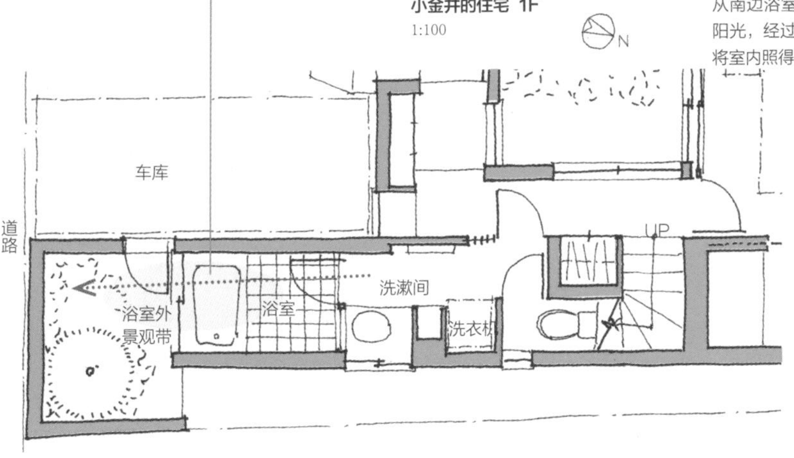


**小金井的住宅 1F**
1:100

## 挡住来自外部的视线

浴室的窗户正对着被围成コ字形的中庭，由于与外墙相连接的围墙挡住了来自外界的视线，因此，在洗澡时也能欣赏绿植。

**虽然小却也分成了两块**

将小小的中庭分隔成了露台和绿植两部分，在浴室中便可观赏到绿植

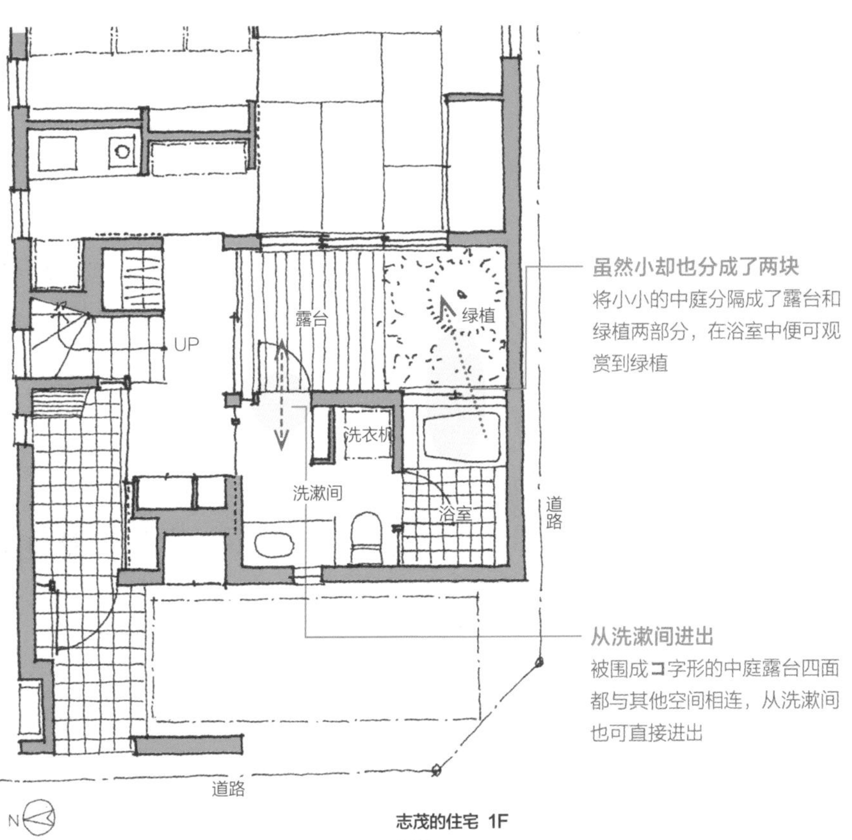


**从洗漱间进出**

被围成コ字形的中庭露台四面都与其他空间相连，从洗漱间也可直接进出

**志茂的住宅 1F**
1:100

# 将卫生相关设施设置在三楼

建造三层楼的住宅时，有时会发现还是将卫生相关设施设置在三楼比较好。若是邻居家的房子影响到一楼、二楼的采光，或三楼有能够越过邻居家视野十分开阔的场所，那就不要犹豫了，坚决地在三楼营造出舒适、实用的空间吧。

## 将卫生相关设施也设置在回游动线上

洗漱间和浴室排列在三楼的西面。呈L形的平台将洗漱间和浴室围了起来，无论是从洗漱间还是从浴室都可进出平台。由回游动线将卫生相关设施和平台连接了起来。

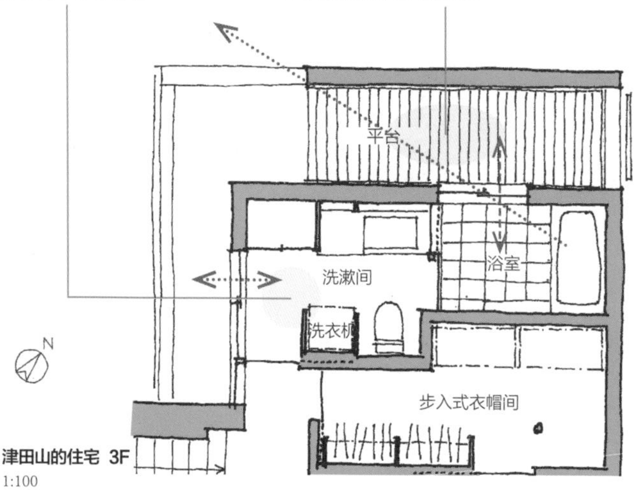


津田山的住宅 3F
1:100

这是浴室。跨过窗台可以进入外边的浴室外景观带。外景观带外侧仅在浴室周边建起高墙，挡住外人的视线

## 入浴时可眺望天空

洗漱间和浴室被倾斜着的屋顶削去了部分空间。而斜顶上设有天窗，洗澡时能够眺望天空。

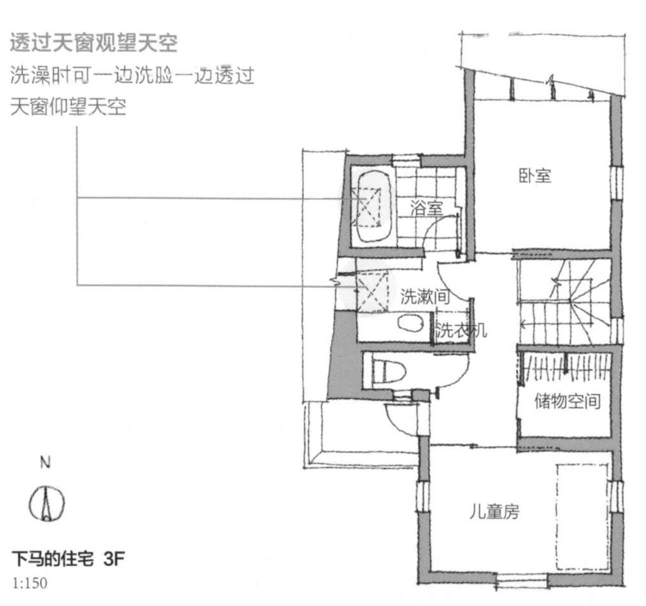


下马的住宅 3F
1:150

浴室处在带有斜顶的阁楼上。泡在浴缸里可透过天窗观赏天空

# 动线之一

考虑卫生相关设施的位置时，尤其是在洗漱间放置了洗衣机的情况下，就必须考虑家务动线的配置。

再者，由于洗漱间还兼有浴室更衣室的功能，因此还必须将经由个人居室的动线也考虑在内。

因此，如果能够十分妥当地发挥好这两条动线的功能，那么就能从两个方向进入洗漱间了。若能将卫生相关设施纳入回游动线中，则日常生活就会变得更加舒适、自在了。

## 可从三处进出

可以从厨房和后门两个方向进入洗漱间，靠走廊一侧的洗漱间也有门。因此洗漱间除原有的卫生相关设施的功能外，还起到了过道的作用。

**人的通道也是风的通道**
由于进出口装有推拉门，将其敞开后便可通风

**通过天窗来采光**
虽然没有通风的窗户，但天花板上的天窗能够起到采光的作用

后门 K 洗漱间 D 洗衣机 走廊 步入式衣帽间 N

**府中的住宅 1F**
1:100

洗漱间是一个没有窗户的空间，但台盆前的毛玻璃能将浴室的亮光导入其中

## 考虑纵向、横向的动线

这是个口字形的庭院住宅，形成了一条经由中庭的回游动线。洗漱间也是该回游动线之一且面朝中庭。晾晒衣物时，可经由洗漱间前面的螺旋楼梯上到二楼的露台。

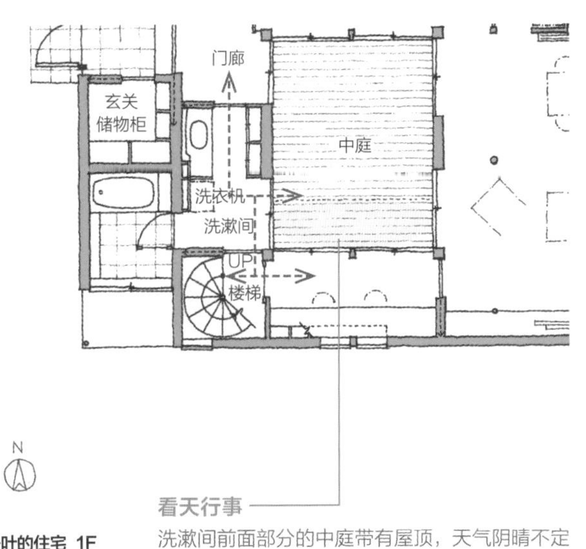


**看天行事**
洗漱间前面部分的中庭带有屋顶，天气阴晴不定时，可在此处晾晒衣物

**千叶的住宅 1F**
1:150

这是从起居室看到的螺旋楼梯和中庭的景象。可从楼梯间进入右边的洗漱间，也可从中庭直接进出洗漱间。穿过楼梯间的南边的光线和来自中庭的光线都能够进入洗漱间

Chapter 1-5

# 厕所的位置值得考虑

只要不是一两个人居住、设计得十分小巧的住宅，目前大部分住宅已经偏向于至少要设置两个厕所。其理由就是，大家通常会在早晨集中使用厕所。确实，许多人共同生活在一起，使用厕所的时间就会发生重叠。因此，最好的办法就是设置两个厕所。那么，既然我们已经从生活功能上推导出需要两个厕所的结论，在确定空间规划时，考虑一下厕所与生活之间的关系就显得十分重要了。

一户人家里设有两个厕所，而这两个厕所又是在同样的条件下使用的，这样的情况几乎是不可想象的。一般来说，我们都会让其中的一个厕所供家人专用，而另一个厕所与客人共用。家人专用的厕所可以考虑将其设置在洗漱间所处的空间里，即可经由洗漱间进入厕所。而与客人共用的厕所则设置在靠近起居室、餐厅的位置或许就比较方便了。如果不仅仅将其当做厕所，还要使其兼做洗漱间的话，那就要考虑相应的处理方法了。

厕所是住宅中极其私密的场所。然而，也不能因此忽视其与其他房间或空间的关系。或许应该反过来说，只有在考虑与其他房间、空间的关系后再确定厕所的位置，整个空间规划才会显得规整、和谐。事实上厕所位置的重要性已经到了只要确认它是否妥当就能判断整个空间规划是否合理的程度了。

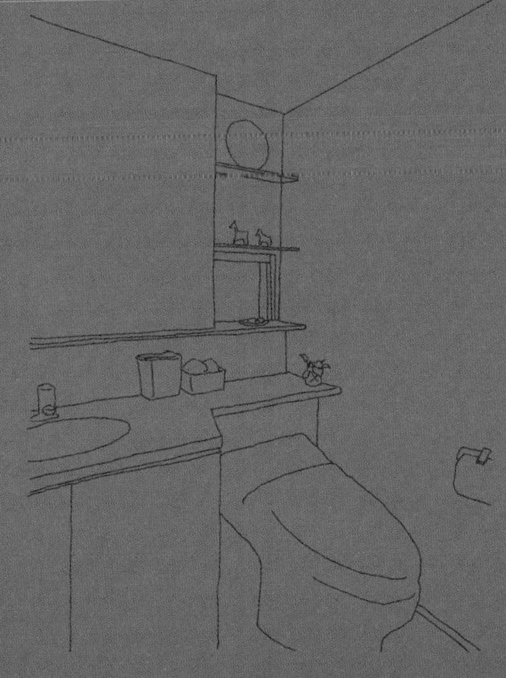

# 从洗漱间进入

出门在外住酒店时遇到洗漱间与厕所同处一室的情况，我们往往是不怎么在意的，可一旦自己家中也这样的话，大部分人却都会觉得别扭。当然，只要将厕所另辟成一个单间，再另设一个门，这个问题也就能简单地解决了。但是，在进行住宅空间规划时，如果过于执着于这一点，那么，有时候就会影响到空间规划的整体均衡性。

这时，我们也可以采取厕所和洗漱间虽然设置在同一空间但用隔墙将其隔开，使其成为一个独立的单间这样的折中办法。虽然这样安排的话，由于要经由洗漱间进出，当洗漱间里有人更衣时就必须等待了，但同时也具有可从洗漱间直接进出的便利。

## 形成斜面墙角

若洗漱间的面积并不大，通往走廊出入口周边的空间也并不宽裕，可简单地让厕所和洗漱间共处一室，但业主希望尽管是经由洗漱间进入厕所，也最好是将厕所建成单间。于是就将厕所墙壁的一部分改成斜面，并在厕所的门上配上40mm的毛玻璃，以满足业主的要求。

**调整尺寸**
调整一下洗脸台的尺寸，便可保证厕所平开门所需的最小空间了

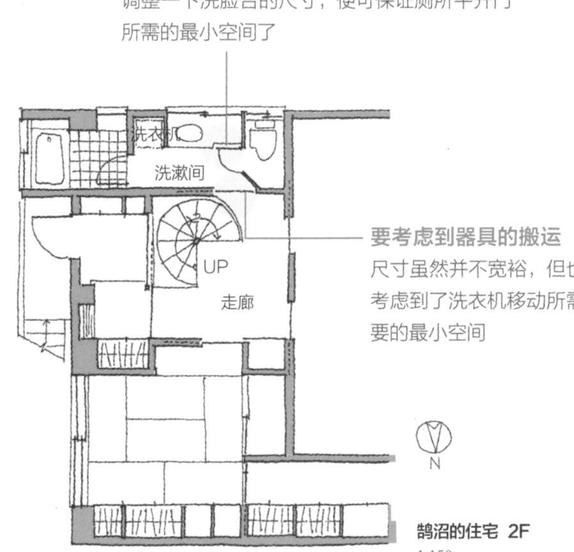


**要考虑到器具的搬运**
尺寸虽然并不宽裕，但也考虑到了洗衣机移动所需要的最小空间

**鹄沼的住宅 2F**
1:150

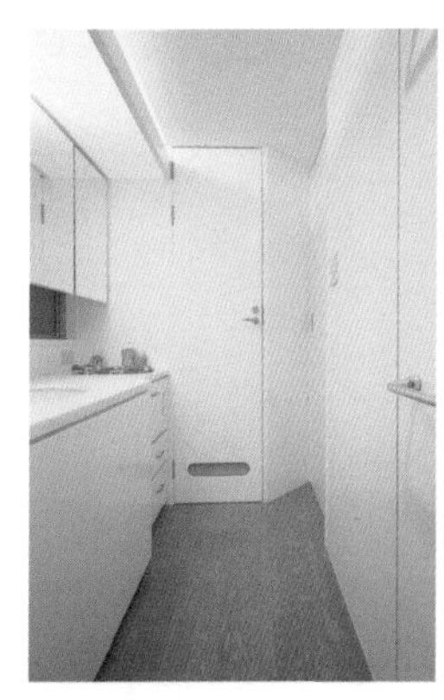

正面便是厕所的门。门的下方有一个配有毛玻璃的透光孔。厕所右边的推拉门就是洗漱间以及厕所的进出口

## 用推拉门分隔开，用楣窗相衔接

经由洗漱间进出的厕所由于装有推拉门，形成了一个独立的单间。如果在厕所将推拉门打开，就成了一个与洗漱间同处一室的厕所。与此同时，推拉门的上部配有透明的玻璃，故而在靠近天花板的部分其视觉上是相通的，作为单间使用时也不会使人感到局促。

**营造出宽松感**
这是个从洗漱间进出的家人专用厕所，里面建造了一个带长条桌的洗手池，从而在有限的空间里营造出了宽松的感觉

**用玻璃的楣窗相衔接**
洗漱间两边的浴室和厕所都装有带玻璃的楣窗，因此，在靠近天花板的地方，视觉上是相通的

洗漱间
UP
N

**樱丘的住宅 1F**
1:150

# 与洗漱间共用

到欧美的酒店去看看，会发现三合一式的卫生相关设施（浴室、洗漱间、厕所同处一个空间之内）似乎是理所当然的，即便在私人住宅中，作为个人领域使用的卫生相关设施也是采用这种方式建造的。

近来，这样的建造方式在日本也在逐渐增多，但考虑到洗浴的方式和湿气问题，往往会将浴室单独隔离开来，而使洗漱间和厕所共用一个空间。

此时，如果将洗漱间理解为仅是家人专用的私人空间，那么与洗漱间同处一个空间的厕所也就成了家人专用的厕所了。但是，如果再拓展一下思路，将洗漱间设想为客人也能加以使用的空间，似乎就应该让日常使用的洗漱间担负起化妆间的职能了。

## 家人专用

三层楼住宅的二楼，原则上是家人专用的房间和设置卫生相关设施的。一般来说，不将厕所隔成单间反倒有利于整体布局，并能有效地发挥各个空间的作用，因此我们将厕所和洗漱间设置在同一个空间内，并与浴室相连接。

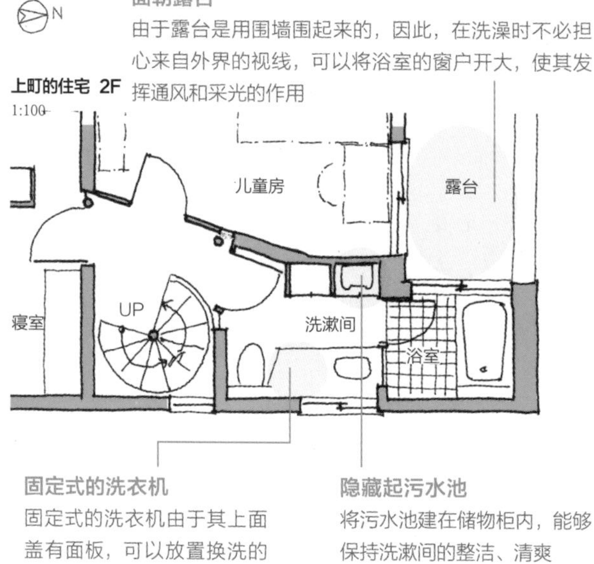

与外界相连接的隔墙是配有镜子的毛巾等日用品储藏柜，洗脸台的近前处开有狭长的窗户，便于采光和通风。左边玻璃墙的里面是浴室，左侧靠里处与露台相连

## 放松休闲的空间

将卫生相关设施设置在三楼，与寝室处在同一楼层。由于此时卫生相关设施只有夫妇两人使用，就让厕所与洗漱间同处一室了。并且，为了便于洗浴后放松和休息，有意识地占用了较多的面积，可以放置休闲躺椅。

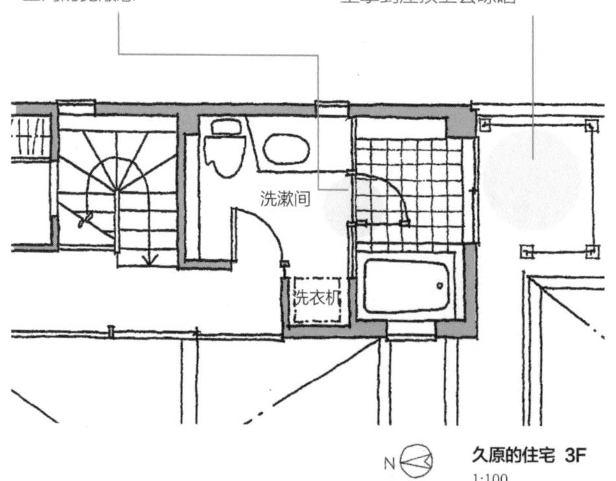

这是从浴室所看到的洗漱间。各个空间都较为宽敞，且由于用透明玻璃来做隔断，在感觉上就显得更为宽松了。洗涤过的衣物可通过中央的玻璃门，拿到屋顶上去晾晒

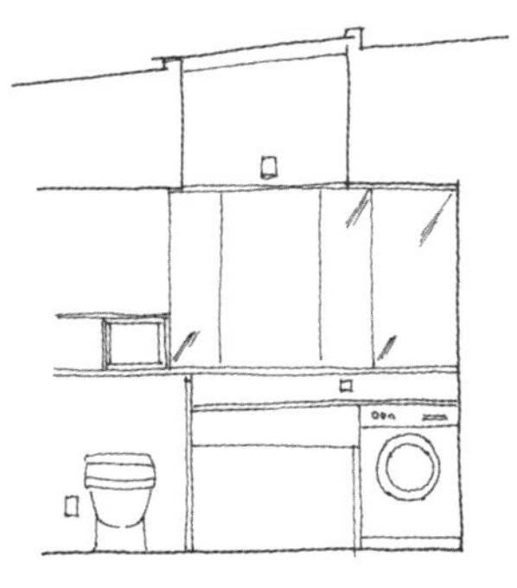

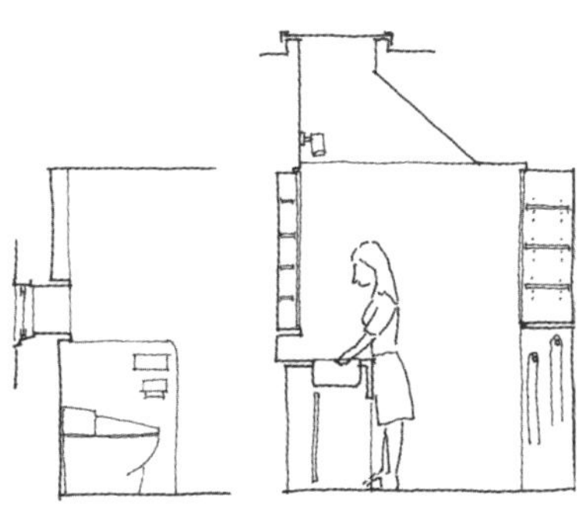

在考虑生活动线时遵照基本原则当机立断，往往有利于整体的空间规划。

## 空间上与寝室相连接

从寝室有两条动线可到达卫生相关设施，即便不通过走廊，也可经由书房进入。洗漱间和厕所，还有带淋浴间的浴室采用透明的玻璃隔断，在视觉上等于一个三合一式的卫生相关设施。

**视觉意义上的三合一**
近前处为淋浴间。由于采用了玻璃做隔断，形成了一个宽敞的三合一式卫生相关设施

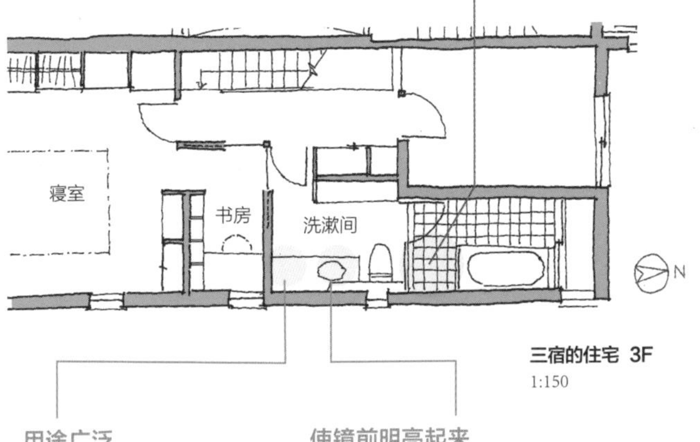

**三宿的住宅 3F**
1:150

**用途广泛**
面板下面有固定式的洗衣机，使得原本就比较宽敞的洗漱间的用途更为广泛

**使镜前明亮起来**
洗脸池的上方开有天窗，射入的自然光能使镜前明亮起来

洗漱间、厕所、淋浴间、浴室都是用玻璃分隔的，在视觉上融为一体

## 客人也能够使用

与位于三楼的私人化厕所不同，这个位于二楼的厕所考虑到也供客人使用，便让其与洗漱间共处一室。从视觉上来说，是一种三合一式的卫生相关设施。为了不在洗漱间里处理家务，就将洗衣机放在了食品储藏室里。

**通过天窗来采光**
坐便器的上方开有天窗，能够照亮北面的洗漱间

**平时是相通的**
打开推拉门后便可从厨房经由食品储藏室进入卫生相关设施，消除了洗漱间、厕所原有的那种隐秘感

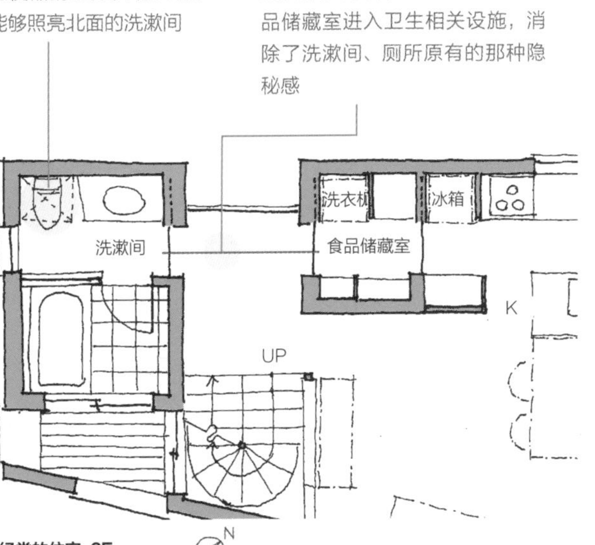


**经堂的住宅 2F**
1:100

与洗漱间同处一室的厕所。来自天窗的自然光照明使这一空间显得清洁、明亮。洗衣机不放在这里，而是放在了食品储藏室里

# 从两个方向进入

厕所是谁都要使用的，并且是家中的各个场所都要去的，因此，离这边近了，离那边就远了。也就是说，所处的位置不合适的话，用起来就很不方便。

在这种情况下，将厕所当做动线的一部分来考虑，就能使其到各处的距离都恰到好处。此外，为厕所开设两个门，也能让使用更方便。

由于厕所是个必须保证隐私的空间，自然应该讲究其效果，而为了生活便利，不妨考虑一下将厕所建在动线上。

## 位于屋子中央

这是居住着两个家庭的住宅的一楼。由于是夫妻二人生活，所以厕所只设了一个，并将其设在了居住空间的中央。这样生活动线就成放射状，因此，开设两个门后就更方便进出了。

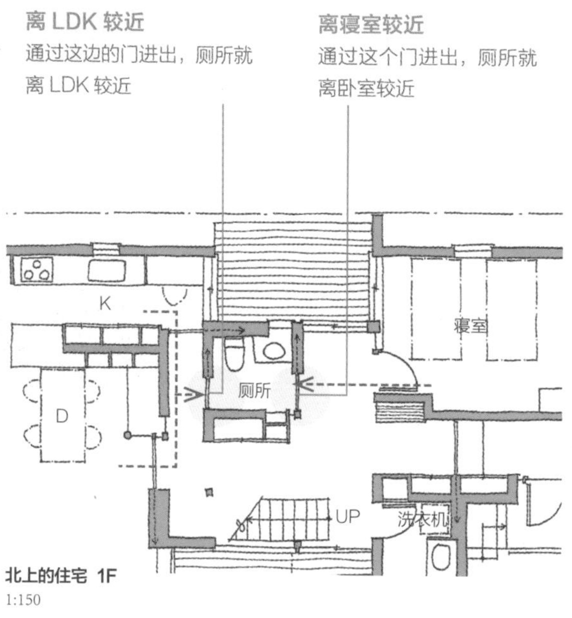


北上的住宅 1F
1:150

## 希望从哪个方向都能进入

由于厕所只有一个，如果设计成要从洗漱间进出的话，那么客人要使用厕所时也必须经由洗漱间进出了。这种情况是需要避免的。因此，我们将其设计成从走廊处也能进出的样式。

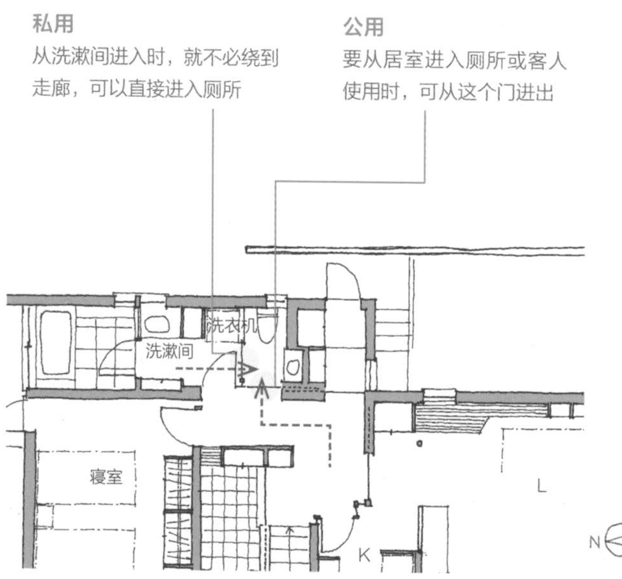


成城的住宅 1F
1:150

这是从走廊朝里边的洗漱间以及近前处的厕所看去的景象。三扇门（对开门和推拉门）都呈微微打开的状态，由此可见其与三个空间都是相连的

# 开向楼梯间的小窗

由于厕所是个极其私密的空间，所以常常会在朝外的窗户上配不透明的玻璃，针对室内往往也只开设一个出入口。其结果是，厕所就成了一个闭塞感十足的空间。

然而，即便是这样的厕所，除了外墙上的窗户和出入口外，如果朝室内也开设小窗的话，那种闭塞感就会大为减轻，能够跟一般的居室一样可以感受到空气的流动了。

如果将朝向室外和室内的窗户全都打开，还可起到内外通风的作用。

但是，如果在室内能够轻易地看到这样的小窗，则难免有损厕所本应具有的功能。因此，将小窗的位置选在对着楼梯上方的共享空间便可两全其美了。

## 也具有采光作用

楼梯间顶部射入的光线，可通过设在楼梯共享空间的小窗照到厕所里面。可见开设小窗后，不仅能够通风，还兼具采光的作用。

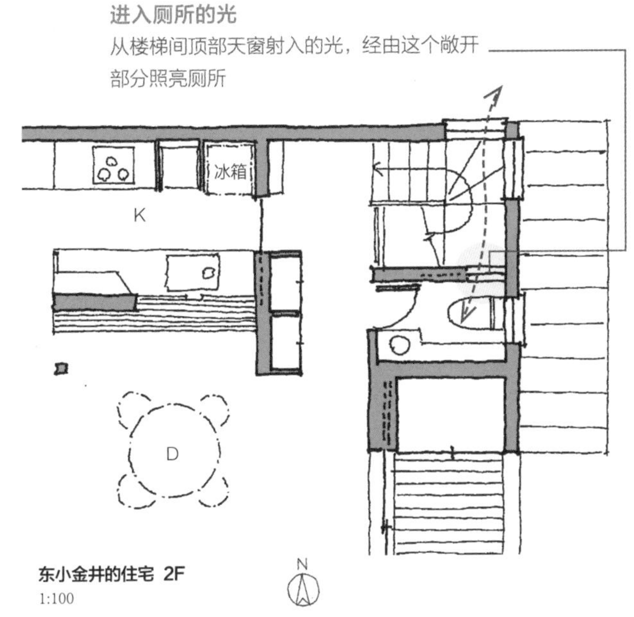


东小金井的住宅 2F
1:100

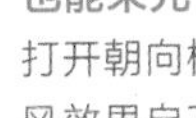

在这张照片中可以看到右上方的天窗和厕所开设的小窗。从楼梯间上方天窗照入的阳光，经过墙壁的反射，再通过小窗照进厕所

## 隐身小窗

厕所除了开设在外墙上的窗户，还有一个开在楼梯间墙壁上的小推拉窗。由于该推拉窗所用的材料与楼梯间墙壁的材料一致，将其关上后，楼梯间的小窗也就消失了。

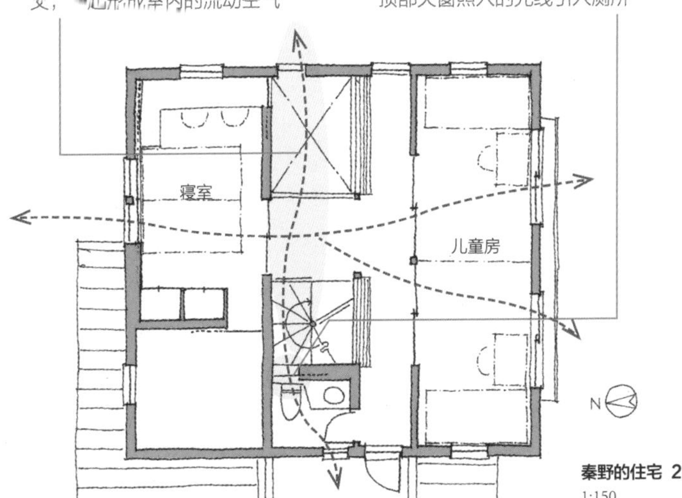


秦野的住宅 2F
1:150

照片中央照明的上方就是厕所的小窗。由于小窗（推拉窗）所用的材料与楼梯间的材料相同，小窗关上后便可隐身了

# 穿过厨房

在面积较小且LDK都在同一楼层的房屋中，是否要在该楼层设置厕所往往会让人举棋不定。因要在已经极为紧凑的LDK楼层中突兀地添上一个厕所，确实较为别扭。更何况在起居室或餐厅都可看到厕所的门，甚至看到有人从中进出，实在是不太雅观。那么，到底将厕所设置在什么地方才好呢？

可以考虑的一个地方就是厨房的旁侧。厨房周边往往放有冰箱、储物柜，与起居室和餐厅相比，可被较高物品遮蔽的场所较多。若能确保从这些家伙旁边通过进入厕所的动线，则完全可以将厕所的门设置在从起居室和餐厅所看不到的位置上。

## 厨房的里面

二楼的面积是6坪。那里有LDK和楼梯，没有可设置厕所的地方了。于是我们就将厕所安排在了厨房的里面，只要明确是仅供家人使用的厕所，比起从起居室和餐厅都能看到的厕所，这是一种很好的解决方案。

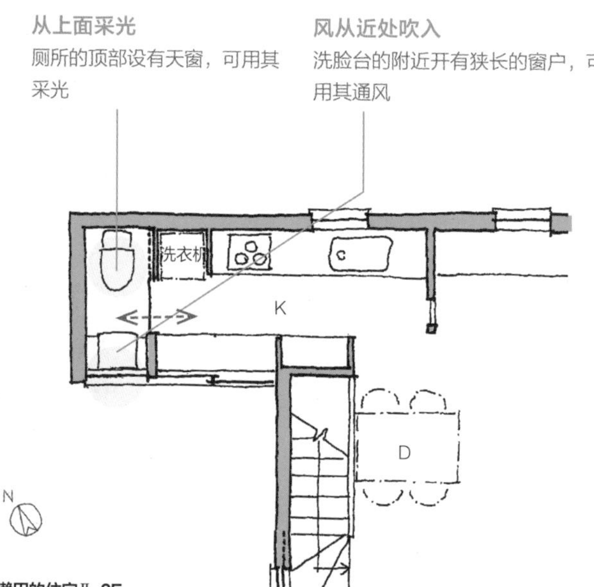


濑田的住宅Ⅱ 2F
1:100

这是位于厨房里面的厕所门打开时的状况。厕所顶部设有天窗，可将亮光引入厨房。即便将推拉门拉上后，光线也依然能够从楣窗透出来

## 经过事务角进入

面积仅为6坪的二楼，被LDK和事务角占满了。于是将厕所设置在了厨房旁边。厨房的里面建有墙壁，墙后放着冰箱和洗衣机，从这些物品旁边通过，便可进入厕所。由于厕所的推拉门可收进隔断墙中，从居室是几乎看不见的。

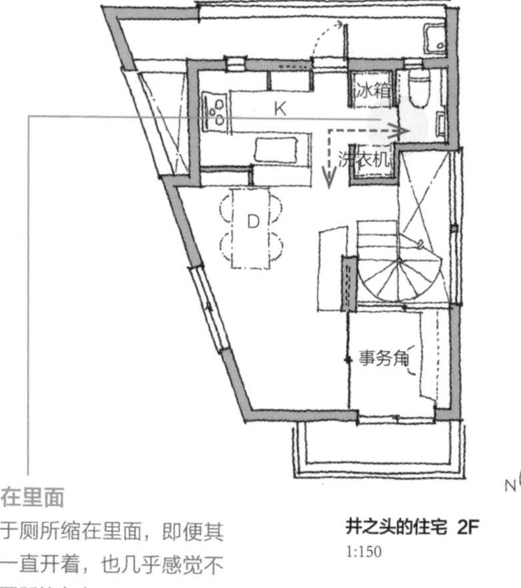


井之头的住宅 2F
1:150

这是从餐厅朝厨房看去时的情景。右边通往平台的出入口之前，再往右进去一点就是厕所

# 置于回游动线上

在与邻居相距很近的地面上盖二层楼住宅时，往往会将LDK规划在二楼，而将单间和卫生相关设施安排在一楼。目前住宅中安排两个厕所已经成了理所当然的事情，于是在二楼也要设置一个厕所。但是，当二楼已安排了楼梯和LDK后，仅剩一点空间的情况下，生活动线上就没有恰当的位置来设置厕所了。因此，到底将厕所放在什么位置，往往难以决定。

一般来说，既要避免从起居室和餐厅一眼就能看到厕所门，又要避免让人一眼就能看到里面太靠后的地方。

这样的话，要么设置在回游动线上，要么设置在被居室遮住的地方。然而，具体规划时也并不是如此简单明了，还必须结合其他要素才能加以确定。

## 拐弯抹角地进入

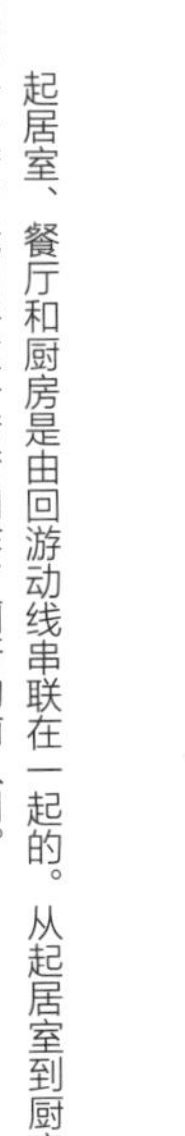
起居室、餐厅和厨房是由回游动线串联在一起的。从起居室到厨房时须拐一个弯，我们将这一转弯用作了厕所的前入口。

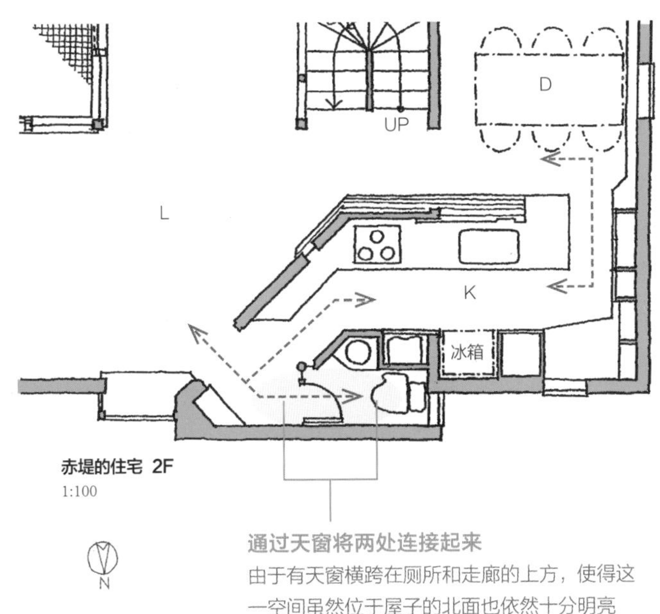


**赤堤的住宅 2F**
1:100

N

**通过天窗将两处连接起来**
由于有天窗横跨在厕所和走廊的上方，使得这一空间虽然位于屋子的北面也依然十分明亮

从中间墙壁之间的空间进入，便可看到厕所的门了。从起居室看过去是完全看不到的

## 退后一步的隐秘位置

厕所位于连接起居室、书房和储藏室的回游动线上。由于起居室和储藏室之间的隔墙以翼墙的形式延伸出去，使得厕所处在一个从起居室处看不见的隐秘位置上。

**不引人注意的位置**
门旁有一条竖缝，可据此确认厕所里面的照明。由于有翼墙的阻挡，从起居室是看不到厕所的

**信浓町的住宅 2F**
1:100

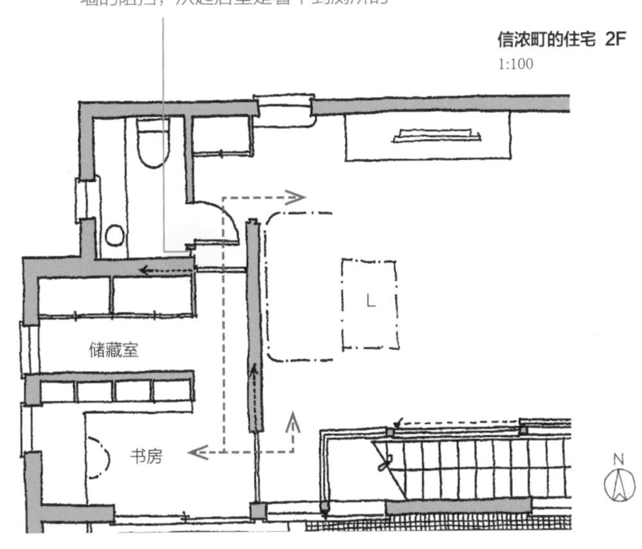

正面沙发右侧退后一步的墙壁后面，就是厕所的入口。虽然处在距离起居室很近的地方，但不露痕迹，让人意识不到厕所的存在

# 与洗手角落并排

将厕所当做化妆间来考虑的话，它就不仅仅是个解决生理问题的场所，家里来客人后，客人也可以在此整理仪容仪表。这样的话，也就需要在厕所里装上洗手盆并在其正面安装镜子。

然而，如果更侧重家人使用的话，即便考虑到上厕所时要洗手，也大可不必让马桶和洗手盆同处一室，可以考虑将它们用墙隔开，分处于并排的两个空间。

这样的话就有三个地方可以洗手了（厨房、洗漱间、洗手角落），在日常生活中可以根据需要分别加以使用。与此同时，洗手也不必在厨房和厕所之间二选一了，因为多了一个洗手角落这样的中性场所。

## 消除突兀感

在走廊上设置了一个洗手角落，与LDK和两个儿童房都形成了很好的连接。乳白色玻璃制成的隔断，使得从走廊无法直接看到洗手盆，从而消除了走在走廊上便能看到洗手盆的那种突兀感。

**久我山的住宅 2F**
1:150

N

儿童房

D

K

洗手角落

儿童房

L

**柔和隔断**
由于是用乳白色的玻璃制成，故而这种与走廊的分隔方式是十分柔和的

**通风**
打开厕所的窗户和走廊的推拉门后，空气便可从走廊到起居室流通了

左边正面就是厕所前的洗手角落。开灯后，光线透过半透明的玻璃便可传到外面

## 作为缓冲地带

经过厨房边的洗手角落可以进入厕所。因此，洗手角落也就成了与厕所间的缓冲地带。洗手角落可以将推拉门敞开着使用，也可以将推拉门关起来当做一个单间来使用。

**千驮木的住宅 2F**
1:150

D

事务角

K

洗手角落

N

**消除闭塞感**
翼墙的高度约为 1.5m，由于天花板是与外界相通的，待在里面没有闭塞感

**也可关上门使用**
在日常生活中一般是将推拉门收入墙内的，来客使用时，考虑到个人隐私的问题，也可以关上门使用

上部敞开的白墙的对面就是洗手角落。从厨房进出的入口处，配有高至天花板的推拉门。由于走廊一侧的墙壁上方带有敞开部分，故而人待在里面不会产生闭塞感

# 有关 LDK 位置关系的各种情况

在规划学领域内，作为表示住宅构成的方法，我们都毫无疑问地以 1LDK、2LDK 这种 n+LDK 的方式，将起居室、餐厅和厨房一起加以考虑。开放式还是封闭式姑且不论，在考虑餐厅和厨房的关系时，将其放在一起考虑似乎是必然的。然而，加上起居室后，再重新考虑一下它们之间的关系，有时就能够反映出不同的生活方式了。

说到底，起居室到底是怎样一个场所呢？厨房是做饭的地方，餐厅是吃饭的地方，它们都具有十分明确的功能，只有起居室不这样，其没有明确的功能，总是处在一个较为暧昧的位置上。然而，尽管它不具备明确的功能，但仍被认为是住宅的中心，这就是将 LDK 当做一个整体来考虑的原因之一吧。因此，或许我们可以说，起居室在餐厅和厨房的旁边，起到了守护其存在的作用。

从生活便利性的角度来考虑空间规划的话，不提起居室、餐厅等的说法有时候更能看清日常生活的本质。总而言之，一家人聚在一起活动的共用场所是必不可少的。而从共用的角度来看，厨房和餐厅就是最为自然的场所，将这一场所拓展开来当做一个空间来建造后，就形成了一个家人共用的大房间了。如果将这个房间分成两部分后，家庭生活能够得以自然开展的话，那就将其分成两个部分，而其中的一部分是 KD，另一部分就是起居室。

这种关系并不是两者必选其一的关系，而是可以根据家庭关系、生活方式、实际面积等多方面的相关内容加以改变。与此同时，这种家人共用的空间也就可以多种多样的方式呈现出来了。

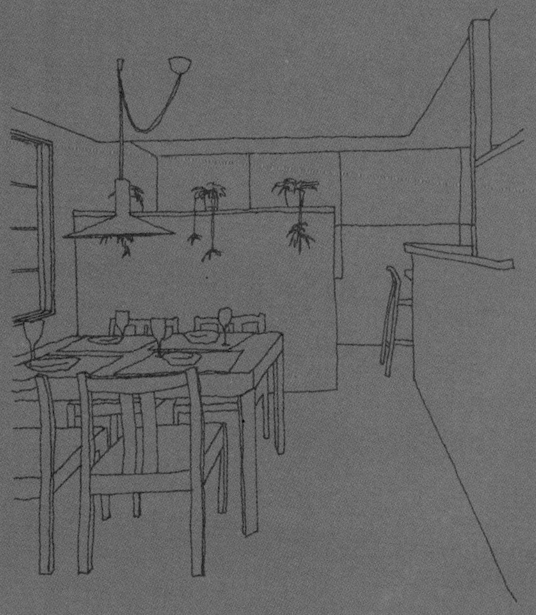

# 用推拉门来分隔

如果说起居室不具备什么特定的功能，那么，也可以反过来说，起居室是一个可用于任何用途的场所。在日常生活中，将其建成一个包含餐厅在内的大厅，则不仅空间比较大，使用起来也更加方便。然而，若考虑多种使用目的的话，就觉得将吃饭的空间隔离开来会比较便利。

将带有共享空间的宽敞大厅分隔开，就有点像酒店大堂的接待区，总会给人一种被分隔开的感觉。事实上，相比将起居室和餐厅分隔成包厢式的小间，还是最好先明确其所在位置，并在面积大小上也加以区别。做好了这样的准备工作后，起居室与餐厅的连接处也就变为分隔处了。

说到分隔的方法，那么，最为经典的方法就是利用推拉门来做隔断。在平时，推拉门可收进墙壁中，仅在需要分隔空间时，将其从墙中拉出即可。

## 需要分隔的时候便可隔断

1. 这是从餐厅处朝起居室望去时所看到的景象。将推拉门拉开后，起居室和餐厅就展开在一条主轴线上了

2. 这是从起居室朝餐厅方向望去时所看到的景象。关上分界处的推拉门后，与露台融为一体的感觉就更强了

**空间的性质会发生变化**

关上推拉门后，餐厅就是个 4 榻榻米的小房间，拉开推拉门后该空间就具有通透感了

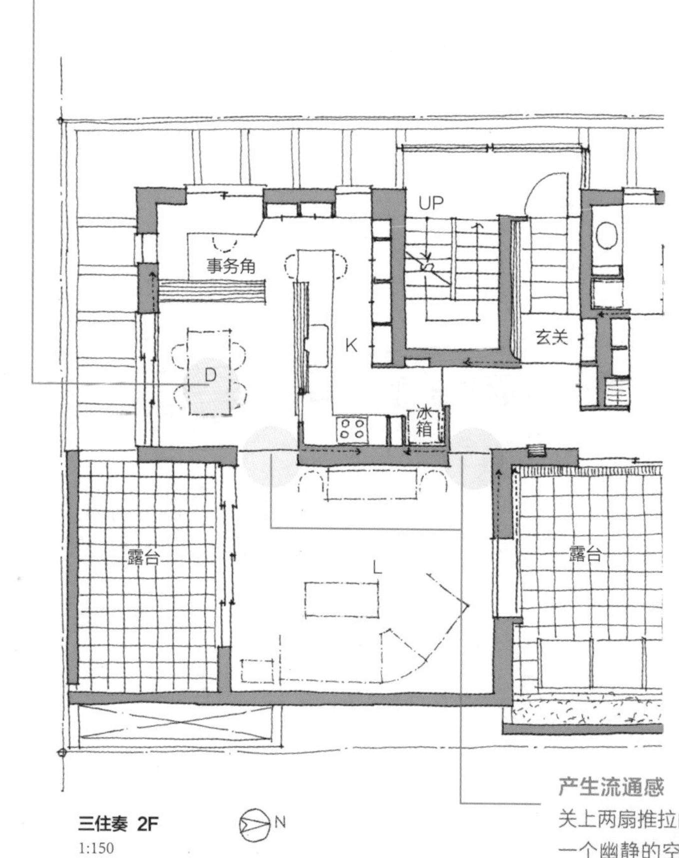


将餐厅与开放式厨房设置在同一空间，而起居室则是个独立的房间。虽然各自都占有独立空间，但在日常生活中还是连成一体的。可根据需要从墙中拉出推拉门，以将两个空间分隔开来。

**三住奏 2F**
1:150

**产生流通感**

关上两扇推拉门的话，起居室就是一个幽静的空间；打开推拉门后，空间流通感就油然而生了

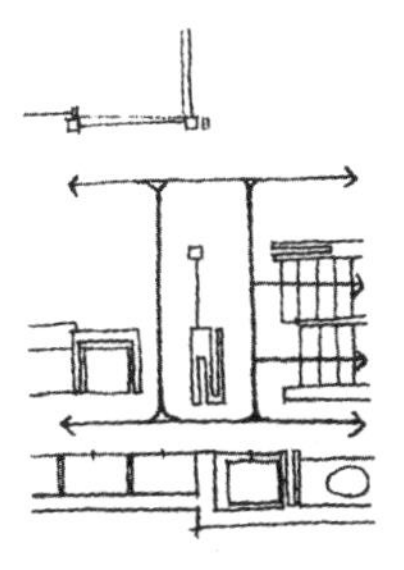
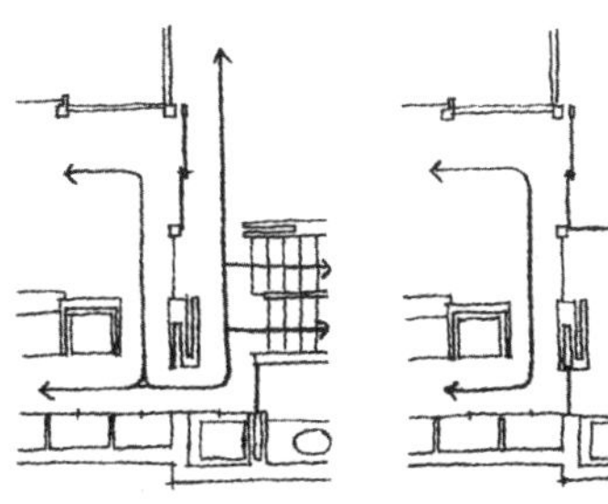
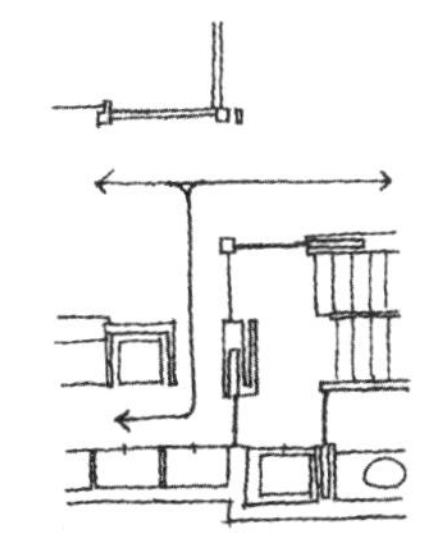

用推拉门来分割空间。推拉门平时藏入墙中，仅在需要分割空间时，才从墙中将其拉出。

## 一览无余

起居室和餐厅呈L形围着露台。平时，将二者看做是包含露台在内的一个空间，然而，用推拉门将起居室与餐厅分隔开后，其关系就成了一种通过露台相连接的柔和、间接的关系了。

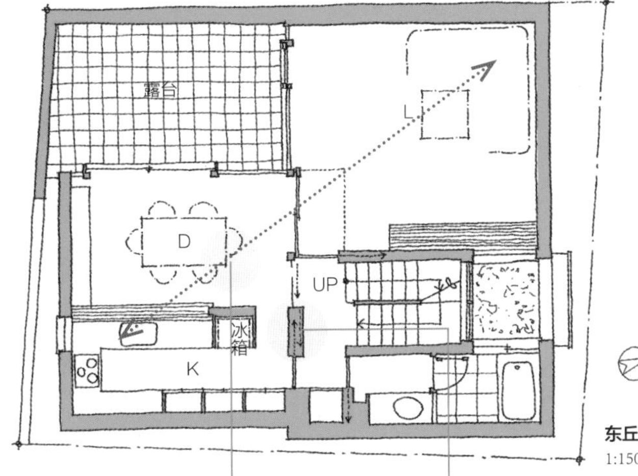


**东丘的住宅 2F**
1:150

**对角线贯穿的视线轴**
将推拉门收进墙内，便可确保起居室和餐厅之间呈对角线的视线轴，能够感受到空间的宽敞

**隔得较远，却也能收藏**
分隔餐厅和起居室的两扇推拉门可以收进前面的翼墙内

这是从起居室朝餐厅望去时所看到的景象。将推拉门从墙中拉出来把1间宽的敞开部分和半间宽的敞开部分关闭后，起居室和餐厅就被分隔开了

## 打开推拉门后就形成回游动线了

餐厅和客厅的中间夹着个厨房，但空间上是连成一体的。起居室就在这两个房间的旁边，从起居室可以分别进出餐厅和客厅。这样，就形成了一条以厨房为中心的回游动线。

**厨房朝两个方向都是开放的**
餐厅与客厅之间夹着开放式厨房，但空间上是连成一体的

**推拉门打开后可形成回游动线**
这两扇推拉门打开后，起居室就与餐厅和客厅连起来了，形成了一条回游动线

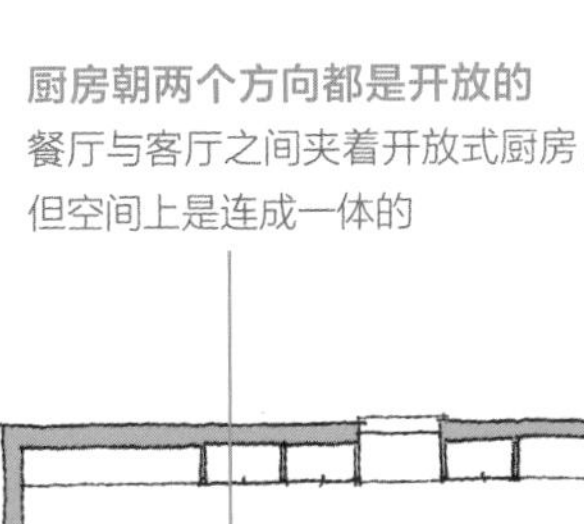
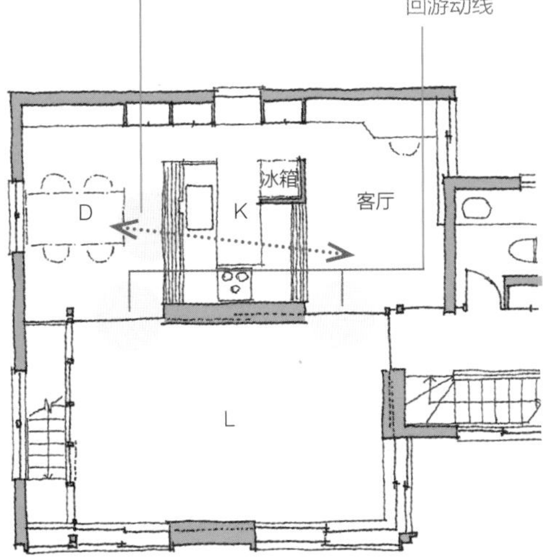

**北上的住宅 2F**
1:150

1. 这是从起居室朝餐厅望去时所看到的景象。通过推拉门可将餐厅与近前处的起居室分隔开。但通过楣窗、天花板的媒介作用，这两处还是连在一起的
2. 这是从起居室处朝客厅望去时所看到的景象。里侧是与厨房相连的。可从近前左侧的墙内将推拉门拉出来

## 即便同处一室也要各得其所

如今，将厨房、餐厅和起居室安排在同一空间的情况非常多。很多时候都是由于住宅面积有限不得不这样安排，尤其是起居室和餐厅同处一室的情况更是屡见不鲜。

然而，即便是同处于一个空间，也还是得让其各得其所，明确各自的用途。因为这样的话，能使每一个区域都具有安定感。

其中，厨房的用途是最为明确的，因此也容易获得自己应有的区域。而餐厅和起居室就不同了，只要弄错一点点就会弄成四不像空间。这样的话，在日常生活中的应用也就变得模棱两可，往往令人坐立不安。

### 大包围，小包围

厨房是用储物架围起来的开放式厨房。餐厅和起居室以楼梯的腰墙分隔开来。三个空间都在半共享空间天花板的覆盖下，形成了一个具有安定感的大房间。

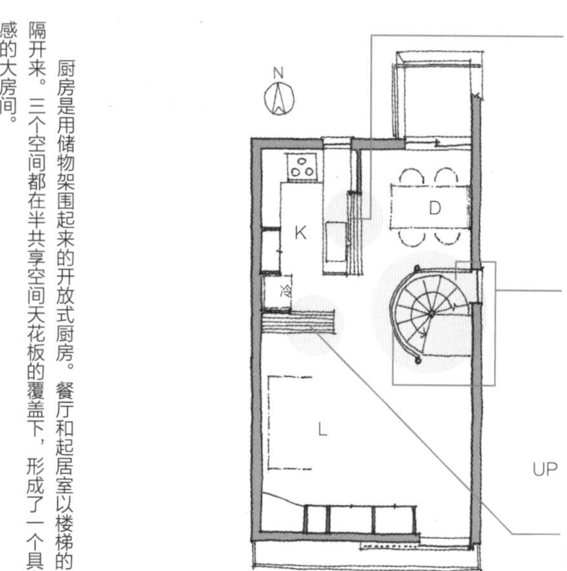


上町的住宅 3F
1:150

**反面是储物柜**
水槽前有一道隔墙，餐厅一侧则为储物柜，可收藏餐具和日常用品

**扶手墙很薄**
这是分隔起居室和餐厅的薄曲面扶手墙。直线部分为强化玻璃，视线可直达楼梯处

**以储物架作为隔断**
将厨房和起居室分隔开的储物架，有一部分是两面都可以使用的

这是从起居室朝厨房、餐厅望去时所看到的景象。餐厅与起居室隔着楼梯，厨房被固定家具围着，三个区域同处一个空间内

### 改变天花板的高度

厨房是用腰墙围起来的开放式厨房，餐厅和起居室呈匚形将厨房围住，形成了一个大空间。通过改变天花板高度的方式，使这三个空间各安其所。

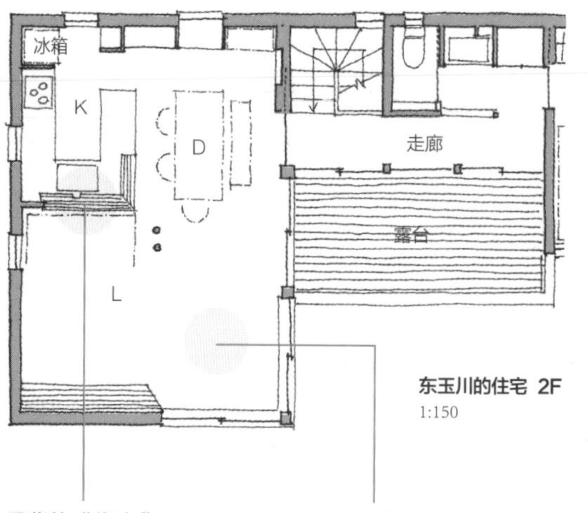


东玉川的住宅 2F
1:150

**后背的“靠山”**
遮蔽水槽的储物柜高出地面约1.2m，其墙面成了沙发背的“靠山”，给人以安定感

**暧昧的宽松**
这是个让小孩子做游戏的空间。这个暧昧的空间能给起居室和餐厅带来宽松感

1. 微妙地改变一下天花板的高度，便可使同处一室的LDK各得其所了
2. 增高部分天花板的高度，将餐厅上方用做阁楼

## 小一点

在建造居所时，业主一般都会表示出尽可能将LDK建大一点的愿望，但事实上往往只能在诸多条件的限制下来探讨其适当的面积大小。那么，是否LDK的空间越大，居所就越舒服呢？

事实上并非如此，对于居所来说，其宽敞度与舒适度并不呈简单的线性关系。我们认为具体的建造方法和密度对于居住的舒适度有巨大的影响。譬如说，以前老式的餐厅，虽然只有4个半榻榻米大小，但被一些实用的东西围着，使用起来也十分便利。再者，各种尺寸的设定也要与空间规模相适应，这些也都与舒适度直接相关。

由此可见，即便空间较小，也能营造出一个舒适的场所。或者说，这种舒适程度是由各部分的尺寸设定所决定的。

### 以餐厅为中心

面积较小的LDK，业主又希望有铺设榻榻米的空间。于是就将餐桌加以固定，这样，无论坐在榻榻米上还是坐在椅子上都能够使用。总体而言，形成了一个以餐厅为中心的房间。

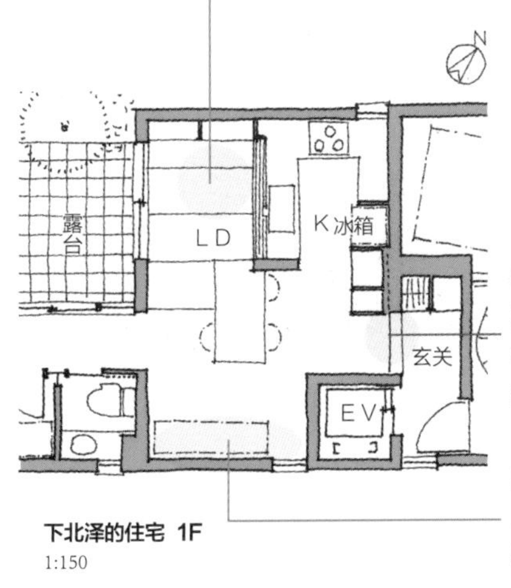


**分隔带来安定感**
用开放式厨房加以分隔后，空间虽变小了，却成就了一个具有安定感的场所

**将推拉门拉开后就是LDK**
进入玄关，拉开推拉门后LDK就成了一个大房间。也是靠推拉门来保证居室的安定感

**南面的采光依靠天窗**
上面开有天窗，光线可从南边射入

**下北泽的住宅 1F**
1:150

深入榻榻米空间的固定餐桌。无论是坐在榻榻米上还是坐在椅子上，都可利用此餐桌。由于厨房与榻榻米空间是分隔开的，榻榻米空间里有一种温馨的安定感

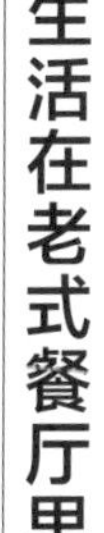

### 生活在老式餐厅里

DK共有11张榻榻米大小，出于功能上的需要，厨房就必须用到4张榻榻米大小，所以餐厅就只能放在剩下的7张榻榻米上了。既然只有这么大的面积，那么，比起使用餐椅的新式餐厅，在矮桌旁席地而坐的老式餐厅显得更为宽敞。所以在餐厅里做了一个较大的矮桌。

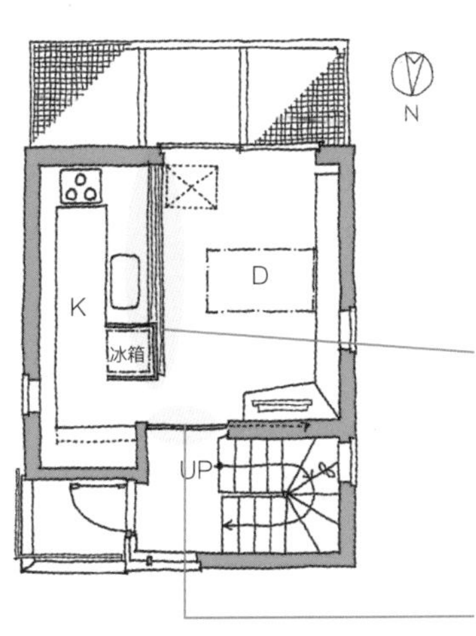


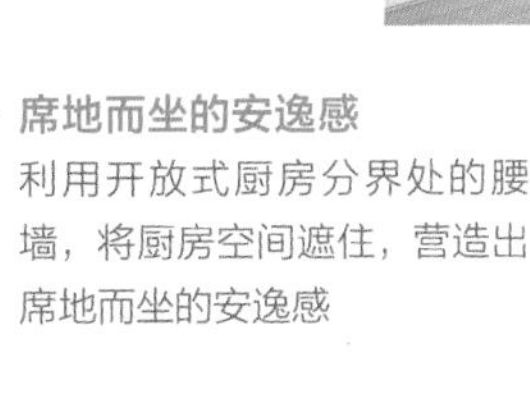

**席地而坐的安逸感**
利用开放式厨房分界处的腰墙，将厨房空间遮住，营造出席地而坐的安逸感

**用推拉门来加以区分**
这道推拉门打开后，LDK就与楼梯间相连，形成一个包括露台在内的狭长空间

**赤堤大道的住宅 2F**
1:150

餐厅空间是一个使用矮桌的大房间，房间的整体重心都比较低

# 错位衔接

目前的住宅里，起居室与餐厅多为同处一室的情况，并常为两个空间组成一个矩形，而两者的领域都比较暧昧。这也难怪，由于起居室和餐厅的用途本身就界线不明，其空间关系暧昧不清或许也是没有办法的事情。但也不是说，将两者纳入一室之后，就无法从生活方式上使其各自拥有清晰明确的领域。

利用家具的摆放方式来确定其空间就是一种方法。再者，使起居室与餐厅的位置稍稍错开，也能明确其各自的空间。

将两个空间稍稍错开后，在其对角线上便会产生长长的视线轴，使空间显得更为宽敞。

## 分开领域，营造出纵深感

1. 这是从起居室朝餐厅前面的厨房望去时所看到的景象。由于空间呈相互错开的关系，给人以更为宽敞的感觉
2. 这是从厨房朝餐厅以及前面的起居室望去时所看到的景象。由于餐厅与起居室既错位又相连，起居室中看不到的部分会给人以宽敞的感觉

LDK虽然同处一室，但起居室和餐厅的位置是错开的。错开之后，各自的领域就清晰明确了，位于对角线上的视线轴也得到延长。更何况开放式厨房前的长桌用作储物柜，厨房在其后面，给人的纵深感更加强烈。

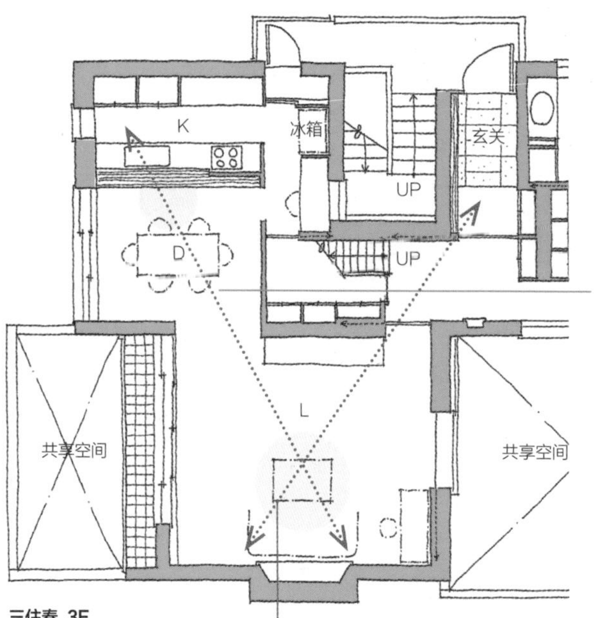


三住奏 3F

1:150

**纵深感**

可从厨房一直看到起居室的沙发。视线轴变长，整个空间的纵深感也更强了

**两条视线轴**

拉开推拉门后，虽然位置相互错开，连玄关门厅也与起居室相连，坐在沙发上，能够获得朝向餐厅和玄关的两条视线轴

## 用天花板的高度差来区分

从楼梯间到餐厅再到起居室，形成了一连串相连接的空间。餐厅与起居室以一种不规整的方式相连接，利用改变天花板高度的方式区分其各自的区域，给居室营造出一种安宁而又明快的氛围。

餐厅的天花板比较低，里边的起居室的天花板是倾斜的，呈共享空间状。这样，就把这两个领域区分开来了

**利用敞开部分使其融为一体**

起居室与餐厅共用一个较大的敞开空间，因此可以将其看做一个空间

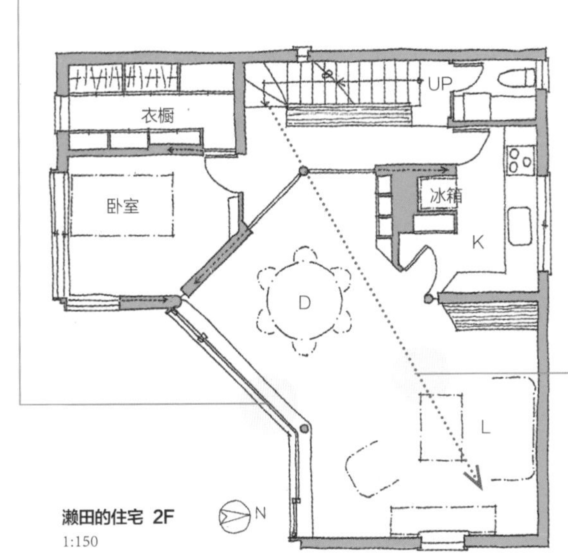


**濑田的住宅 2F**

1:150

**最里边才是滞留空间**

将沙发放在了上楼后最靠里面的位置，将这个角落营造成了滞留区

## 一个空间里有两处安宁的所在

起居室和餐厅是在倾斜屋顶覆盖下的同一个空间，由于还有楼梯间和厨房，起居室与餐厅呈错位相接。位置错开后，能够明确各自的领域，同时也能给各场所营造出安宁的氛围。

由于将起居室和餐厅斜向错开配置，对角线处形成了悠长的视线轴，使空间更显宽敞

**以墙壁阻挡视线**

从楼梯间进入后，迎面便是墙壁，起居室和厨房分别配置于两边。利用墙壁阻挡视线后，能够增强空间的纵深感

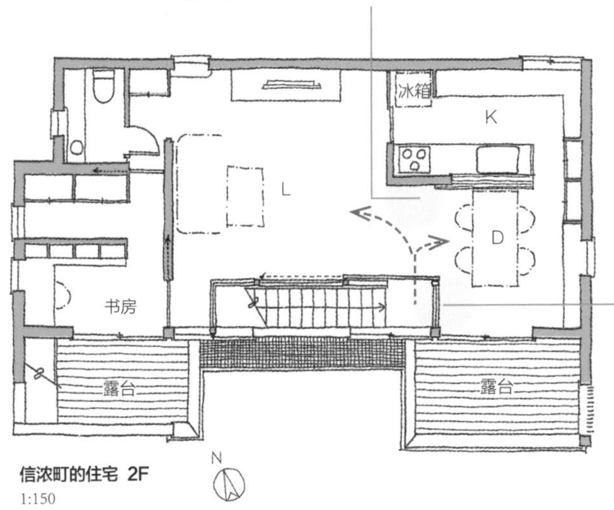


**信浓町的住宅 2F**

1:150

**在视觉上融为一体**

与楼梯间之间是用玻璃分隔的，但在视觉上还是融为一体的。透过楼梯可看到一楼的寝室

# LD之间的恰当关系

起居室和餐厅完全分离后，有时就与两方兼顾的生活方式不符合了，但若是两者完全处于同一空间，也会因相互干涉过多而产生矛盾。

用较为任性的说法就是，既要在一起又不想被过多干涉，这种生活方式也是有可能实现的。

譬如说，在起居室与餐厅之间插入一个其他功能区，通过这一区域便可将起居室和餐厅分开了，但从空间的角度来说二者又是在一起的。这样的安排方式，就能对应于非此非彼的模糊形态了。

## 与共享空间融为一体

起居室与餐厅并排排列，中间夹着楼梯。虽然通过楼梯将起居室和餐厅分隔开，但这两个区域都在带有天窗的共享屋顶下，即同处于一个空间内。

**利用空隙相连接**

视线可穿过楼梯上下两处的空隙往来于起居室与餐厅之间，在两者之间建立起恰到好处的关系

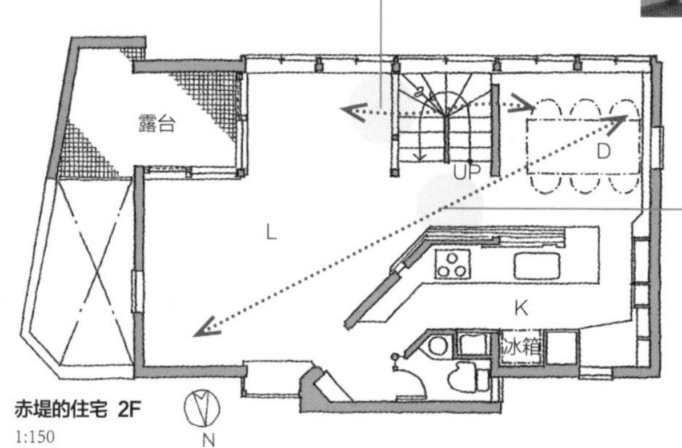


**赤堤的住宅 2F**

1:150

这是从起居室朝餐厅方向望去时所看到的景象。起居室与楼梯起点相连，餐厅与楼梯则在腰部以上相连。这样，起居室与餐厅虽然分处于楼梯的两边，却也同处于一个空间内

**被围住的安逸感和延伸感**

餐厅与起居室通过深长的视线轴相连，既能感受到被围住的安逸感，也具有视线伸展的延伸感

在起居室和餐厅之间插入了一个厨房，这样便可将各自的场所区分开来。然而LDK的这三个区域事实上都在同一天花板的覆盖下，故而还是属于同一空间的。

N

D

K

冰箱

L

**久我山的住宅 2F**

1:150

**具有被围住的感觉**

在LDK空间里，餐厅具有被围住的特殊安逸感

**视线可以到达正面以外的地方**

厨房的正面被墙壁挡住了，但视线可以到达左右和上方（高窗）的较远处

**与两边都有关联**

站在厨房里便可关注到起居室和餐厅两个方向。因此，厨房与这两边都有关联

1. 这是从起居室望去时所看到的景象。隔着开放式厨房可以看到餐厅的一部分。LDK整体都在美松天花板的覆盖下

2. 站在厨房里可以关注到两侧的起居室和餐厅。厨房正面的墙壁用于收存推拉门

## 利用回游动线将它们连接起来

起居室和餐厅之间是楼梯间，楼梯间的腰墙阻隔了视线。但是，二楼整个楼层都在同一天花板的覆盖下，楼梯周围又形成了回游动线，所以依然保持着空间上的整体感。



三鹰的住宅 2F
1:150

**利用露台连在一起**
利用一个大露台，将起居室和餐厅在视觉上连在了一起

**楼梯的左右两侧与其相连**
楼梯间虽然将起居室和餐厅分隔开来，但其左右两侧和天花板是通透的，故而不影响整体感

这是从餐厅朝起居室方向望去时所看到的景象。从图中可以看到，起居室和餐厅被楼梯间分隔在两边，但楼梯的两边和天花板处还是相连的，消除了这两个区域的孤立感

## 玻璃隔断

起居室和餐厅的中间隔着楼梯间，而这两个区域与楼梯间都是用配有透明玻璃的隔断和推拉门分隔开的。由于这种隔断是透明的，起居室和餐厅尽管分处两地，但其在视觉上依然是相通的。

较小的住宅 2F
1:150

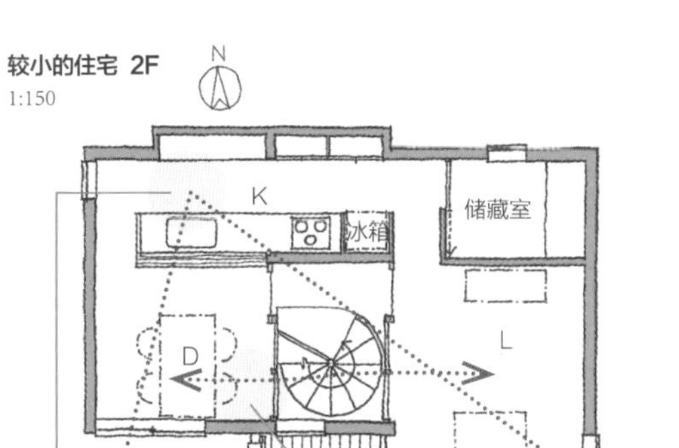


**虽然小却也很舒展**
站在厨房水槽前，视线便可穿过起居室和餐厅的敞开部分，给人以舒展、宽敞的感觉

**既分割又关联**
考虑到夏天闷热的环境，将楼梯间隔开了，但在视觉上还是相通的

这是从起居室透过楼梯间朝餐厅望去时所看到的景象。楼梯间是用配有玻璃的隔断和推拉门隔开的，同时也将起居室和餐厅相互分隔开

# 根据用法来确定

早中晚的三餐是没有必要一定在同一个场所进行的，可根据具体情况来选择用餐场所。

还有，将平日进餐的场所和节假日多人聚餐的场所区分开后，也能给日常生活增添出一些变化来。

而要做到这一点也不需要准备不同的房间，完全可以利用两个区域同处一室的关系，根据具体情况来设定场所。譬如说，可将吃饭场所设定在靠近厨房的地方，也可将聚餐的场所设定在靠近起居室的地方。这种随时随地变换用餐场所的做法，或许能给平淡的日常生活带来无穷的乐趣。

## 既可作为西式餐桌，又可作为日式矮桌

餐桌的台面和桌腿是可以分离的，这样就既可用作西式餐桌，也可以用作席地而坐的日式矮桌了。根据不同的用法选择不同的用餐场所，可使房间的中心也随之改变。

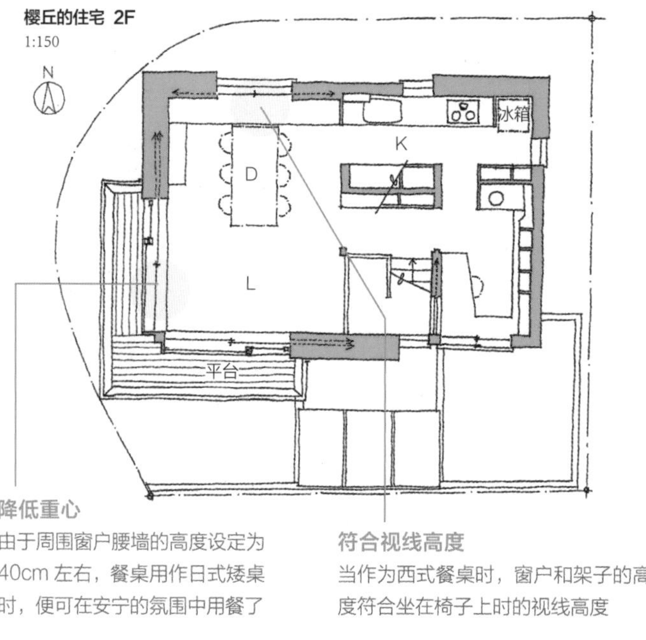


**降低重心**
由于周围窗户腰墙的高度设定为40cm左右，餐桌用作日式矮桌时，便可在安宁的氛围中用餐了

**符合视线高度**
当作为西式餐桌时，窗户和架子的高度符合坐在椅子上时的视线高度

1. 餐厅的旁侧开有窗口，可以观看外面的景色。也可以从墙壁中将推拉窗拉出来，将窗户挡住
2. 配置了宽而低的窗户，当餐桌用作日式矮桌时，便会感受到安逸和宽敞

## 两个用餐场所

将厨房建成开放式厨房，并建有宽敞的长桌，5个人坐在其周围吃饭都绰绰有余。而在起居室里设有另一个圆形矮桌，家人团聚的时候便在那里用餐。

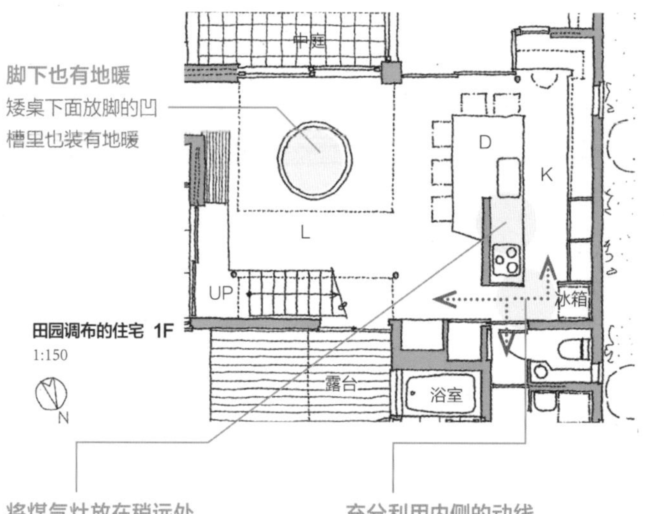


**脚下也有地暖**
矮桌下面放脚的凹槽里也装有地暖

**将煤气灶放在稍远处**
餐厅长桌与厨房连成一体时，要将煤气灶放到稍远的地方，以免有油溅出

**充分利用内侧的动线**
由于有从厨房到卫生相关设施内侧的动线，即便人很多一直坐到水槽处也不会感到不便

早餐和午餐在里侧的厨房长桌前简单解决，晚上则在近前处的圆桌（日式矮桌）用餐

# 同处一室而又舒适的厨房

在一些较小的住宅中，LDK同处一室的现象如今已较为普遍。在占地面积十分有限的空间内，在紧靠着餐厅的地方设置一个既不太大也不太小，且功能完全满足需要的厨房，即便与起居室、餐厅同处一室，也依然能成为一个十分舒适、温馨的场所。

厨房与其他空间的关系多种多样，既可以成为与餐厅融为一体的开放式厨房，也可以呈开放状态却配置长桌将水槽作业区隐蔽起来的方式。

不管采用何种方式，只要根据房间的整体布局来加以考虑，建造出能使人安心作业的厨房，那么，附近的LD也就能给人以安逸、温馨的氛围了。

## 推拉门的开合

尽管LDK是同处一室的，但在厨房的入口处设置了一道推拉门。关上这道推拉门，待在厨房里就能获得单间的感觉。当然也可以打开推拉门，将厨房当做开放式厨房来加以使用。

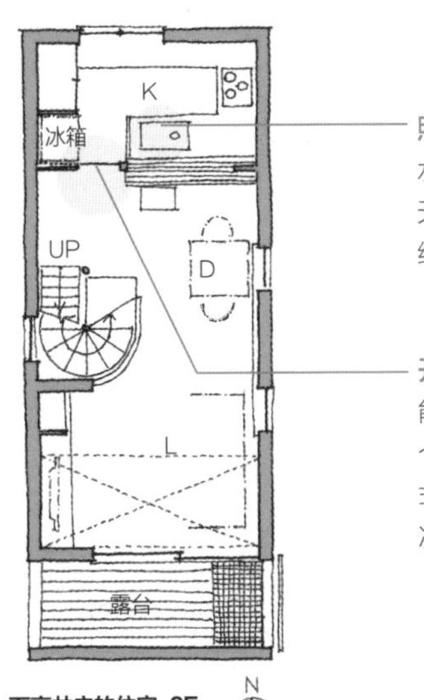


下高井户的住宅 2F
1:150

**照射下柔和的光线**
水槽上方倾斜的天花板上开有天窗，能使来自北面的柔和光线照射到厨房中

**开放、半开放**
能够收藏于墙内的推拉门。这个厨房是开放式的还是半开放式的，完全由推拉门的开合状况决定

在同一个空间里，建成一个能够隐蔽手边操作区域的开放式厨房。与此同时，将天花板也建得高高的，形成了一个十分舒适的厨房空间

## 窗户的位置也要加以考虑

这是个紧靠着餐厅的开放式厨房。为了在准备饭菜时也能看到外面，窗户的高度也是有所考虑的。厨房的上方是共享空间，与上一楼层的寝室相连。

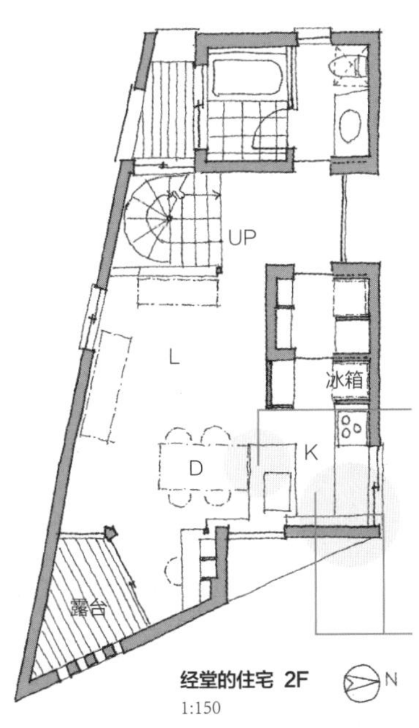


经堂的住宅 2F
1:150

**作为一个空间来使用**
将餐桌和操作台整合成一个空间来使用

**与寝室也相关联**
通过共享空间与上一楼层的寝室相连，空气可通过厨房的窗户进入寝室

餐厅和厨房同处一个空间。为了调整餐厅的高度和厨房的高度，根据餐桌设置了一个装饰架

# 拥有工作、兴趣爱好的活动空间

在三代同堂的大家庭中，可以看着孩子们长大成人。孩子们在学习方法、游戏方式方面都有差异。有些孩子一定要在自己的房间里学习，有的孩子待在自己房间里时则不愿意学习。到了冬天，有的孩子喜欢钻到阁楼上的被炉里东倒西歪地躺着，有的孩子则喜欢泡在老奶奶的房间里看漫画。他们会根据自己的喜好寻找觉得舒服的地方，并将其作为自己的“根据地”并赖在里面。

随着孩子们不断地长大，生活方式也会逐年产生变化。于是，他们所觉得舒服的场所也会随之改变，不久之后他们还会离开这个家庭。那么大人呢，大人是不能在自己家里“流浪”的，也不能预计什么时候离开这个家。因此，往往会觉得还是将自己的“根据地”固定在一个场所比较好。

如果是在家里工作的话，那么相关的物品就会无限地增多。具有某种兴趣爱好时，情况也差不多，甚至比工作更严重，直到被相关用品围得水泄不通。东西越多就越不能像游牧民族那样将其带着到处跑了，因此还得建一个固定的“根据地”。事实上，当家里有了这么一个场所后，对于家庭生活的依恋和热爱也就油然而生了。

如果是全日制在家里工作的话，那么这样的场所往往也就成了自己一个人的专用场所了。有时，为了兼顾工作和家务，就会将这样的场所设置在厨房附近。如果只是想放一些只有自己使用的小件杂物，或是想轻松随意地写点东西，那么将其设置在卧室内也是完全可以考虑的。

每个人的情况都不一样，工作、兴趣也各不相同，所以要根据自己的具体情况来考虑这种场所的位置。但有一点是可以肯定的，一旦家里有了这样的场所，那么，家庭生活也就更加其乐无穷了。

## 走廊即是工作室

要在有限的空间内尽可能地有效利用各房间，走廊也就很自然地消失了，而是由居室本身承担动线空间的职能。

然而，随着隐私观念地不断提高，这种由居室所承担动线空间的职能也越来越小，在很多情况下，最后都成为了卧室或儿童房等个人使用的房间。

那么，将工作室或用作兴趣爱好的场所设置在家人来往频繁的位置又会怎么样呢？由于这样大家都可以使用，由此将带来家庭内部交流的增加，甚至培养出共同的兴趣爱好。于是，这一场所或许就会逐渐成为家人交流沟通的场所。

### 可环视全家

两代人共同居住的住宅里，一楼是夫妇二人的生活空间。妻子的工作室兼兴趣爱好（西式裁缝）活动室设置在连接起居室与寝室的动线上。由于桌子是面朝中庭放置的，因此可以一边干活儿一边环视全家。

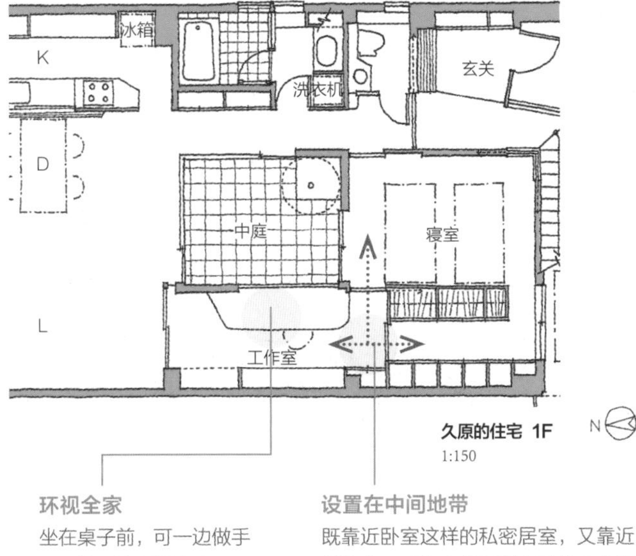


**久原的住宅 1F**
1:150

**环视全家**
坐在桌子前，可一边做手工活儿一边环视全家

**设置在中间地带**
既靠近卧室这样的私密居室，又靠近起居室，工作室就设置在这样的中间地带

这是透过中庭朝工作室望去所看到的景象。上方是二楼的露台，还可以看到通往三楼的楼梯

### 随时可以通行的场所

这是个带有中庭的庭院式住宅（口字形），书房一角设置在走廊上。打开推拉门后，视觉上书房就跟中庭一起成为起居室的一部分了。与此同时，它还是从洗漱间到玄关的内侧动线，以及通往二楼的动线。

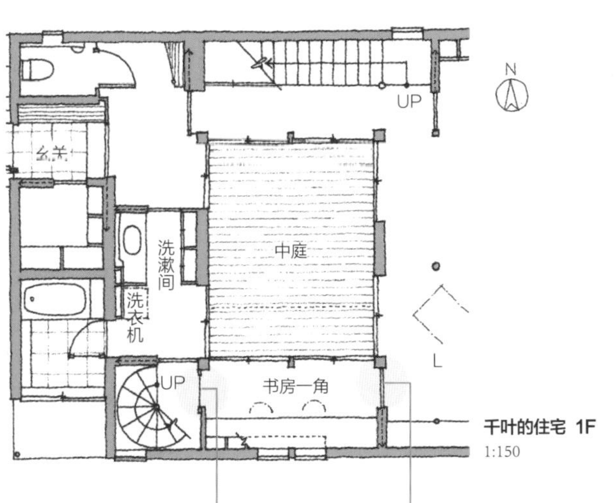


**千叶的住宅 1F**
1:150

**从楼梯间采光**
此处的推拉门和隔断上都配有透明玻璃，可以从楼梯间的上方采光

**利用推拉门的开合来增添变化**
打开推拉门后，书房便与起居室相连，关上推拉门后工作室就成一个单间了

书房一角设置在回游动线上。照片中靠里面的地方是通往二楼的螺旋楼梯，楼梯上面的光线能够照射到书房里

# 小小工作室

有些工作虽然并不总是在家里完成的，但由于这些工作的专业度较高，在自己家里往往也要集中精力来进行。这种情况下，将工作室建成独立的单间较为普遍。此外，像一些与音乐相关的、必须具有隔音功能的工作等，且工作时要使用某种独特的乐器或器材的情况下，自然也需要建成单独的房间。

必须要有隔音功能的话，自然是一定要建成单间的，而若对隔音功能要求不高的话，有时就要先考虑与其他房间的关系再做决定了。

跟许多人进进出出的事务所或工作室不同，家里的工作室基本上都是以一个人单独作业为前提的，因而房间不需要很大。工作室应具备适当空间，且有助于集中注意力。

## 搬运的动线

1. 这是从玄关朝工作室望去时所看到的景象。门缝漏出了工作室里的灯光，工作室里的气息由此传达到了玄关门厅，空间上的连续感油然而生

2. 这是个与音乐相关的工作室，因主要是作曲和编曲工作，不会发出很大的声响，因此也没有必要建成绝对隔音的单间

为作曲、编曲工作所建造的独立工作室。由于会有一些与音乐相关的器材搬进搬出，因此，在工作室的边上配置了一个器材库，形成一条搬运动线，从那儿便可直接搬到车上。

**厕所的位置**

由于常常会待在工作室里工作一整晚，所以将厕所设置在了工作室的附近

玄关

门厅

UP

工作室

车库

器材库

N

**上町的住宅 1F**

1:100

**搬运动线**

建立了一条从车库经由器材库到工作室的搬运动线

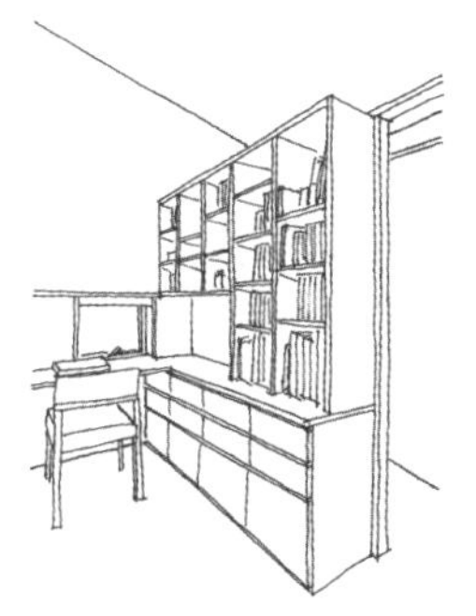

被空间所包裹着的安心感也是十分重要的。

不管怎么说，只要是将住宅的一部分用作工作室，就一定要考虑工作室与住宅整体间的平衡、协调关系。

## 隔音的工作室

这是个钢琴家的工作室，平时用作教小孩子的教室，时不时地也要开开演奏会。在保持同时放置两架三角钢琴的空间外，考虑到钢琴的搬运路线及隔音措施后，决定将该工作室建成半地下室。

UP

钢琴室

杜鹃山冈的住宅 BF

1:100

N

作为音乐室而建造的半地下工作室。采光和通风都由高窗来保证

**绰绰有余的空间**

由于可能会用作钢琴室，因此，除放置钢琴外，还留出了较为宽敞的空间

**窗户开得较小**

由于声响会从敞开部传到外面去，所以在保证不产生闭塞感的前提下，要将窗户开得尽可能小

## 两个工作室

夫妻二人虽然都有自己的工作场所，但也并非是一天到晚都闷在工作室里工作的。因此，在考虑二人的独立工作室时，要尽量做到既相互独立，又能够气息相通。

**整面墙的书架**

书房的墙壁上从上到下都是书架

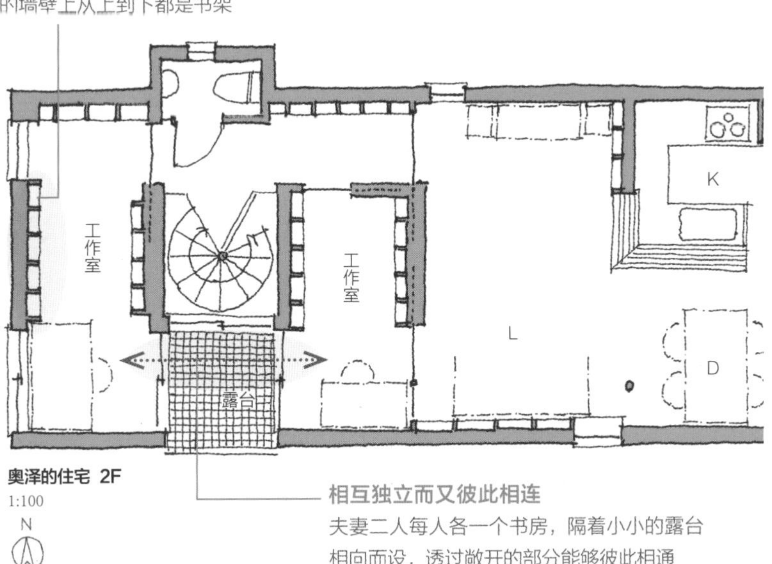


奥泽的住宅 2F

1:100

N

**相互独立而又彼此相连**

夫妻二人每人各一个书房，隔着小小的露台相向而设，透过敞开的部分能够彼此相通

# 画室

如果所从事的工作是可独立完成的，那么将自己住宅的一部分用作工作室是完全可行的。特别是像音乐、绘画这种属于特殊的创作性的工作，在自由拥有专用设备后，在自己家里建造工作室的意义也就凸显出来了。

建造画室对房间的宽敞度和天花板的高度都有一定的要求，当然这也要根据所描绘的画作的大小来定。并且，在考虑到自然光的同时，也必须认真研究照明器具的种类和配置方式。

由于整天都在工作室，故而除了满足工作所需的功能外，也必须考虑其舒适性。因此，有必要从平面布置的角度出发，在认真研究与其他空间关系的基础上来确定工作室的位置。

## 大画室

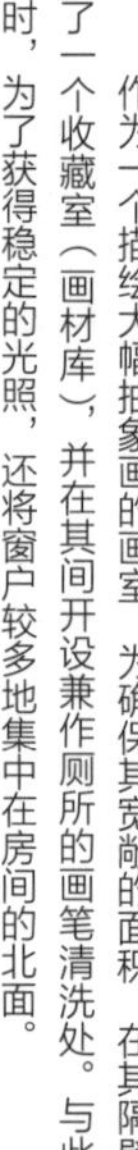
作为一个描绘大幅抽象画的画室，为确保其宽敞的面积，在其隔壁建了一个收藏室（画材库），并在其间开设兼作厕所的画笔清洗处。与此同时，为了获得稳定的光照，还将窗户较多地集中在房间的北面。

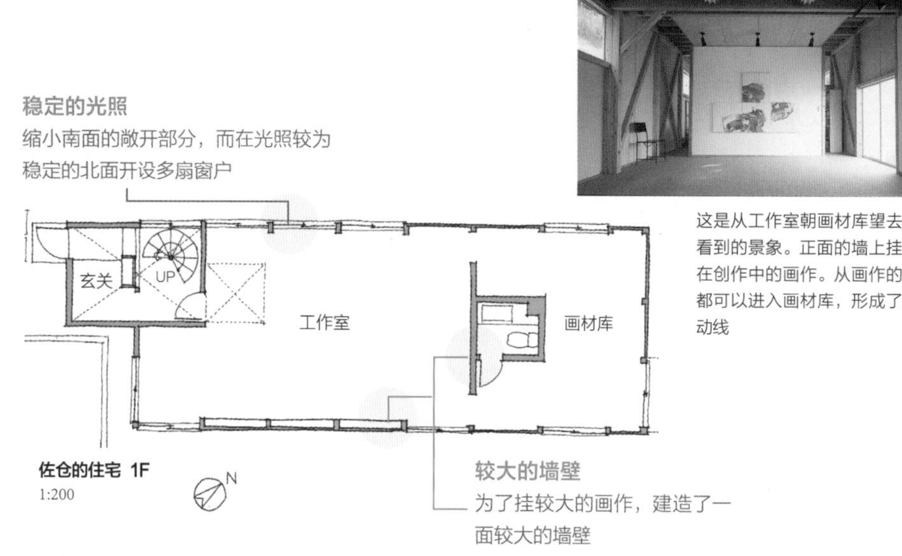


**稳定的光照**
缩小南面的敞开部分，而在光照较为稳定的北面开设多扇窗户

**较大的墙壁**
为了挂较大的画作，建造了一面较大的墙壁

**佐仓的住宅 1F**
1:200

这是从工作室朝画材库望去时所看到的景象。正面的墙上挂着正在创作中的画作。从画作的两边都可以进入画材库，形成了回游动线

## 营造出视觉上的宽敞感

由于住宅整体地板面积的关系，画室就成了一个较小的房间。但由于面朝庭院的露台被围墙所围住了，在空间上与画室融为一体，故而视觉上感觉十分宽敞。

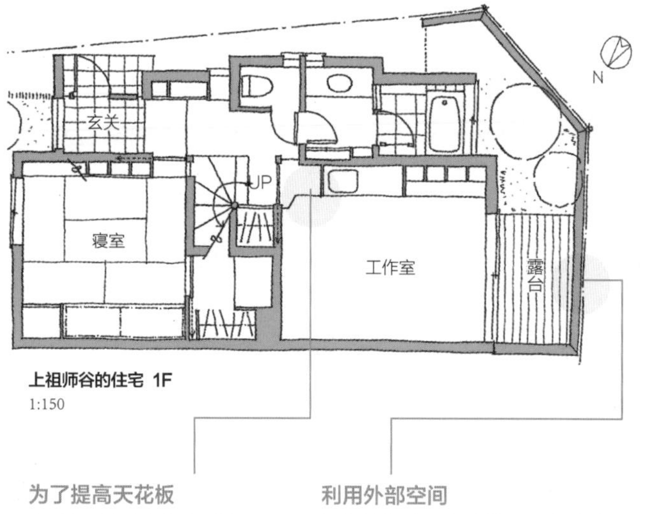


**上祖师谷的住宅 1F**
1:150

**为了提高天花板**
为了使工作室的天花板比其他居室更高，特将其地板高度下降了一级

**利用外部空间**
作为墙壁的延长建造了能阻挡外界行人视线的围墙，这样，露台与工作室就成为同一空间了

这是工作室的内部。部分天花板比较高，并从其天窗处采光

# 共存

虽说都是工作，其实工作性质和工作内容也是各种各样的，并不是所有的工作都适合在独立的房间完成。有时，使工作室与起居室、餐厅同处一个空间后，工作效率会更高。当然，用作工作室后，东西往往会更多，根据工作情况，其空间有时也必须再扩大一些。

此外，虽说是与起居室、餐厅同处一个空间，但若能以某种方式来界定其领域的话，则会使两种性质的空间用起来更加得心应手。

事实上，在与起居室、餐厅同处一室的同时，又能确保各自的区域特质的建造方法也较为常见。

## 灵活地加以使用

由于所从事的工作是以饼干等西点为素材来绘制插图，所以业主要求将其作业区安排在厨房的旁边。桌子是可拆卸式的，也能用作糕点拍照的场所。

**收起所有的杂物**
由于LDK与工作室同处一个空间，因此将一些杂物全都收藏在靠墙的储物柜中

**眼前十分宽阔**
书桌是可以自由移动的，但通常还是放置在能够看到整个房间的位置上

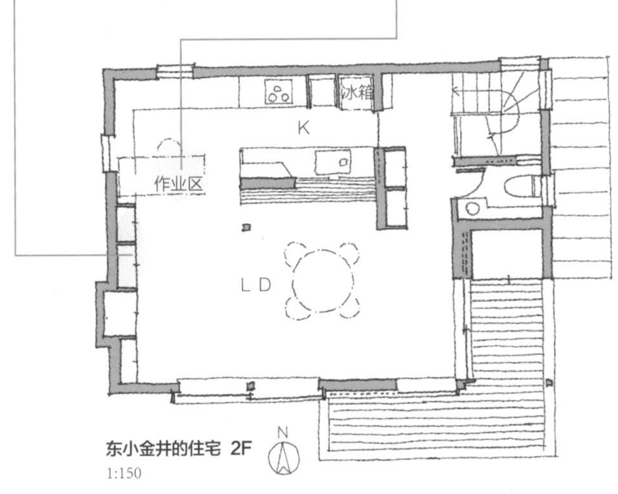


**东小金井的住宅 2F**
1:150

1. 这是从厨房朝作业区望去时所看到的景象。桌子的面板和抽屉柜可以自由移动，能够根据具体情况来改变工作场所
2. 作业区设在起居室旁，十分宽敞。小窗的位置也是根据坐在椅子上时的视线高度来设定的

## 团团围住一般

在餐厅一角建造一个与露台融为一体、四面被围住的书房。面积虽然不大，但上方是共享空间，与楼上的卧室相连，具有向上的宽敞感。

**经堂的住宅 2F**
1:150

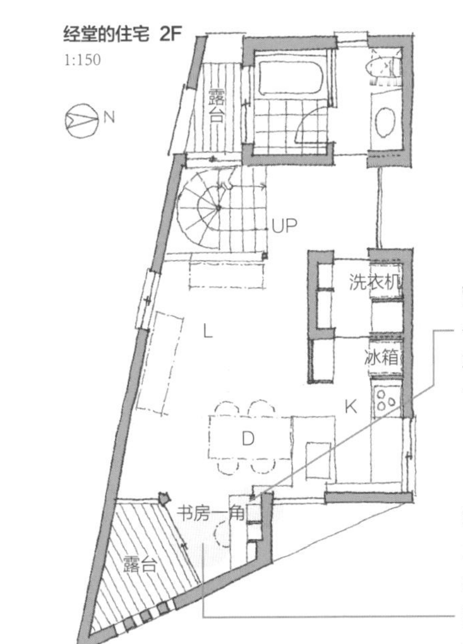


**营造出协调性**
书桌与厨房的作业台虽然高度不同，但通过隔板等物营造出了空间协调性

**纵向延伸**
上方的共享空间与较小露台的共享空间融为一体，故而从平面的角度来看并不大，可在纵向还是十分宽敞的

书房一角设置在餐厅的后面，通过共享空间与楼上的卧室相连。厨房上方的共享空间也与卧室相连接

# 书房与卧室相邻

说起建造住宅，儿童房自不必多说，很多情况下事务角是妈妈的专用空间。然而，即便不专门开设一个事务角，将整个房子都说成是妈妈的专用空间恐怕也不为过。相比之下，一旦面积不够的话，爸爸的专用空间往往从一开始就被排除掉了。

可是，我们也要让爸爸拥有个人独处空间的权利。于是，这样的空间就设在了卧室或卧室的旁边。考虑到书房是个私人领域，毫无来由随便一放会显得很别扭，因此，较为常见的做法就是将其设置在卧室附近。

## 凸出一块的空间

以凸出于卧室的方式布置了一个书房。虽说与卧室同处一室，却依然有如同进入另一空间的安宁感。

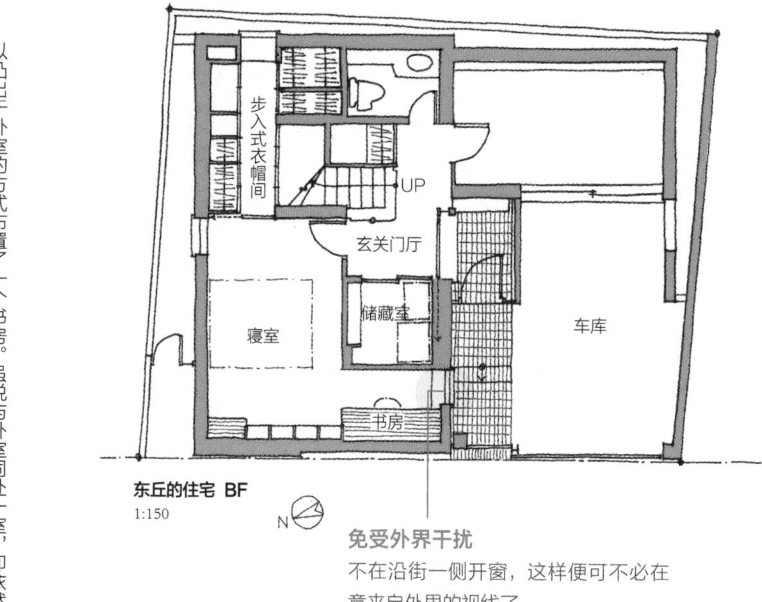


东丘的住宅 BF
1:150

**免受外界干扰**
不在沿街一侧开窗，这样便可不必在意来自外界的视线了

这是从卧室朝书房望去时所看到的景象。整面墙都是书架，书桌旁配置了一个取暖器

## 用隔墙分隔开来

书房建于卧室的一角，但用高度约为1.5m的隔墙与卧室隔开，因此既借到了卧室的宽敞，又保证了舒适、安逸的氛围。

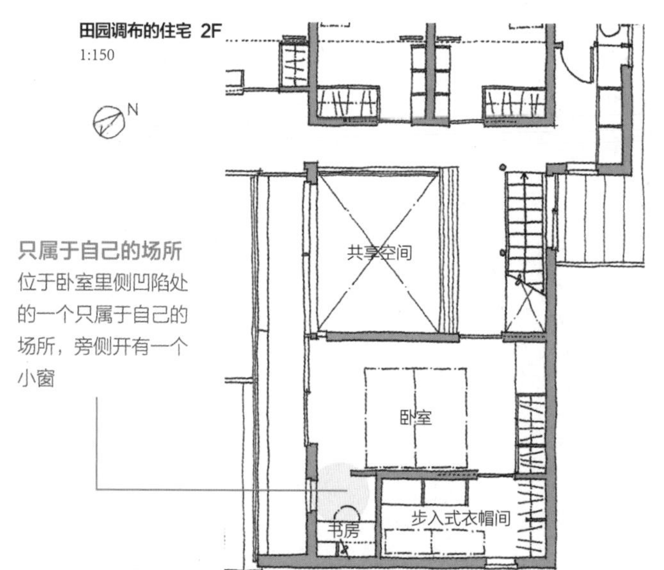


田园调布的住宅 2F
1:150

**只属于自己的场所**
位于卧室里侧凹陷处的一个只属于自己的场所，旁侧开有一个小窗

靠枕边的隔墙将卧室与书房分隔开来，给书房营造出一种静谧的氛围

## 两人同时使用

在床的一侧，设置与床头柜相连且与右侧墙同宽的固定书桌，夫妻二人可一起并排工作。

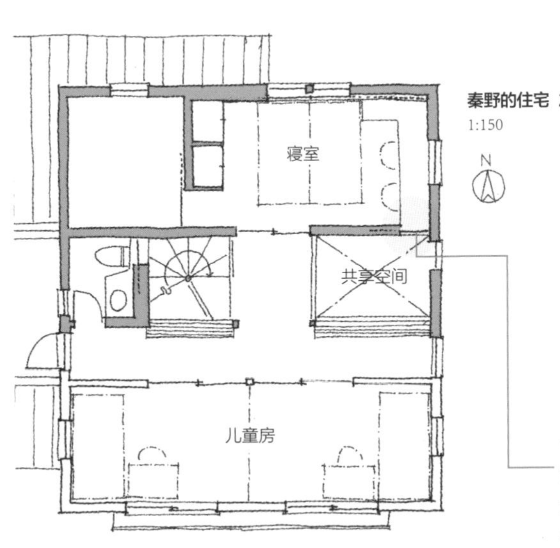


秦野的住宅 2F
1:150

在露台前开设出观景窗，使其成为令人心旷神怡地眺望自然风景的场所

**与1楼相连接**
拉开书桌旁边的推拉门，就可通过共享空间与一楼的起居室相连

## 处于中枢位置

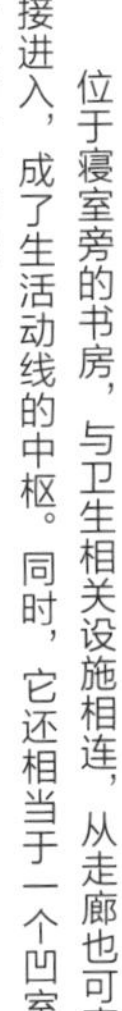

位于寝室旁的书房，与卫生相关设施相连，从走廊也可直接进入，成了生活动线的中枢。同时，它还相当于一个凹室，十分清净、安逸。

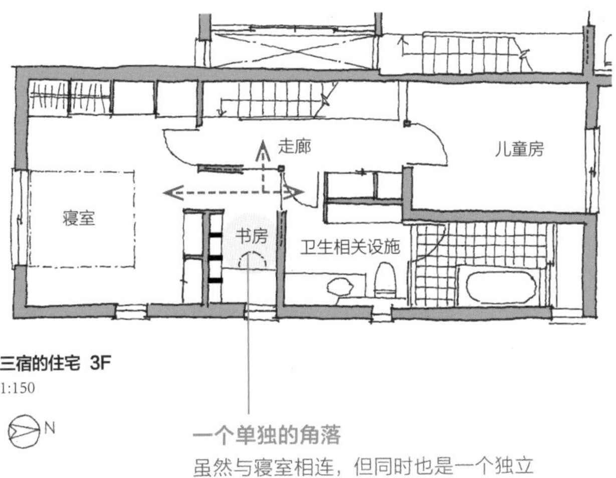


三宿的住宅 3F
1:150

N

位于卧室内部的书房。虽然卧室近在旁侧，但依然具有另一空间般的安逸感。并且，还能直接进出洗漱间

**一个单独的角落**
虽然与寝室相连，但同时也是一个独立的角落，互不干涉。此外还处在从寝室到洗漱间的动线上

## 与步入式衣帽间共用

书房设置在用作寝室的日式房间内，同时，还兼作步入式衣帽间，是一个与寝室相对独立的空间，可从走廊进出。

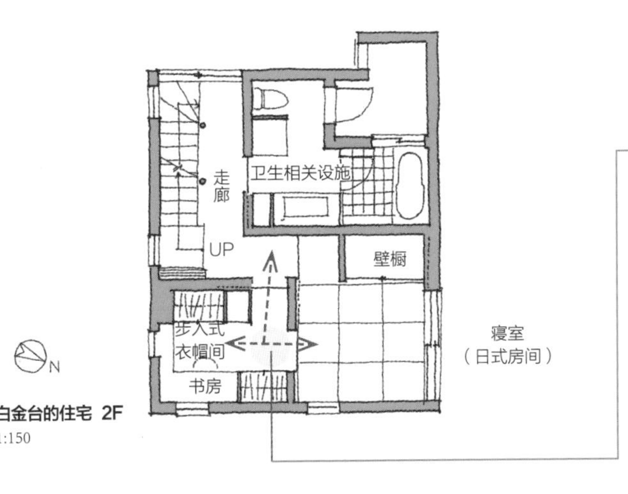


白金台的住宅 2F
1:150

**安逸感与便利程度**
由于书房处于内侧，因此该空间具有单间的安逸感。两个出入口在生活动线上十分有效

# 舒心的空间

不管在外面有如何高档的工作场所，只要家里没有属于自己的个人空间，有时候就会叫人觉得十分不便。因为像手表、眼镜、手机、钱包以及插卡器等个人物件其实是很多的，尽管都是些小玩意儿。还有读了一半的书籍和杂志，有时还要用电脑查找一些资料等，这些都需要有一个自己的专属空间来处理。

因此，拥有这样一个仅属于自己的空间是十分重要的。既然妈妈需要一个做家务的空间，那么，爸爸自然也需要一个舒心的场所。有没有这样一个场所，家庭的舒适程度是完全不一样的。

然而，如果这样的场所过大的话，工作室的感觉就过于强烈了，所以还是要小一点，营造成自己的私密场所就好。

## 活用死角区域

楼梯间成了寝室的前室，而里边的死角处用隔断墙围起来，建成了一个舒心的小书房。仅是做了一个十分简单的隔断，就营造出了一个安宁、温馨的空间。

**惬意欣赏**

透过小小的窗户可欣赏到种在台阶上玄关门厅下的绿植

书房

步入式衣帽间

UP

寝室

**可移动的墙壁**

考虑到钢琴的搬运，这道隔断墙做成了可移动式的

**樱丘的住宅 BF**

1:100

N

## 可面对面地坐着

夫妇卧室的中央用书架分隔开来，这样两人就能分开睡了，书架靠里边的一头做成了书桌的形状，夫妇俩可面对面地坐着看书。书桌前有个小小的敞开部分，可通过此处推拉门的开合将两个书房一角联系起来。

**开关自如，随心所欲**

推拉门、隔扇都可收进墙壁，故而可随心所欲地调整从窗户进入的光线和通风

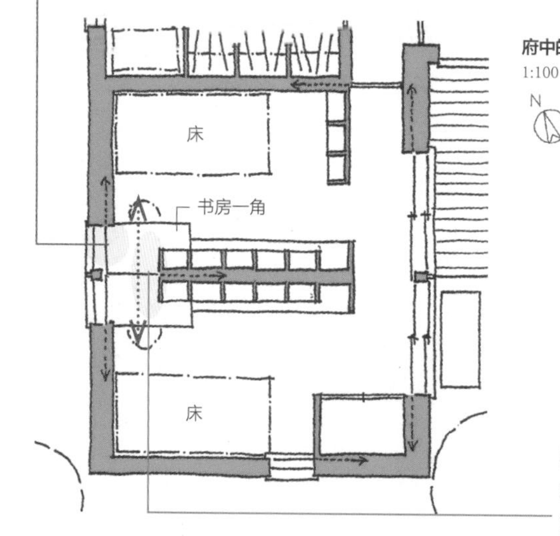


**府中的住宅 1F**

1:100

**拉开后就成面对面了**

将书桌前的推拉门拉开后，就成了面对面坐着

右边是用作隔断的书架。矮柜面板延长后形成书桌台面。书桌的旁边开了一个小窗户，能够将手边照亮

Chapter.2

# 理解『房间配置』

Chapter 2_1

# 风的流动

在讨论建造居所时，有一个关键词是一定会出现的，那就是“通风”。就世界范围来说，日本的气候是比较温暖的，但夏天湿度很高，可以说是高温多湿的气候，而通风则恰恰能够减轻这种湿气对人们的影响。

风吹到身上，人们的体温就会下降。即便温、湿度相同，有没有风，会使人们对于暑热产生完全不同的感受。但也不是说，只要有风就行了。现在越来越多的人不喜欢人造冷气了。因刚从炎热的外面走进开着冷气的房间时是比较舒服的，可用不了多长时间，人的身体就开始不适应冷风了。靠机械设备制造出来的风是没有变化的，即便有变化，这种变化也是有规律的。最终的结果就是，人造的风并不能使人感到舒心、愉悦。

明白了机械设备的局限性后，人们自然也就越发地期待自然风了。这种期待也并非仅限于获得凉爽的感觉，其中，还包含着通过风的流通将滞留于室内的空气带走，给房间换换气。也就是说，人们所需要的不是风，而是通风。

从前的房子，包括缝隙漏风在内，风可以在各处流通，如今，随着防震、隔热要求的不断提高，要获得良好的通风效果已经不那么容易了。可尽管如此，通过一些细节上的改进，应该还是能够达到通风效果的。

# 开出小孔

业主与设计人员讨论时，我们发现为取得通风效果而主张将敞开部分开大一些的人特别多。确实，敞开部分加大后，空气流通的量也就增加了。然而，作为流体的特性之一，在同样的压强下，开口面积越小，通过该场所的流体速度越快。也就是说，窗户较小的情况下，穿过窗户的风较为强劲。门缝里吹进来的贼风之所以烦人，其实也正是由于这一点。气球漏气时会发出“哧”的声响也是这个道理。

因此，我们完全可以利用空气的这一特性，在室内的隔断上开设一些小孔。同处室内，自然不可能有较大的压力差，但在楼梯间等处利用上下楼层的温差来带动空气流通的话，也同样能够通过小孔来使气流加速，从而在室内制造出令人意外的风。

## 消除空气滞留现象

厨房夹在起居室和餐厅的中间，其墙壁与外面相接触的部分很小，故而没有厨房专用的透气窗。于是我们在厨房与楼梯分隔的墙上开设出小孔（可以关闭的）以营造出风的流动。有了这个小孔后，便能够解决空气滞留的问题了。

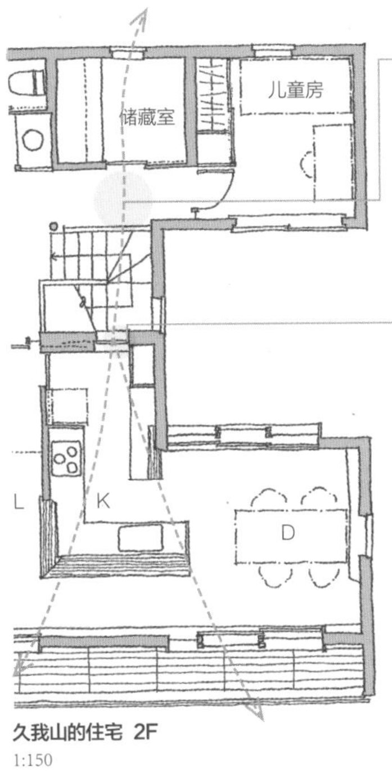


久我山的住宅 2F

1:150

**让风贯穿于整个屋子**

通过小孔可让风贯穿从南边平台到北面储藏室的整个屋子

**还可用作装饰架**

封闭该小孔后，就成了楼梯间的装饰架。原本是为了通风而开设的，却还能带来意外的收获

楼梯上方的小孔内是厨房。利用该孔便可通风。将小推拉门从墙壁里拉出便可将其关上

## 交叉的风

位于三楼的寝室，尽管其屋顶的隔热性能很好，但在夏天温度还是要比楼下高出许多。然而，如果形成了空气流，室温也就能下降了。我们还在一楼至三楼的楼梯上方安装了换气扇，于是就形成了从下往上的气流。为了利用这一气流，使寝室内的空气也能通过楼梯间跑出去，我们又在楼梯间的墙壁上开出了小孔（可以是封闭的小孔）。

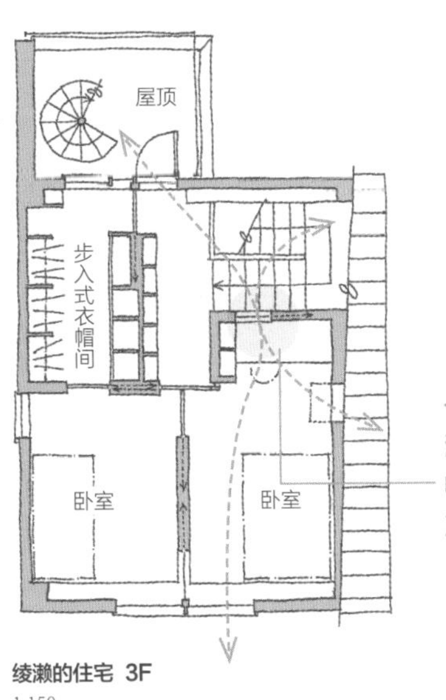

绫濑的住宅 3F

1:150

**一个小孔便可让多股气流穿过**

哪怕只开出一个小孔，所产生的风也是十分惊人的

从各个敞开部分进入的风，除了卧室的进出口外，还可以从书桌前的小孔跑到外面去

# 不露痕迹的气流

所谓空间规划，就是要决定各种各样的事项，反过来说，各种事项综合起来后才能成为有形的房屋。这其中的根本就是人的活动。空间规划其实就是在考虑人们日常活动的前提下不断完善的。

考虑到日常生活的特点和人们的活动，从而设计出具有循环特性的生活动线。可即便这样，也一定会在房间的某个部分出现死角。人们遇到这样的死角，退回来也就是了，而风遇到这样的死角时，是退不回来的。于是，这样的死角就易形成空气滞留区。

事实上，空间规划即便从生活动线的角度来看是没有死角的，也一定会有造成空气滞留的风死角。如果能让种种地方的空气也能够流通起来，则生活的舒适度无疑会得到大幅提高。或许就能彻底解决闷热及气味经久不散的问题。因此，在考虑空间规划时，必须发挥想象力，注意到细小的通风因素。

## 让风也通过屋子的中央

1. 这是在楼梯间内侧所看到的景象。由于敞开部分的窗户配有不透明的玻璃，即便关上后迷你厨房里的灯光仍能透进来
2. 这是在厨房一侧所看到的景象。来自楼梯间的光亮可从碗柜、配膳台旁边的窗口透进来
3. 这是当墙上敞开部分的窗户打开后，从起居室朝迷你厨房和洗漱间望去时所看到的景象。洗漱间的窗户打开后便可通风了

在三代同堂的住宅中，夫妇所居住的部分建造了一个迷你厨房，平时可用来泡泡茶。虽说是『迷你』型的，但还是会用到上、下水，所以不想设置在起居室的角落里。研究的结果是将其设置在洗漱间、厕所附近的私密空间里，但由于整体规划的关系，这个迷你厨房就没机会接触外界了。于是就在相邻的楼梯间的墙上开了一扇小窗户，通过该窗户的开关便可调节空气流通的程度了。通过这一敞开部分，风便可以从厕所到起居室，横穿整个屋子。

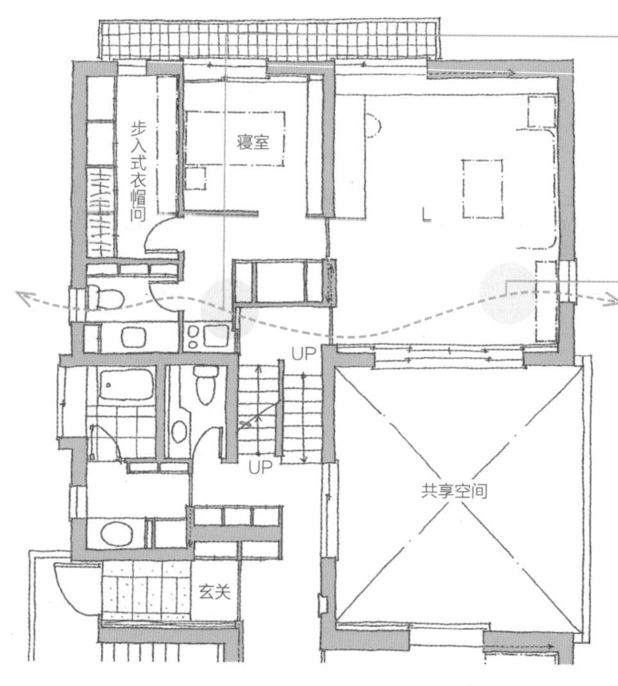

**消除闭塞感**

因迷你厨房处在较靠里的位置，于是就在与楼梯间的墙上开出小孔，消除其闭塞感。该小孔上配有玻璃窗，白天可用以采光

**意想不到的连接**

由于风可以在洗漱间、厕所与迷你厨房、楼梯间及起居室之间穿堂而过，洗漱间的窗户与起居室的窗户就以这种方式连在一起

**三住奏 2F**
1:150

## 不为人察觉的通风方式

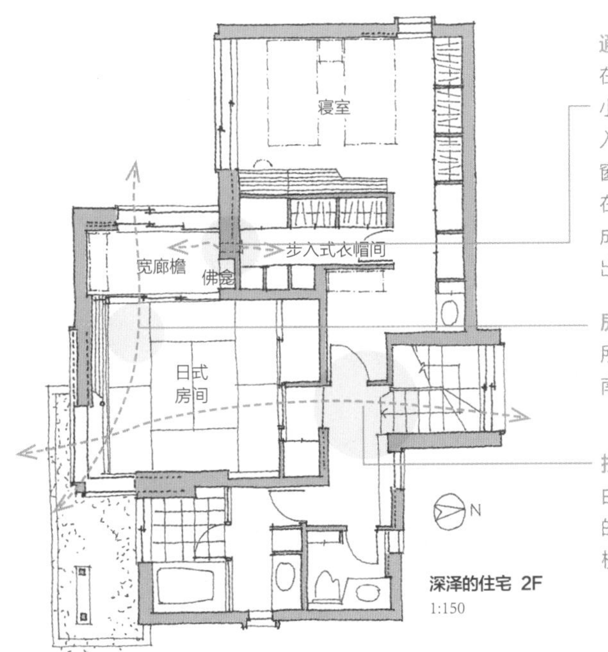


深泽的住宅 2F
1:150

**通气孔也要精心设计**
在靠近脚边的地方开了一个小小的通气孔。在其位于步入式衣帽间的一侧装有百叶窗，以此来打开、关闭。而在日式房间的一头，则设计成木制竖格状，使人察觉不出这是个通气孔

**房间的风道**
所开设的窗户可使风在东西南北各个方向上通行无阻

**拉开推拉门，敞开使用**
由于平时推拉门是一直拉开的，风可以从前室、走廊和楼梯间一直吹到窗外

宽廊檐上有藏于推拉门后的佛龛。设计成格子状的通风道就在其下方，一点也不引人注目

需要考虑通风的是位于寝室一旁的步入式衣帽间。一般来说，如果所有的房间都能与外界自然相通是最为理想的，但实际上往往很难做到这一点。这里的步入式衣帽间因其与寝室的位置关系，成了一个没有窗户的房间。因此，我们就在其与隔壁的日式房间间开出了一条通风道，使空气得以自由流通。宽廊檐与日式房间相连，连同附属于日式房间的佛龛一起，风道设计得十分隐蔽，叫人察觉不出来。

## 无法敞开的地方也能通风

**装饰以外的用途**
在装饰架的侧面，开了一个与储藏室相通的通风口。利用楼梯上方的换气扇，可强制性地通风

**正因为不是每天使用才需要通风**
储藏室是作为日式房间的预备室来使用的，但其中的空气很难流通，因此这种场所特别要注意通风

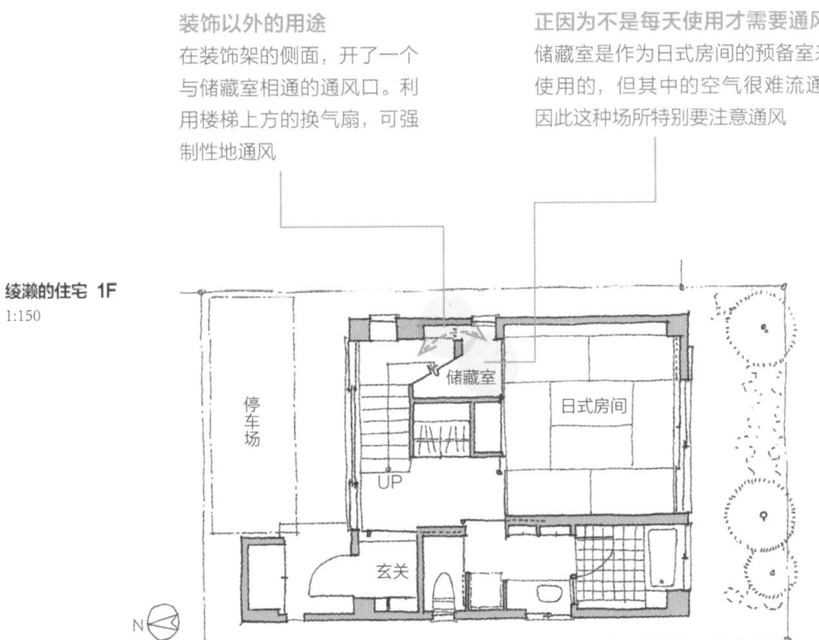


绫濑的住宅 1F
1:150

这是楼梯间里的装饰架。旁边的木格窗就是与储藏室相通的风道

利用楼梯间的下部空间，在一楼日式房间旁边建成了一个储藏室。虽然开了一扇与外气相通的小窗，但在日常生活中很少打开。由于这是个收藏杯子等物品的场所，应该保持良好的透气性，于是在楼梯间的停留区开出了一条通风道。

# 利用上下温差

在一楼建造共享空间后，冬天就比较担心了，因为空调所产生的暖气会滞留在天花板较高的地方。而在夏天，则空调所产生的冷气将会全部坠落到一楼，无法使二楼变得凉快。热空气总是不断地往上跑，冷空气却总是不断地往下跑。其实，我们也完全可以利用空气的这一特性来制造通风。

从前的掏取式厕所都开有两扇横向狭长的窗户，一扇开在脚边，一扇开在比较高的位置。开在较高的位置是为了怕人偷看，可开在脚边又是为了什么呢？我小时候对此也曾百思不得其解。现在想来，那样的两扇窗应该是在利用温度差进行自然换气。

同样道理，利用屋子里的温度差也能在房间里制造出流动的风。这种自然流动的风不会给人带来不快，吹到身上只会感到心旷神怡。

## 楼梯即风道

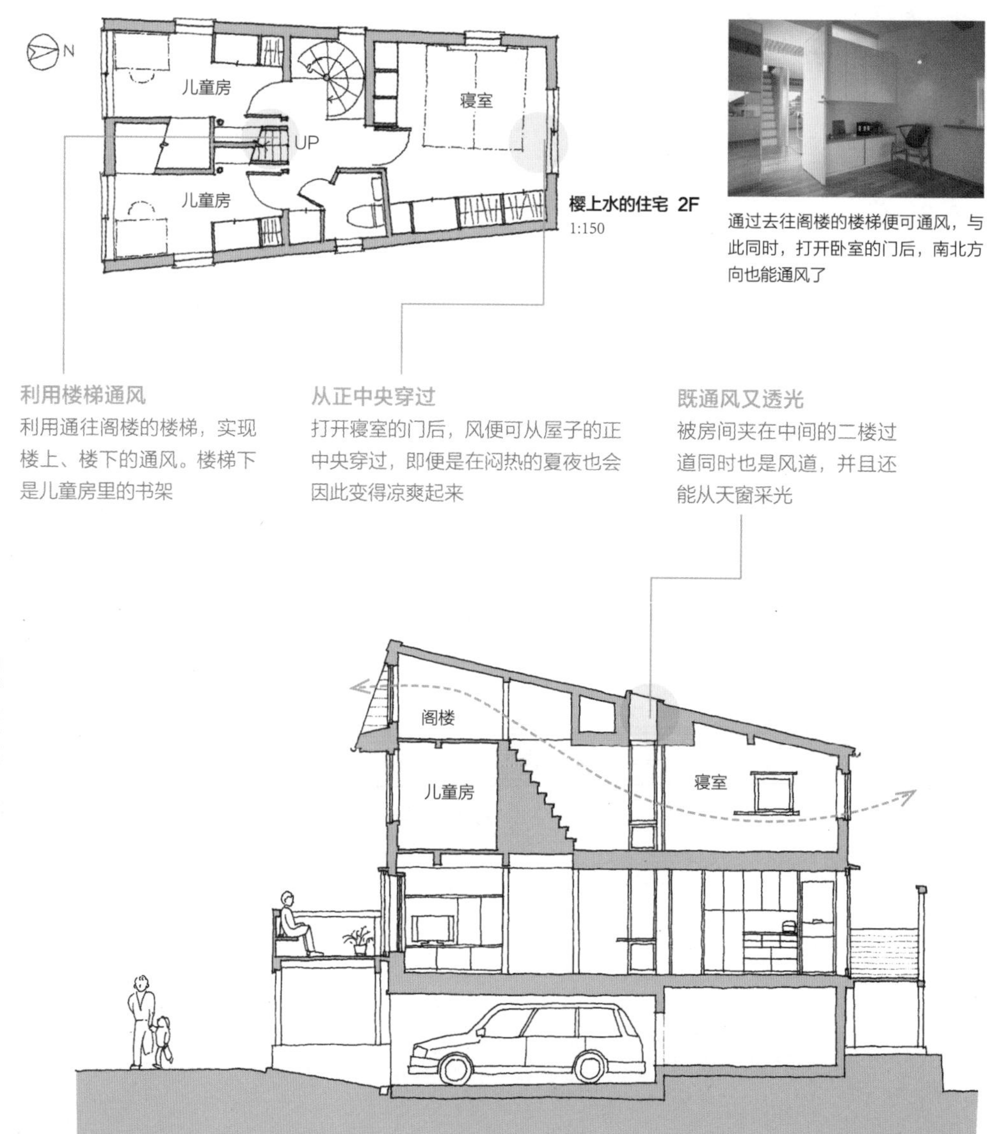


樱上水的住宅 2F
1:150

通过去往阁楼的楼梯便可通风，与此同时，打开卧室的门后，南北方向也能通风了

**利用楼梯通风**
利用通往阁楼的楼梯，实现楼上、楼下的通风。楼梯下是儿童房里的书架

**从正中央穿过**
打开寝室的门后，风便可从屋子的正中央穿过，即便是在闷热的夏夜也会因此变得凉爽起来

**既通风又透光**
被房间夹在中间的二楼过道同时也是风道，并且还能从天窗采光

阁楼总是比较闷热的，这是理所当然的事情，因为阁楼所处的空间本就是个隔热层。不过，利用强劲的自然换气能够大幅度减轻其闷热程度。在这个住宅中，被两个儿童房夹在中间的楼梯成了风道，使风能够穿过阁楼和二楼的卧室。

横断面
1:150

# 面对面的通风口

1. 从楼梯间的二楼走廊朝南边较大的开口部望去时，可以看到分别与两边寝室相连的通风口
2. 从寝室（2）透过小孔朝寝室（1）望去时所看到的景象。视线可穿过寝室（1）的小孔直达对面的共享空间
3. 这是寝室（1）的书房一角。来自楼梯间的反射光和旁边小窗的光线，可将整个书房照亮

**将手边照亮**

书房一角位于房间的角落里，但旁边的小窗和通往楼梯间的敞开部分能够将其手边照亮

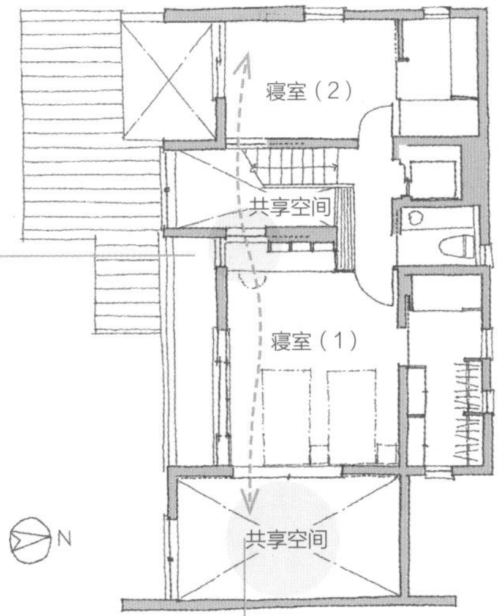

寝室（2）
共享空间
寝室（1）
共享空间
N

**2F**
1:200

**空气流通**

通过共享空间与一楼的起居室相连，打开推拉门后，空气便可在楼上和楼下的整个屋子里畅通无阻了

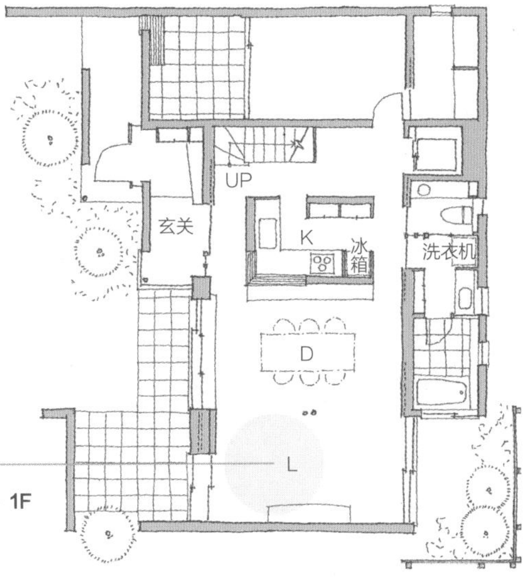

UP
玄关
K
冰箱
洗衣机
D
L

**成城的住宅 1F**
1:200

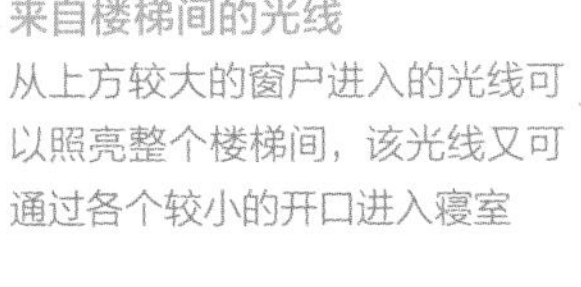

**来自楼梯间的光线**

从上方较大的窗户进入的光线可以照亮整个楼梯间，该光线又可通过各个较小的开口进入寝室

**横断面**
1:200

在二楼夹着楼梯间有两个寝室，而这两个房间都朝着楼梯间开设出通风口。通风口上装有推拉门，将此推拉门打开后。两个房间之间便可通风了。且由于通风口是开在楼梯间上方的共享空间上，可利用上下的温度差带动室内的空气。

Chapter 2_2

# 光的流动

像日本这样在寒冬时节也能尽情享受阳光的地区，在全世界来说也是十分有限的。或许正是由于这一点，养成了日本人在建造房子时十分注重太阳光照的习惯。

炎热的夏季，太阳的位置比较高，除了早晚这两个时间段，阳光通常无法照射到室内。相反，在寒冷的冬季，太阳的位置比较低，当它位于正南方时，就能够照到屋子内部较深的地方。可见如果要想在夏天遮挡日晒，而在冬天靠阳光取暖的话，就要基于太阳的运动规律建造房屋。在选址时要重视南向，在进行空间规划时要首先确认南北的位置关系。

如果住宅用地十分宽敞，能够在南面建造庭院，那么只需简单地提高屋子南面的开放度便可十分舒心地享受阳光了。可是，考虑到如今住宅用地的情况，即便是在远离都市的地区，能享受如此的奢侈空间的，恐怕也是寥寥无几了。

因此，如果来自南面的阳关受到限制的话，我们也就不必过于执着于南面。因为虽说阳光是从南边照过来的，可说到底还是从上往下照射的。既然这样，利用光照这种自上而下的特性，就能够将家里的各个场所都照亮了。

事实上，也并不是每个房间都需要同样的照明，各房间只需适度的照明。我们并不需要一天到晚都有直射的阳光，只要在白天能保证一段时间就可以了。相反，照射时间过长的话，反而会成为生活的麻烦。也就是说，我们所需要的是恰到好处的照明。在考虑空间规划时，我们也只需利用光线的流动来实现适度的照明就可以了。

# 兼顾室内晾衣

杉树开花所引发的花粉过敏症如今已经闹得人心惶惶了，因此，越来越多的家庭选择在花粉症易发时期里不将衣物晾晒到室外。其实，在花粉症骚动之前，由于马路的尾气污染，城市里的外部空间早已不适宜于晾晒衣物了。

可尽管如此，人们还是希望用阳光来晒干衣物。事实上，对于晾晒衣物来说，除了阳光之外，风力和干燥的空气也起到很大的作用。然而，日本人如此喜欢用阳光来照晒衣物的心情，或许可以说是早被注入基因里了吧。

那么，如果想在室内也能满足人们的这种心愿该怎么办呢？通常人们会觉得只要找一块阳光照得到的地方不就行了吗？然而，考虑到室内的美观和使用的便利性，这样的晒衣场还真不容易找到。既然这样，我们可以在空间规划时就预先设定这样一个场所，并给它开出一片便于阳光照入的较大的敞开部分。

## 设置在家务动线的某处

从厨房到食品储藏室再到卫生相关设施，形成了一条家务动线，在其中间过渡区的屋顶上开出天窗，然后便可在下面晾晒衣物了。由于洗衣机放在食品储藏室里，从洗涤的家务动线考虑，使用起来也是十分便利的。想要在外面晾晒时，则可利用浴室外景观带。

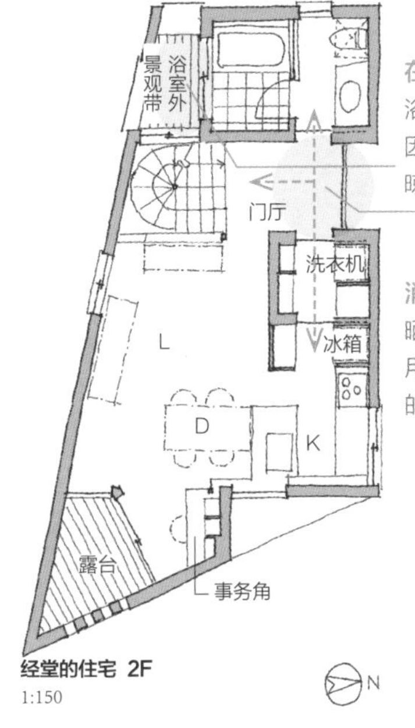


**经堂的住宅 2F**
1:150

**在外气中晾干**
浴室的南边有浴室外景观带，因此，想要晾晒衣物时可在此晾晒

**消除晾晒场地的氛围**
晒衣杆是木制可拆卸式的。不用时不会给人以衣物晾晒场的感觉

阳光可透过天窗照射到楼梯门厅，故而也可在此晾晒衣物。为此，特意将窗户的位置安排得较低

## 在杂物间里也能晾晒

在以内侧动线与厨房连接起来的杂物间内放置了洗衣机和固定熨烫台，使其兼有家务角的功能。虽说并不是要将所有的洗涤物都在此晾晒，但此杂物间还是要晾晒部分衣物的，因此，在其屋顶上开出了天窗。需要在外面晾晒时，可拿到露台晾晒。

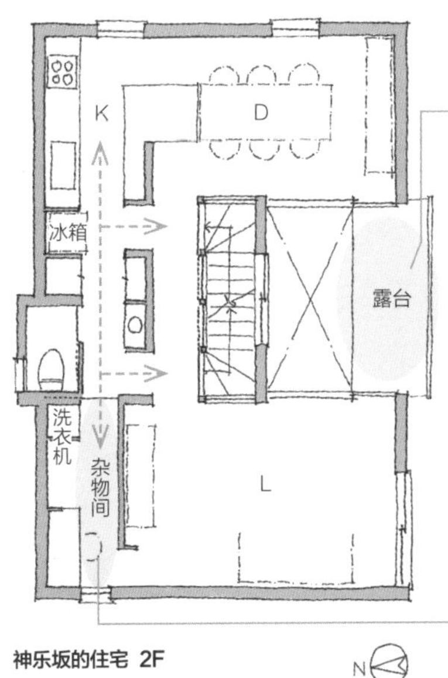


**神乐坂的住宅 2F**
1:150

**在较近的地方晾晒**
连接起居室与餐厅的露台如同桥梁一般，平时也可以在此晾晒衣物。这样，室内晾晒与室外晾晒间的距离就更近了

**就在起居室的附近**
由于杂物间就在起居室的附近，做家务时也能够感受到家人的存在。一部分空间也能用作晾晒衣物

北面杂物间同时也兼作洗衣间，其天花板的上部开有天窗

# 利用反射作用使光线流动起来

坐在日式房间的榻榻米上眺望庭院时，可以发现光线的强弱浓淡变化。照射在外檐廊和护墙坡沿上的阳光反射到远远伸出的屋檐里侧，然而再反射到榻榻米上将其照亮，同时又向上反射，微微照亮天花板。

光线原本就具有通过不断反射而将周围照亮的特性。从前的居所往往都能将光线的这种反射特性加以运用，而现在的房子即便是出于情感方面的考虑也难将其加以实际运用。

然而光线是流动的，我们完全可以利用光的这种流动性，将其送到所需要的场所。

既然并非所有的房间都能得到直射阳光。那么，从能够得到直射阳光的地方，我们可以充分利用光线的反射性来营造出一种光流。

## 厕所也很明亮

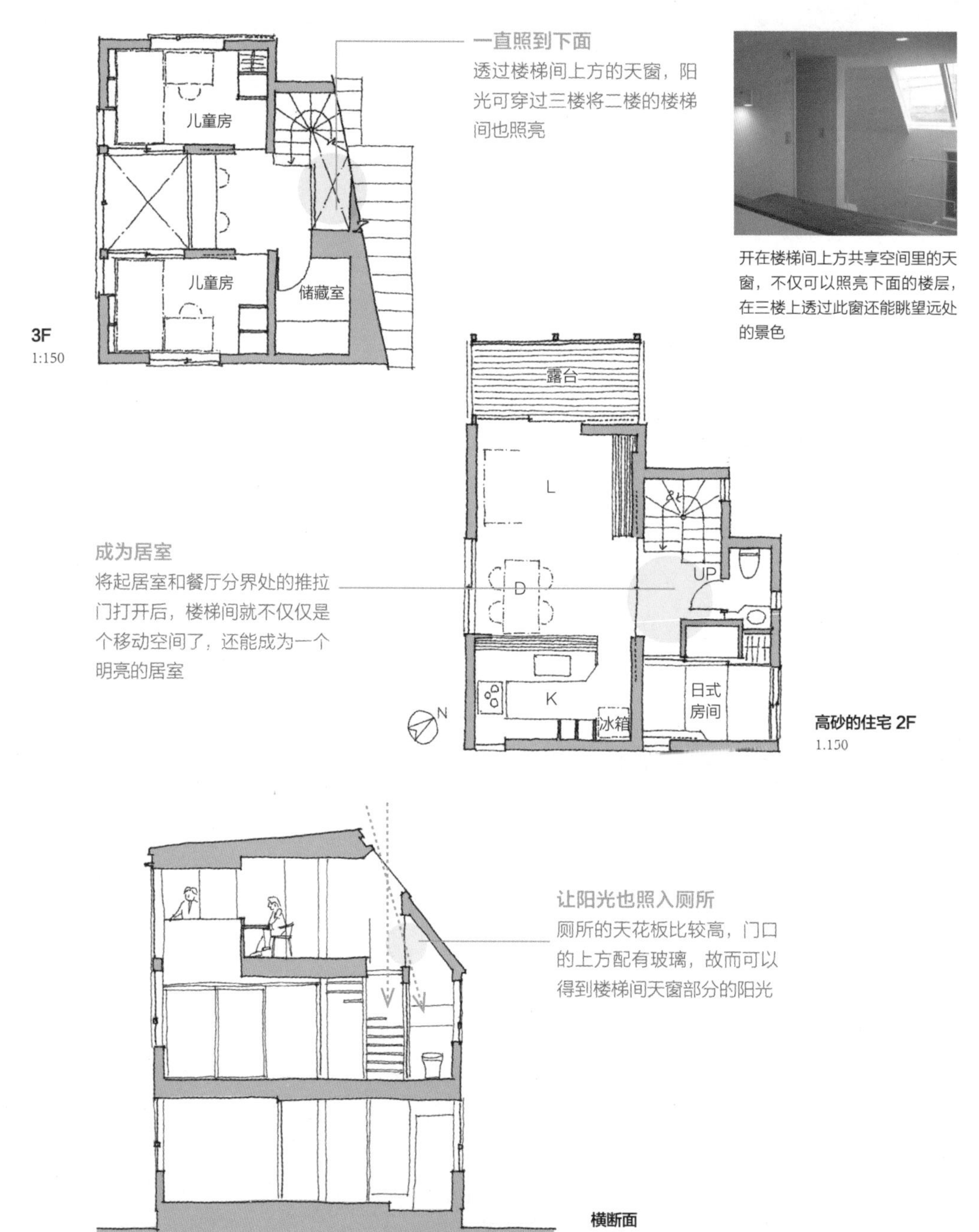


开在楼梯间上方共享空间里的天窗，不仅可以照亮下面的楼层，在三楼上透过此窗还能眺望远处的景色

将居室安排在南面，而将厕所安排在北面。同时在北边楼梯间的上方开出天窗，让阳光照入，透过天窗的阳光同时还能照亮厕所。

## 再让它照亮一楼

**也能够通风**
三楼寝室的墙根处开了一个小孔，可与北面厨房的窗户通风

**北面的阳光**
阳光可从天窗照入。经过百叶窗的过滤，来自北面的阳光就更加柔和了

**一直照到一楼**
来自天窗的阳光穿过厨房前面的小孔，可一直照到一楼

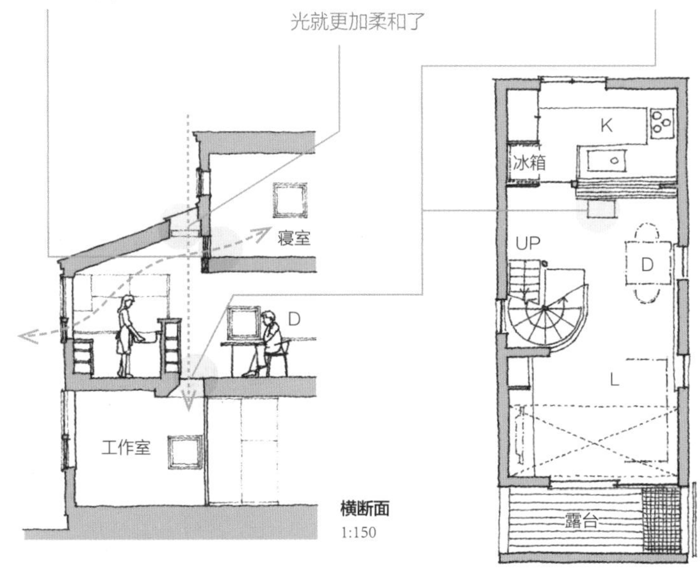


**横断面**
1:150

**下高井户的住宅 2F**
1:150

这是在厨房所看到的景象。厨房虽然位于房子的北面，但来自天窗的柔和光线可将其照亮。打开上一层小孔上的推拉门，便与之相连了

这是在城市里常见的南北方向狭长的住宅用地。如果仅是从南侧采光的话，则北侧的厨房就无法照亮了。于是，我们就在厨房的上方开了个天窗，这样不仅能将厨房照亮，其光线还能一直照到一楼。同时，在寝室的墙根处开了一个小孔，形成与厨房相呼应的风道。

## 充分利用阁楼的采光天窗

**既采光又通风**
两扇天窗在采光的同时，还能形成通风的通道

**装上百叶窗**
在阁楼的地板上装上百叶窗，不仅能将光线照入下面的餐厅，还能柔和光线

**照亮操作区**
来自上方的光线能够照亮厨房的操作区，故而白天在此做家务时不用开灯

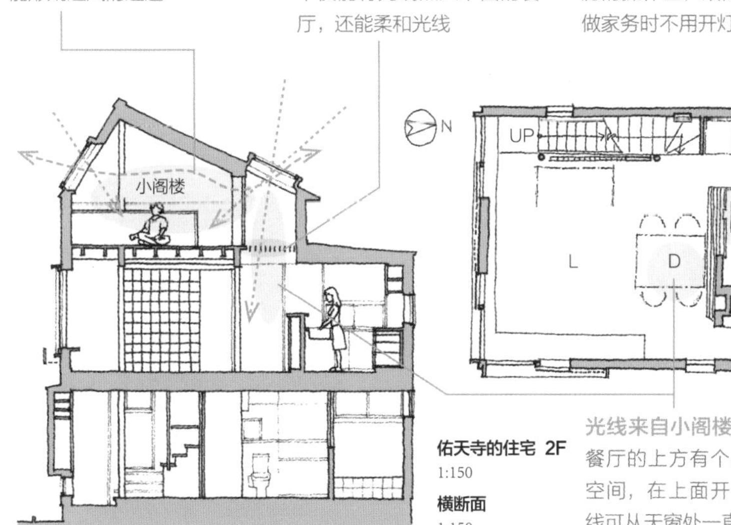


**佑天寺的住宅 2F**
1:150

**横断面**
1:150

**光线来自小阁楼的天窗**
餐厅的上方有个小小的共享空间，在上面开有天窗，光线可从天窗处一直照射下来

1. 从天窗射入的光线可经由作为寝室的阁楼照亮餐厅
2. 这是从起居室朝厨房望去时所看到的景象。通过天花板上的百叶窗，光线扩散后照到起居室和餐厅内

设在阁楼上的寝室可从天窗处采光，该光线还能照亮位于二楼的餐厅。小阁楼上有两扇天窗，既能够采光也能够通风。

# 使移动空间亮起来

现在的住宅总是在尽量减少单纯用作动线的空间，这是让有限的面积得到高效利用的结果。移动空间与居室合并后，其照明自然也就等同于居室的照明而无须另做打算了。然而，在进行空间规划时，也并非所有都同以上情况，有时也会出现仅是用作动线的空间，并且还很可能是没有窗户的。如果两边都是居室的话，通风是能够保证的，但难以保证足够的光照。或许有人会觉得，既然已经十分明确地用作了动线空间，基本上也就如此了，然而，在原本比较昏暗的场所引入一点光明，会让人感到无比的舒心和欣慰。不过，引入照明后，原本只是动线空间的场所有时也会具有别的功能。

## 将光线传送至各场所

螺旋梯位于一楼宽阔起居室的角落，由此上二楼后，楼梯门厅处只有一扇进出阳台的配有玻璃的推拉门，仅靠此采光是不够的。于是在螺旋楼梯的上方又开了天窗，由此射入阳光。来自天窗的阳光还能一直照射到起居室的角落。

**利用反射光**

从天窗射入的光线在墙壁上加以反射，从而照亮二楼的走廊

**沿着楼梯往下照**

从天窗射入的光线穿过螺旋楼梯，十分柔和地照亮了一楼的起居室

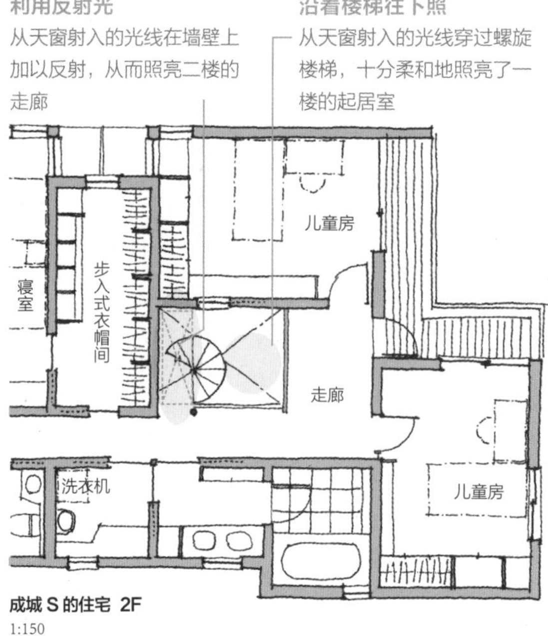


**成城 S 的住宅 2F**
1:150

来自天窗的光线在墙壁上加以反射，照亮了楼梯、二楼的走廊和一楼的起居室。与此同时，还能穿过照片中右边墙上的小孔将光线传入儿童房

## 跨过两个空间

以LDK为中心，生活动线围绕在其周围。尽管已经尽量使动线兼具别的功能，从窗户获得了光照，但其中的一部分，即走廊和洗漱间为没有窗户的空间。于是又在其上方，以横跨洗漱间与走廊的方式开出了天窗，以此射入自然光。

**来自楣窗的光**

厕所的上方装有配玻璃的楣窗，来自天窗的光线经过天花板的反射后，可由此照入厕所

**照亮两个场所**

天窗横跨了洗漱间和走廊两个空间，使得没有窗户的地方也能得到自然光的照射

**让光线穿过狭缝**

照到走廊上的光线可穿过狭缝到达起居室，由此，可将走廊的存在感带到起居室。同时，在走廊上也能感受到起居室里家人的气息

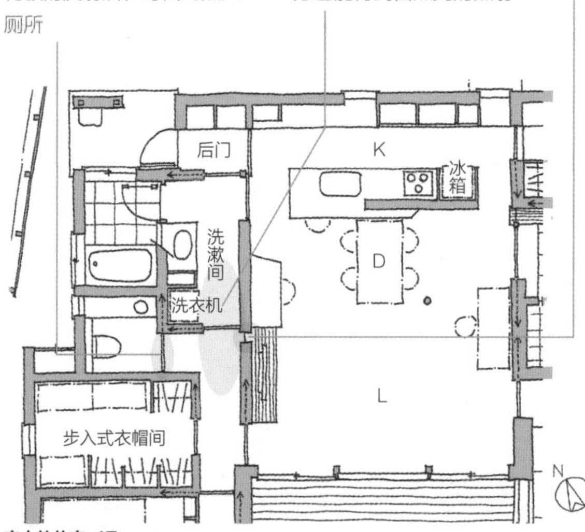


**府中的住宅 1F** 1:150

这是从洗漱间朝走廊前端的寝室望去时所看到的景象。来自天窗的光线经过走廊墙壁的反射变得十分柔和，充满了整个走廊

# 利用楼梯间中转光线

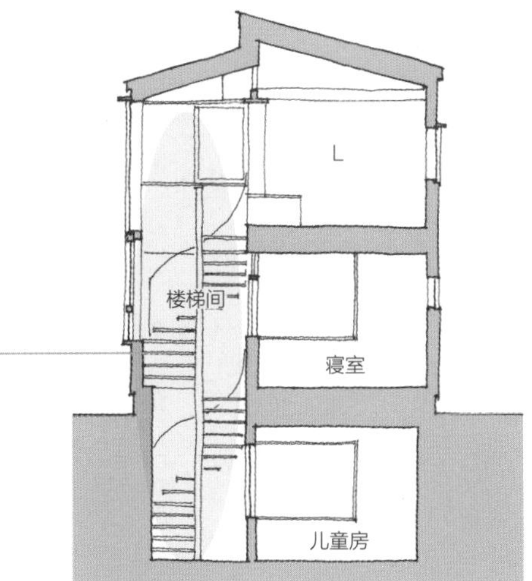


**利用共享空间来连接**

楼梯间就是三层楼间的共享空间，将室内的各个房间都连在了一起

**横断面**
1:150

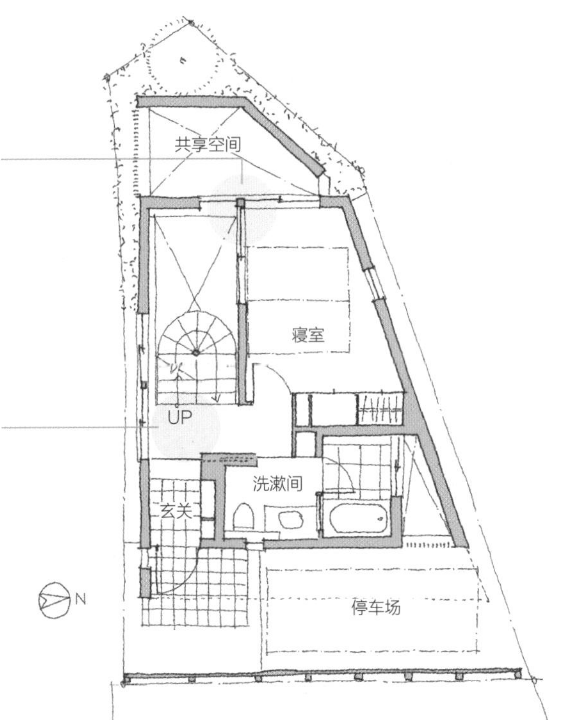


**打开推拉门即可**

打开面朝共享空间的双槽推拉门后，来自南面的光就进入室内了。将推拉门全部打开，只剩下一根柱子后，外界、共享空间与寝室在视觉上就融为一体了

**享受并传递**

玄关门厅、走廊和楼梯间实为一个空间。在享受来自南面大窗的阳光的同时，又将光线传递到各个空间

**井之头的住宅 1F**
1:150

1. 这是从二楼的家务角朝楼梯间兼玄关门厅望去时所看到的景象。来自宽大窗户的光线将楼梯间照得十分明亮
2. 一楼。楼梯的前方是源于地下室的共享空间。从二楼的家务角可以看到楼梯间
3. 这是从地下的螺旋楼梯往上看时所看到的景象。来自南边的光线经过白墙和天花板的反射，可柔和地照亮地下室
4. 这是从道路看到的住宅夜景。透过宽大的窗户可一直看到楼梯间的共享空间

来自地下室贯穿三层楼的楼梯间相当于一个共享空间，在其面朝道路的位置上开有加大的窗户，从窗户射入的光线通过楼梯间可一直照射到地下室。打开各个房间与楼梯间之间的推拉门，便可分享来自楼梯间的光照了。

# 营造出穿透感

Chapter 2.3

有很多术语对于从事建筑设计的人来说凭感觉便可加以理解，对于不搞这一行的人来说就有点摸不着头脑了。“营造出穿透感”或许就属于这一类术语，看起来很简单，似乎并不难理解，但真要问是什么意思的话，往往又说不上来。如果再将其限制在空间利用的范围之内，即便是从事建筑设计的人，如果没有一定的实践经验恐怕也很难理解。

那么“营造出穿透感”到底是什么意思呢？

查一下词典我们可以发现，“穿透”的意思大致有两个。一是用细长的物体刺穿壅塞物，直至从对面透出；二是从壅塞物中将细长的物体抽至跟前。两相比较我们可以发现，这两个解释虽然有直至从对面透出与抽至跟前的区别，但壅塞物和细长的物体却是共同的。例如，棒球比赛的实况转播中，解说员有时会说穿过了三游间（三垒手与游击手的防守范围）这样的话。这就是说，内场手（防守内场的选手，是一垒手、二垒手、三垒手和游击手的总称，有时还包括投手和捕手）穿过了被堵住（壅塞）的防守范围，击球成了一条细长的线，球从防守一方穿过去了。

在建筑上与之较为接近的情况就是，原本壅塞住的空间被什么东西穿透过去了。这个东西到底是什么呢？那就是视线。这也作为轴线性质的穿透视线。譬如说，当我们站在宽敞的海边眺望大海时，不会说是视线的穿越。这倒并不是说由于大海没有被壅塞住，而是由于视线可以在宽广的范围内扫射。

现在大家应该多少能够想象出是种什么情况了吧。所谓穿透，就是视线沿着一根轴线穿过可能被壅塞的空间一直伸向前方的状态。由于这种可能壅塞的空间，导致视线的方向受到了限制，故而能够强化空间意识，也能给人带来轻微的惊奇和感动。

由于住宅的空间在平时生活中已习以为常，这种视线穿透所带来的惊奇、感动或许并不引人注意，然而有时无意中的感动会在无形间形成居住的舒适感。在住宅里营造出穿透感的意义也就在于此。

# 利用同处一室时长长的轴线营造出宽敞感

有时候我们站在一个宽敞的房间中央却感觉不到其宽敞，而站在房间的一个角落却能感觉到房间的宽敞。站在房间的中央也就是站在房间的中心点上，应该最能感觉到房间的宽敞才对，然而，由于这个位置相对于周围墙壁而言是个将长度和宽度都进行二等分的位置，只能取得一半的空间认识。而站在角落里，却可以利用房间对角线的距离来认识房间。也就是说，对于视线来说，获得了双倍的距离。由此可见，房间的宽敞程度完全取决于你在房间中所处的位置。

利用这种感受方法，当各个功能区同处一室时，我们就能营造出宽敞感来。虽然在同一个大房间内，作为日常生活所必须的场所，是要分为多个功能区的。而在这几个功能区之间，我们可以建成几条可穿透视线的轴线。这种视线轴越长，就越能感受到超越实际地板面积的宽敞感。

## 利用对角线连接

这是LDK同处一室的情况。由于位于顶层，楼梯也被纳入此空间。以楼梯为界，餐厅和起居室分处两边，而厨房则被长桌隔在内侧。也就是说，各个功能区虽已各得其所，而在视线上仍是关联的。其中，由于所处位置的关系，起居室和餐厅之间以对角线的方式建立起了视线轴。

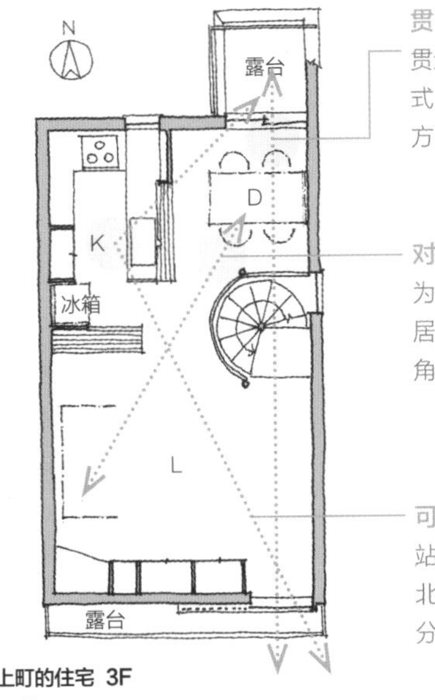


上町的住宅 3F
1:150

**贯通式穿透**
贯通南北窗户的视线穿透方式，天花板上也沿着该穿透方向开出天窗

**对角线方向的视线穿透**
为坐在餐厅处的人与坐在起居室里的人之间，建立起对角线的视线轴

**可朝两个方向穿透**
站在厨房里，视线可穿透南北两个方向，故而能感到十分宽敞

这是在餐厅所看到的景象。沿着墙壁的走向在天花板上开出了天窗，视线也可以横向穿透南边的窗户

## 相互交叉的视线轴

这是个LDK同处一室的二层，南面建造有一个较大的露台。该露台与配置在房间北面的厨房形成了对角线的位置关系，而起居室和餐厅正是排到在这条对角线上。站在厨房内，视线便可一直延伸到露台外边。而坐在餐厅里，视线也可从两个方向穿透到室外。

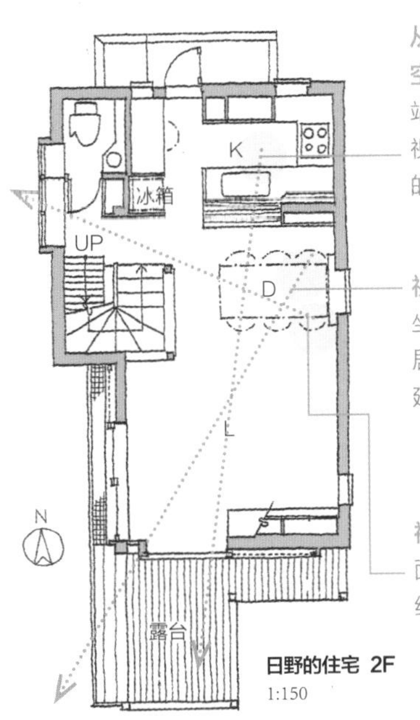


日野的住宅 2F
1:150

**从较深处视线也能够穿透空间**
站在厨房最靠里的位置上，视线也依然能够穿透外面的空间

**视线可沿着道路延伸**
坐在餐厅里视线可穿过起居室外的露台，并沿着道路延伸

**视线也能穿透小窗**
面朝着厨房坐在餐厅里，视线也能穿透楼梯旁的小窗

这是坐在餐厅里视线所及的场景。从高窗处视线可一直延伸到天空中，透过一旁的长窗视线可直达外面的道路。正面的落地窗将内外融为一体

# 楼梯、走廊的通透感

走廊是家里面狭长的通道。楼梯是有一级级台阶的上下通道。从原则上来讲，这二者都是通道，也都带有通道所特有的闭塞感，而在空间规划时我们总是想要尽量消除这种闭塞感。

对于楼梯来说，只要将其建成开放式的楼梯并使其成为房间的一部分，那种闭塞感也就消失了。但并不是所有的楼梯都能建成开放式楼梯。如果我们在各种条件下来考虑空间的“主从”关系，那么楼梯也好，走廊也好，作为通道它们都处于“从属”地位。既然作为“从属”空间，那就不可避免地具有闭塞感，因此我们可以反其道而行之，充分利用好这种闭塞感。也就是说，我们可以利用通道来营造出通透感。

走廊和楼梯的尽头一定是有居室的，我们可以运用产生面朝居室豁然开朗的设计，造成一种从闭塞到开放的强对比，通过这种对比，以营造出通透感。

## 翻转的视线轴

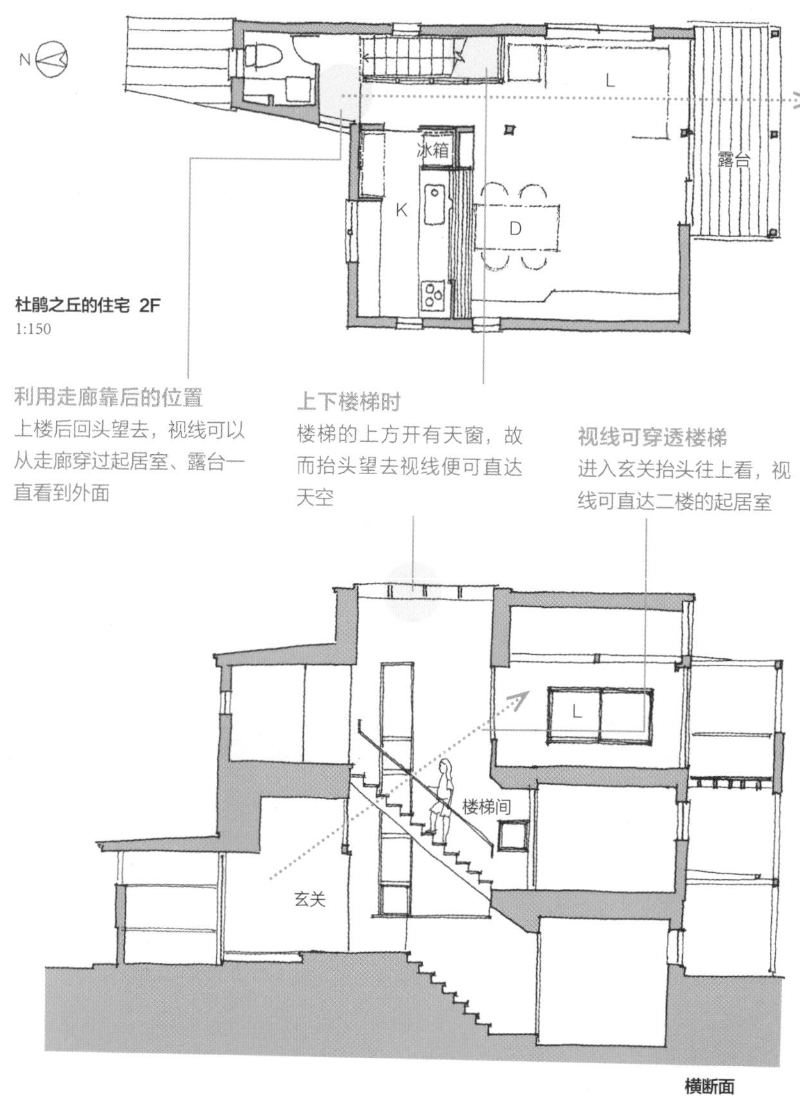


由于建造了半地下室，房子就成了复式楼层构造了。进入玄关后要走上半阶，然而转身上楼，之后才能进入起居室。而在转身时，视线可穿透楼梯直达二楼。上楼后再回头观望，视线便可穿过起居室和露台一直看到外面。

1. 走上二楼回头望去时，视线可穿过起居室一直看到露台前方的绿植
2. 走进玄关后，视线便可透过楼梯的间隙，看到前方的空间

## 两根视线轴

**直线的视线轴**
从餐厅、起居室和寝室直到外面，视线可以直线延伸

**穿过共享空间和走廊**
打开书桌前的窗户后，视线便可穿过共享空间和走廊，看到屋后山上的绿植

**打开推拉门后视线便可延伸出去了**
打开推拉门后，视线便可以直线延伸穿过通往外楼梯的露台

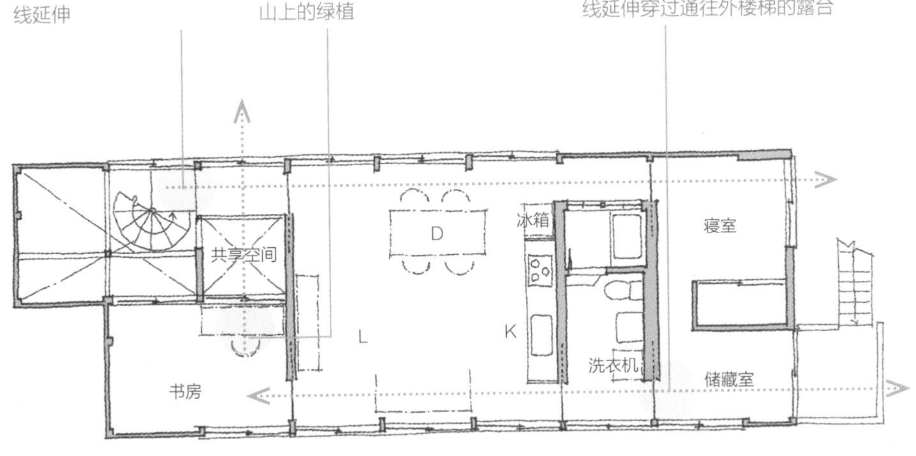


佐仓的住宅 2F
1:150

这是上楼后朝卧室方向望去所看到的景象。透过冰箱左侧的窗户可以看到外面的绿植

这是个东西方向狭长的住宅，利用其狭长的特性，形成了从二楼螺旋楼梯口直达寝室的长视线。在短边方向，也营造出了从书房穿过共享空间直到外界的视线轴。与此同时，还形成了一条从书房穿过起居室一直通往外界的视线轴。

## 视线的前端就是采光井

**下楼之后**
下楼后首先来到的地方就是采光井。虽然已是地下，但前方还是十分明亮的

**穿过走廊**
打开走廊与房间之间的推拉门，待在靠里的房间里也能看到采光井处的亮光

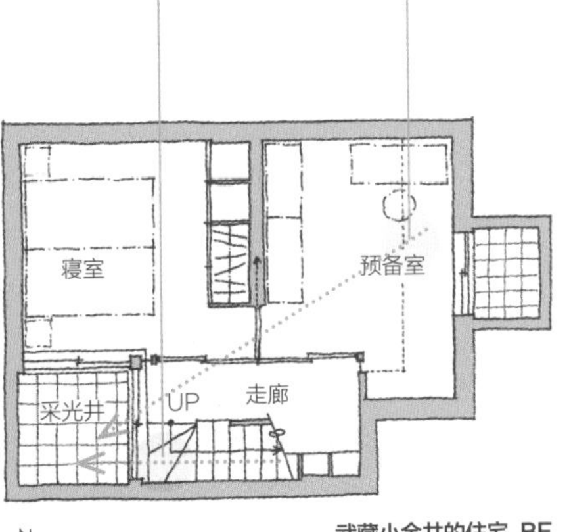


武藏小金井的住宅 BF
1:150

1. 这是从一楼朝西面望去时所看到的景象。下面较亮的地方是地下室的采光井。站在走廊上视线可穿过楼梯间的空隙看到外面的绿植，同时视线也会被采光井所吸引
2. 这是从地下走廊朝采光井望去时所看到的景象。夏天的阳光可直射进采光井，因此可以欣赏到光线的明暗对比

如果是大白天，从一楼来到地下时，其前方也是十分明亮的。通往地下室的楼梯总是比较昏暗的，但在这个位置建造了采光井后，楼梯的前方就一片光明了。这样，便可消除通往地下室时的闭塞感。

# 打开推拉门后

如果是一个人单身生活，确实只要一间大房间就够了。因为即便将生活中的所有功能全都集中在一个房间里，个人隐私也不会受到威胁。然而，如果是几个人共同生活的话，至少要保证个人隐私。为此，就必须将一个房间按照生活的功能来加以区分。

空间一旦分隔后，连接各个空间的出入口也就必不可少了，这些出入口必须安装平开门或推拉门。打开门就意味着原本封闭的地方开放了，空间得以连续的同时也变得更加宽敞了。尤其是推拉门，由于可收进墙壁里，故而其自身的存在感也就消失了。而推拉门消失后，前面的空间也就出现了，同时也就形成了通透的视线轴。

原本被门窗阻断的视线轴一旦撤去障碍，就能带来豁然开朗一般的通透感。

## 穿透狭小的玄关门厅

穿过玄关门厅后，里面就是同处一个大房间的LDK。由于玄关门厅和LDK是一个空间，故而只是在进入的一瞬间觉得宽敞。于是，我们在玄关门厅与LDK之间安装了一扇推拉门。这样的话，在狭窄的玄关门厅里打开推拉门进入内部后，视线便可穿透LDK的空间一直看到外面的景色。

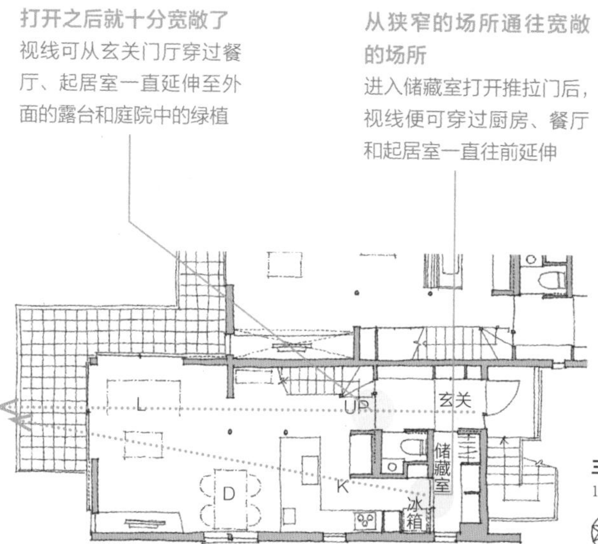


三宿的住宅 2F
1:200
N

进入玄关后，视线轴可贯穿整个居室，一直延伸到南边明亮的庭院处

## 通透感带来宽敞感

虽然是个很小的LDK同处一室的房间，但也总想在感觉上弄得宽敞一点。将与楼梯间分隔的推拉门推入墙壁后，楼梯间就与LDK融为一体了，露台、LDK和楼梯间，甚至透过窗户直到外面都串联在了一条直线上。这样视线轴便可穿越所有的空间，给人以超出实际地板面积的宽敞感。

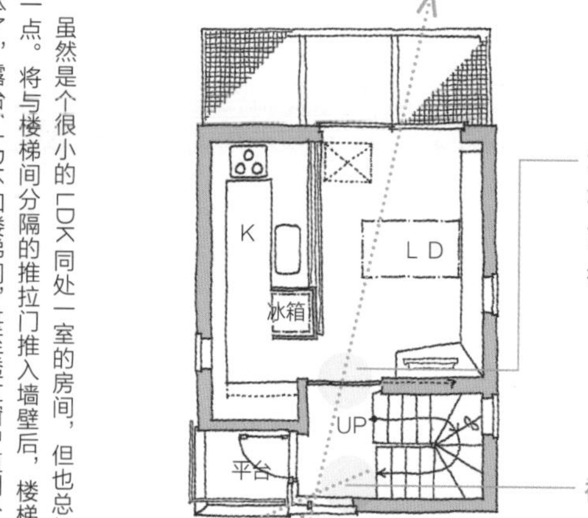


赤堤大道的住宅 2F
1:150
N

**通透感造成内外一体**
将推拉门推入墙壁后，从南边的露台到北边的道路，视线便可穿透整个房间

**视线可沿着道路延伸**
上楼后，视线便可从角窗穿过平台沿着道路不断往外延伸

将推拉门推入墙壁后空间便成为一体的LD和楼梯间。由于推拉门高至天花板，拉开后就好像隔墙消失了一般，两个空间便合二为一了

## 利用地板的高度差

1. 这是从起居室朝餐厅和玄关望去所看到的景象。右上方为窗户打开状态的玄关，窗户的前方为入口通道露台
2. 这是玄关与起居室分界处的推拉门。较为宽敞的右边为起居室，左边则为玄关
3. 这是从玄关俯视餐厅时所看到的景象。为了不使餐厅一览无余，可采用木格子温和地阻挡一下视线

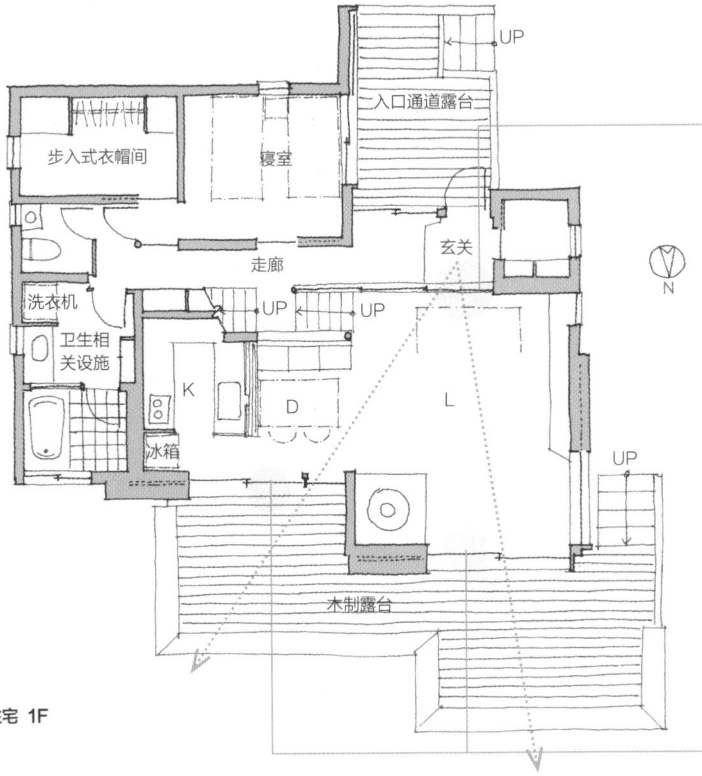

连接南北两个露台

打开三扇推拉门后，从入口通道露台到木制露台在视觉上就融为一体了

营造出纵深感

敞开部分参差错开，给来自玄关处的视线营造出一种纵深感，从而避免单调感

**伊豆的住宅 1F**

1:150



营造出与外界融为一体的感觉

起居室的敞开部分从地板一直高达天花板。站在玄关处会觉得外界十分宽敞，从而强调与外界的一体感

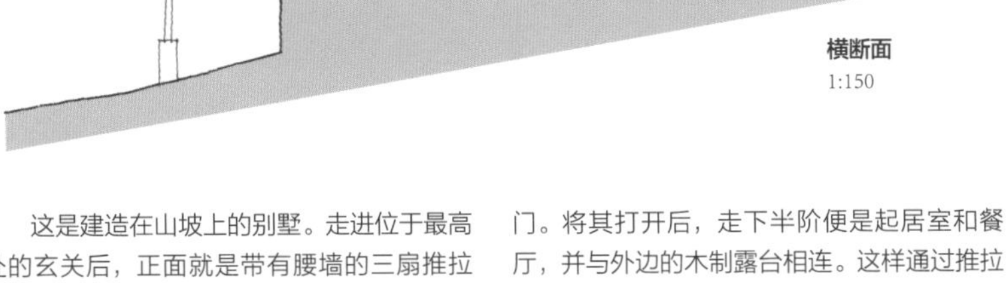

**横断面**

1:150

这是建造在山坡上的别墅。走进位于最高处的玄关后，正面就是带有腰墙的三扇推拉门。将其打开后，走下半阶便是起居室和餐厅，并与外边的木制露台相连。这样通过推拉门的开合便可控制空间的宽敞程度。

Chapter2_4

# 分割空间

分割空间是个平时不常听见的说法，不过其含义倒是十分简单明了，就是将空间分隔开的意思。在建造居所时，大家大概都会在一开始先画一些房间配置的简图。如果是比较灵巧的人，估计会在方格纸上用单线画上玄关、起居室，然后再画上餐厅、厨房，接着便是二楼的寝室和儿童房等，最后形成一幅极具规模的房间配置图。

然而，这些活儿毕竟不属于自己的专业，画图时考虑到了房间配置往往会漏掉空间关系。的确，房间和房间的位置关系往往是能够理解的，但也仅是停留在用墙隔开后就是另一个房间，不用墙隔开的话就是同一个房间的程度。

就空间构成来说，有很多方面是在房间配置图上无法表现的。即便在房间配置图上画出了墙壁和储藏室，但仍有上下相通的空间可连接在一起的情况。

专业人员在考虑房间配置时，是结合着空间衔接关系来进行的，其方法便是分割空间。那就是在同一个空间的前提下，利用隔断或储物柜将部分空间分隔开，以营造出更加符合实际生活的空间。

充分利用这种手法，便能建造出令人安心居住的场所，或给闭塞感较强的空间营造出穿透感，甚至将用途相反的空间整合在一起，形成一个令人身心都感到舒畅的温馨居所。

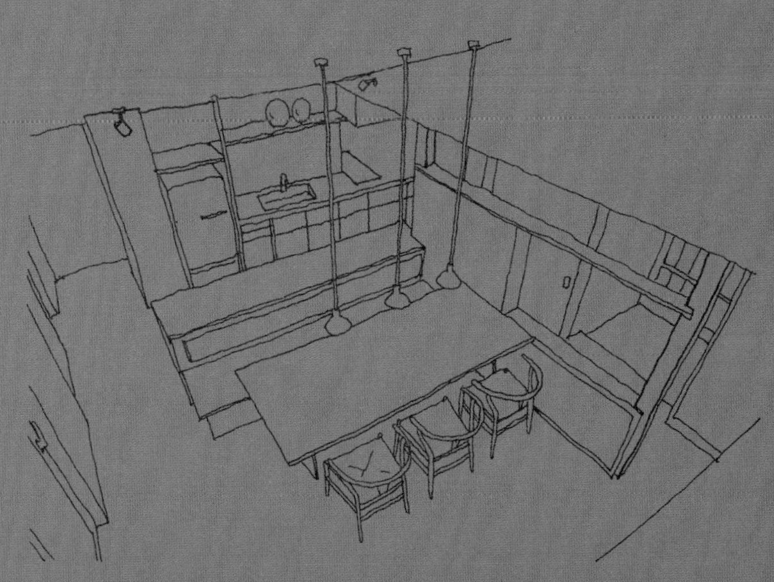

# 利用储物柜进行分割

当同一个空间里存在着不同用途的分区时，就必须用某种方法将其分隔开来。用途不同，那么在分区中所用的物品也有所不同，而不同的物品增多后，也就需要更多的收藏空间了。由于墙面储物柜的收纳空间有限，要想制造出新的收藏空间，就只能将起到分隔作用的隔断制成储物柜了。

从某种角度来说，生活就是与储物柜的战斗。储物柜是永远也不会嫌多的。只要是生活所必需的墙壁，那么制成储物柜后也一定不会给生活带来麻烦，若是只考虑储物空间而建造的顶天立地的储物柜那就另说了。因为那样的话，空间就被完全分隔开来，从而失去了宽敞感。因此，我们要在保持空间宽敞感的前提下根据需求来对空间加以分割，与此同时，储物量也得到增加。将用作隔断的储物柜控制在一定的高度范围内，就能形成具有隔断功能的储物柜。

## 三个空间

在厨房和餐厅的一个角落设置了工作室。厨房和餐厅可以说总是具有相关性的，但由于主人在准备饭菜的同时也想做点自己的工作，所以在角落设置了工作室，使其与厨房也具有相关性。然而，餐厅和工作间是没有相关性的。因此，为了将这两个区域分隔开就建造了一个隔断，但该隔断也是工作室一侧的储物柜。由于三个区域同在一个空间内，用作隔断的储物柜高度被控制在1.5m左右。

**三住凑 2F**

1:200

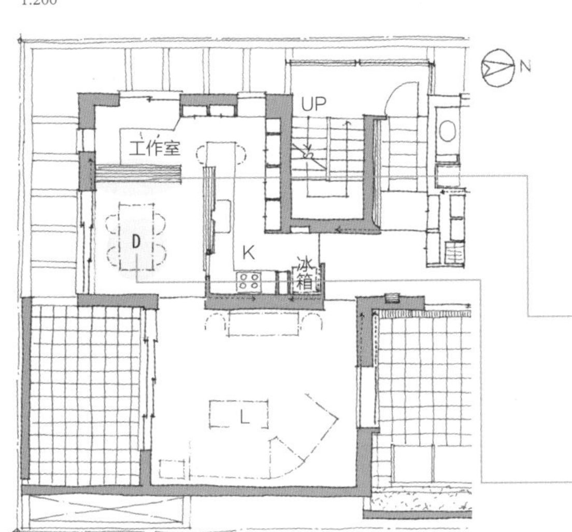


这是在餐厅所看到的景象。左侧墙壁的里面是工作室，中央吧台后面是厨房。天花板将3个空间连在了一起

**兼作装饰架**

用作隔断的储物柜上方可兼作装饰架，以此连接两个空间

**餐厅的安逸感**

餐厅被工作室和厨房围在中间，营造出一种安逸感

## 分隔共享空间

为了将厨房建成封闭式厨房，故而建了隔断墙，并将其用作餐具柜。考虑到使用的便利性，将餐具柜的高度控制在了一定的程度上。靠近天花板的部分则是以共享空间的方式相连。因此，虽然厨房被分隔开来了，跟LD也还是同处一个空间的。

**利用餐具柜分隔**

利用餐具柜分隔区域，由于天花板和共享空间的关系，在空间上还是融为一体的

**设置了配膳窗口**

在隔断上开出了一个配膳用的窗口，并配有乳白色的推拉窗，开关推拉窗便可调整厨房与餐厅的衔接关系

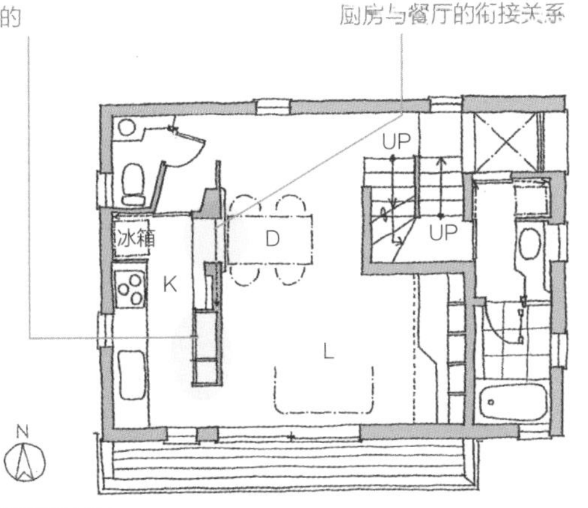


**二叶的住宅 2F**

1:150

由于LDK被安排在了顶层，于是就形成了一个共享空间式的大空间。厨房被高达横梁的储物柜隔开，但与餐厅通过配膳窗口和上部空间相连接，仍不失整体感

# 通道（走廊、楼梯、玄关）和隔断

在家里，不管你喜不喜欢，总会有部分空间被用作走廊和楼梯之类的通道。这些用作通道的空间到底该如何利用要视具体的情况而定。但总的来说，在满足生活的各种功能的同时，再施以空间一定的附加值，那么即便是通道也能成为生活中十分有意义的空间。

尤其是在城市里建造的居室，由于地板面积有限，不希望留出无用的空间。而通道到底是无用的空间，还是被有效地利用，仅从安排房间的布局图上是很难看出来的。只有基于包括高度在内的空间意识，在共享空间的前提下根据不同的功能要求来分隔区域，才能为日常生活营造出游刃有余的宽敞感。

## 既隐蔽 又融为一体

通过右侧具有隔断功能的储物柜，玄关被分隔开来。而拉上推拉门后，露台也就被完全分隔开来了

露台
冰箱
K
UP
D
L
玄关
露台
UP
N
道路

樱上水的住宅 1F
1:150

南侧宽度不够大，将玄关设置在屋子的南侧。由于建造物的宽度本身就不大，又被玄关占去了部分空间，故而一楼LDK的宽度十分有限，于是将玄关建成了最小限度的区域，并用储物柜代替隔断墙，给玄关和LDK两方面都带来了开放感。

**利用储物柜来分隔**

玄关的位置要比一楼地板低70cm左右，被阻挡视线的矮墙（储物柜）与起居室完全隔离开了。储物柜的下部是鞋柜，而上部则是在起居室一侧可用的

**使有限的空间具有开阔感**

起居室的南边由于玄关的关系变得更窄了，但储物柜的上方是空的，连同玄关上方的空间一起营造出一种开阔感

**半阶之上**

由于建造了半地下的停车场，一楼就处在半阶上。因此，入口通道部分就要往上走一段了

## 与楼梯的位置关系

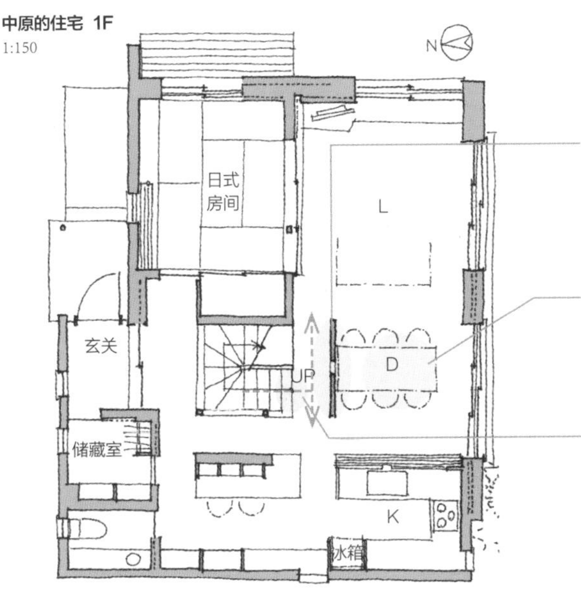


**两处通透**

墙壁的高度为1.5m，且在正中央开纵缝。因此，虽然能够阻挡视线，但并不损害空间的一体感

**营造出稳定感**

有了这样一面墙，餐桌所放置的位置就能产生稳定感

**行动的方向性**

由于在楼梯的出入口立了一面墙，上下楼梯时就不能直接看到餐厅了。从楼梯上下来后，动线左右分开，对生活活动具有导向性

餐桌和用作隔断的墙壁。墙壁上有纵缝，上部是通透的，因此与其说是墙壁，倒更像是一面屏风

一楼以楼梯为中心建立了回游动线，考虑到与二楼的关系，故而使楼梯口正对着LDK一侧。既然将楼梯安排在起居室的一角，就得考虑如何来保证起居室的安宁了。其原则是房间不与楼梯成直角，但在空间规划时，有时很难做到这一点，这时，就要采取相应的措施了。本案例是用一面墙来将其分隔开来的。

## 利用共享空间

**营造出亲密感来**

站在楼梯平台上，可以俯视起居室。由于二者的高度只相差半个楼梯，故而不影响与起居室之间的亲密感

**与天井融为一体**

楼梯间与庭院相隔的墙壁，整面墙都是敞开的，给人以楼梯间与天井在空间上融为一体的感觉

**采用玻璃分隔**

用乳白色的玻璃做隔断，能够恰到好处地沟通气息。由于其上部是透明玻璃，不影响空间的宽敞感

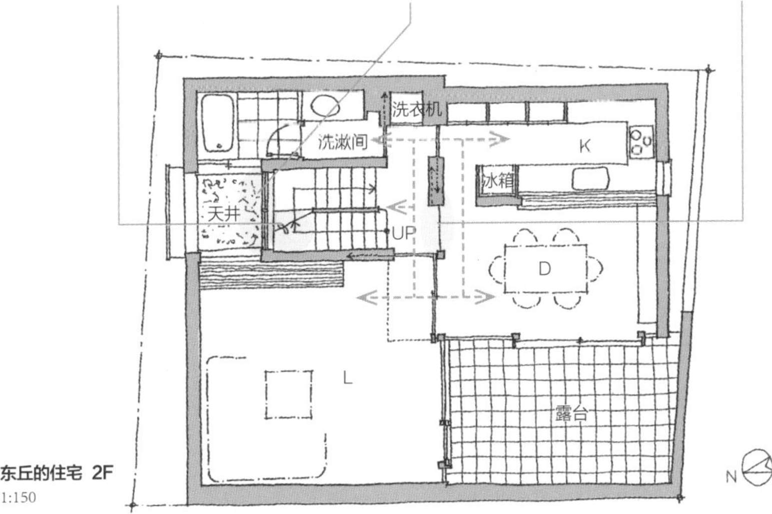

这是从起居室朝楼梯间望去时所看到的景象。正面墙壁的背后是楼梯间，楼梯间上方的共享空间和起居室的共享空间是融为一体的

将推拉门收进墙壁后，生活动线便将起居室、餐厅、厨房和楼梯等空间全都串联起来了。从图中看，楼梯似乎为一个单独的空间，其实楼梯间上方的共享空间与起居室上方的共享空间是融为一体的，确保了整个空间的宽敞感。

# 分割大房间

建筑用地相当有限，使得地板面积相当有限，可尽管这样，我们还是想尽量生活得宽敞一点，而同处一室的LDK便可将其变为现实。由于同处一室的方式能够相互共用各个空间，因此，从空间感觉上来说，要比建成一个个单独的房间宽敞得多。然而，就生活的便利性来说，却没有成比例地提高，这一点也是不可否认的事实。

生活是由各种各样的行为构成的，如吃饭、看电视、午睡等。

在厨房里既做饭也洗东西，并且还在其周边不停地走动。

所谓居所，就是要能够包容这一切行为，并且在进行这些行为时没有一点别扭的感觉。为此，在一个大房间内必须根据各种行为的特性来对空间加以分隔。

在确保宽敞感的前提下来分隔空间，这也是使LDK同处一室变得更舒适的方法之一。

## 分隔空间

包括家务角在内，整个LDK都同处于一个大天花板下的房间里。我们在其间建造了一个箱子造型的储物柜，将厨房比较温和地隔离开。

**用一个箱子来分隔空间**

这个箱子既是储物柜也是隔断。箱子的上方有天窗，能够照亮厨房周边

**既隔断又通透**

墙壁并没有直达天花板，且开有一个小小的敞开部分。通过推拉窗的开合，能够营造出通透感

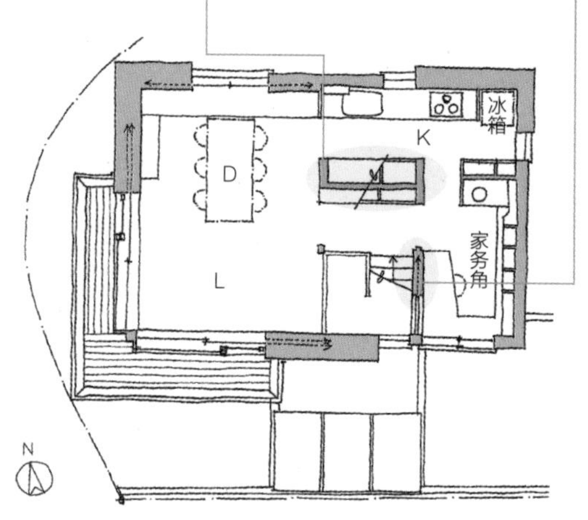


**樱丘的住宅 2F**

1:150

这是从餐厅朝厨房方向望去时所看到的景象。右边是储物柜，将空间分隔开，同时还能看到天窗

## 用一面墙来进行分隔

这是一座小小的周末度假住宅。进入玄关后便是同处一室的LDK，可尽管这样也要尽量营造出生活的安逸感。于是，我们就在玄关前立了一面墙，以此较为舒缓地将空间分隔开。

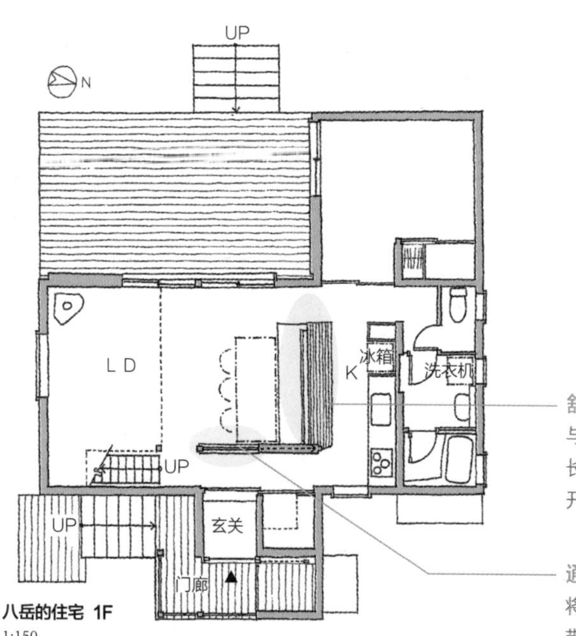


**八岳的住宅 1F**

1:150

这是从餐厅里侧看出去时的景象。视线从餐厅穿过玄关和门廊可以一直看到外面的绿植。在某些时间段，还可将餐厅边上的推拉门关上

**舒缓地分隔**

与固定式长凳一起建造的固定式厨房长桌，十分舒缓地将厨房和餐厅分隔开来

**通过推拉门的开合来调整空间**

将推拉门推入墙壁后，玄关、走廊一带就与起居室在空间上融为一体了

# 腰墙 · 翼墙

1. 这是从厨房的里侧朝起居室方向望去时所看到的景象。翼墙上有一部分比较高，在这个无论从何处走来都便于使用的位置上，安装了一部门禁的子机

2. 右侧翼墙里面是厨房。从空间感觉上来说厨房和餐厅是融为一体的，但又可以通过翼墙将这两个有着不同功能的区域区分开

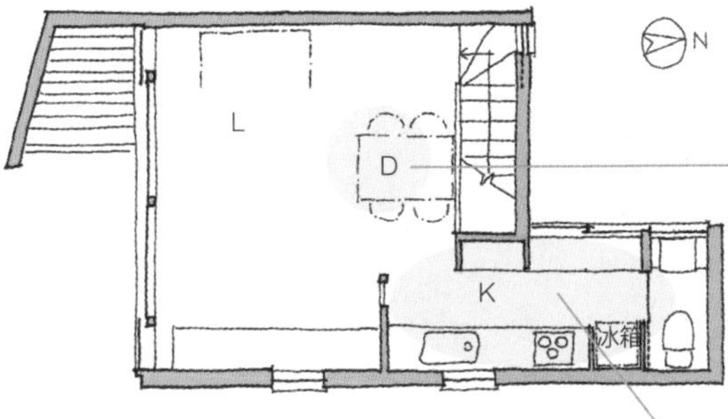

N

L

D

K

冰箱

**濑田的住宅Ⅱ 2F**

1:150

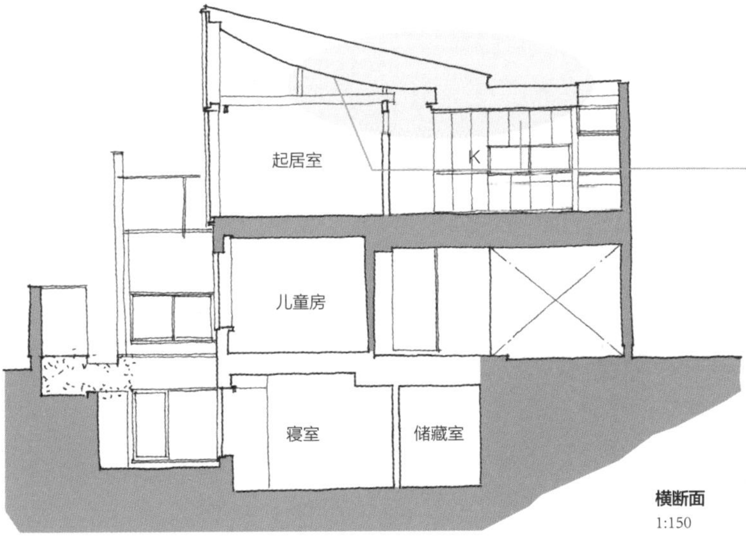

**利用空间的错位**

将餐桌放在餐厅朝起居室凸出的部分后，便可获得一种安逸感，就家务动线来说也是恰到好处的

**隐藏起来了**

相对于起居室和餐厅来说，厨房位于较为靠里的位置，从视觉上来说，它是隐藏起来了

起居室

K

儿童房

寝室

储藏室

**横断面**

1:150

**天花板的变化**

即便是同处一室，只要改变一下天花板的形态也会给不同的空间带来差异感，使人感觉出不同的用途

包括楼梯在内，起居室和餐厅都处于一个房间中，并将厨房安排在靠里的位置上。虽然同处一室，但厨房是操作区域，起居室和餐厅是居室，为了分别给予其安定的氛围，在楼梯与餐厅间建造了腰墙，而在厨房与餐厅之间则建造了翼墙。这样，每个场所便都成了符合其功能的空间。

# 共享空间的用途

共享空间是出于什么目的而建造的？其目的之一可以说是夸大室内容积，使人们可以在具有宽敞感的空间内舒服地生活。如果横向宽度比较大的话，一般就不会想到建造共享空间了，但有时即便如此也仍想增加一点宽敞感，故而建造共享空间。还有，在建造平房时，也会考虑到将家人经常聚集的起居室及餐厅的天花板建得高一点。

然而，如果将天花板建得高一点，使室内容积变大一点就能生活得更为舒适的话，那么将所有房屋的天花板都建高一点不就行了吗？可事实上并没有这么简单。有时天花板过高的话，人待在里面反而没有安逸感，但是将天花板建得高高的共享空间却能给日常生活带来舒适感。这话说起来有些矛盾、绕口，充满禅意。

建造共享空间的目的之一，首先并不是为了让天花板高一点，而是为了让天花板产生高低不同的变化。专业人员在考虑空间规划时会将天花板的高度也一起考虑在内，而业余人员在安排房间布局时往往是考虑不到房间高度的。

家（房屋）并不是在平面上构成的，而是以空间的形式构成的。所以在考虑空间规划时，就必须同时考虑房间的高度。也就是说，要在考虑日常生活行为的同时，在给天花板带来高度差的前提下形成符合生活规律的各个空间。这样，既能在感官上给人带来愉悦感，又能给日常生活提供方便。

由此看来，所谓共享空间的用途，应该在符合日常生活规律的空间里表现出来。相反，如果仅仅是为了造型美观而建造共享空间的话，那么，在视觉惊叹之余，所剩下的就只是给环境温度控制所带来的负担和缺乏安定感的空虚了。

# 形成外－内、内－内的关系

有时候在一楼，即便上方有共享空间也不觉得宽敞，而从二楼往下俯视时就能觉得十分宽敞。这种针对同一空间、与实际容积无关，仅是因其与地板的关系而产生出的空间错觉，真是一件不可思议的事情。

可见共享空间本身就具有引发空间认知错觉的作用。利用这一作用，我们就可以通过共享空间与各空间间的不同连接方式，来营造出更为宽敞的空间。

我们既可以通过两个房间夹一个共享空间的方式，即内-内的关系来造成这种视觉效果，也可以通过隔着共享空间在视觉上与外界相连，即外-内的关系来实现。除此之外，还可以以外-内或内-内的组合关系来进一步强化这种宽敞感。由此可见，除了能使天花板变高一点之外，共享空间还能够创造出更好的效果。

## 一体感与安逸感

两个寝室分别配置在楼梯间的两侧，打开朝向楼梯间的小窗，两个寝室就呈面对面的状态。面朝外界的连续长窗，给这两个房间和楼梯间营造出一体感。而面朝楼梯间开出的推拉窗可以推入墙内，关上后便可保证各个房间的安逸感。

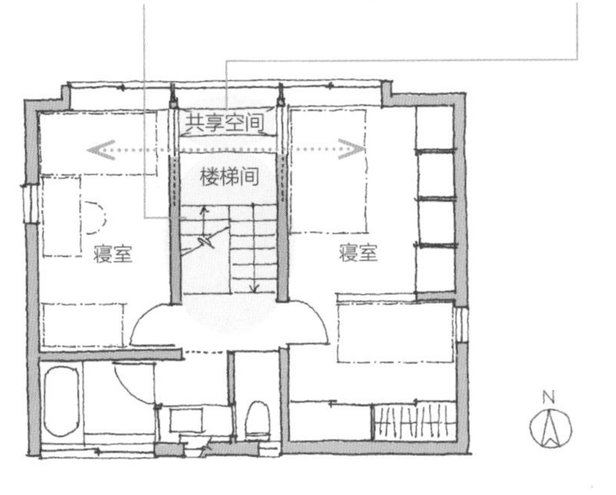


大仓山的住宅 2F
1:150

这是将推拉窗推入墙壁后的状态。光线从连排的长窗照入，强化了各个空间的一体感

## 可从三个方向观看

餐厅的上方是共享空间，而该共享空间在二楼被三个空间所包围。其中一面建有固定式书桌，而上方是开放的。从正面视线可穿过共享空间及窗户一直延伸到外面。而共享空间的两边皆为单间，各自打开面向共享空间的推拉窗，就连同共享空间在内成为一个整体空间了。

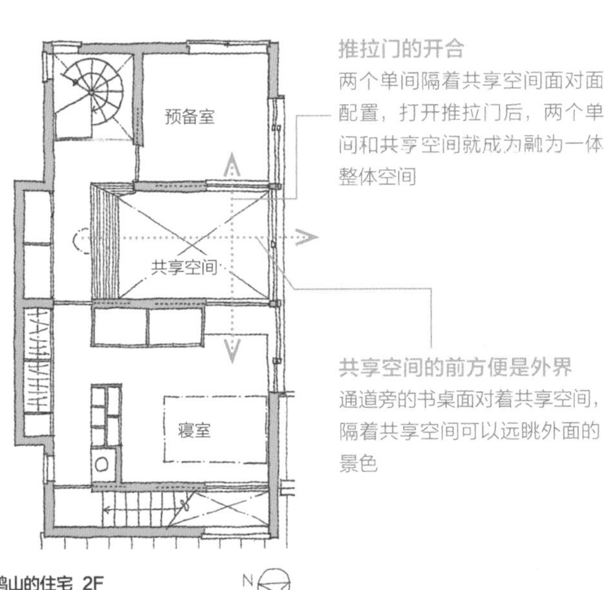


鸠山的住宅 2F
1:150

这是从二楼通道朝餐厅俯视时所看到的景象。视线可穿过共享空间一直延伸到露台

# 回到原来的位置

在电视剧或电影中，我们常会看到某人战战兢兢地走上楼梯的场景。楼梯上面到底有什么恐怖的事情等着呢？我们不得而知。由此可见，楼梯会给人以未知的恐惧感。但是，若是将楼梯配置在共享空间的旁边，那种恐怖感也就消失了。

走上楼梯后就是共享空间，可以马上回头俯视刚才自己待过的场所。共享空间与楼梯的组合，能在纵向空间里营造出一种循环特性。当然，这种循环特性并不等于实际动作上的循环，而是在上下楼层间营造出一种空间的流动。利用这种空间的循环移动特性，可以营造出一种回到原来位置的错觉，在日常生活中营造出一种宽敞、舒畅感。

由此可见，建造了共享空间之后，不仅能够增大实际的物理空间，还能营造出空间的流动，从而给人以更为宽敞的感觉。

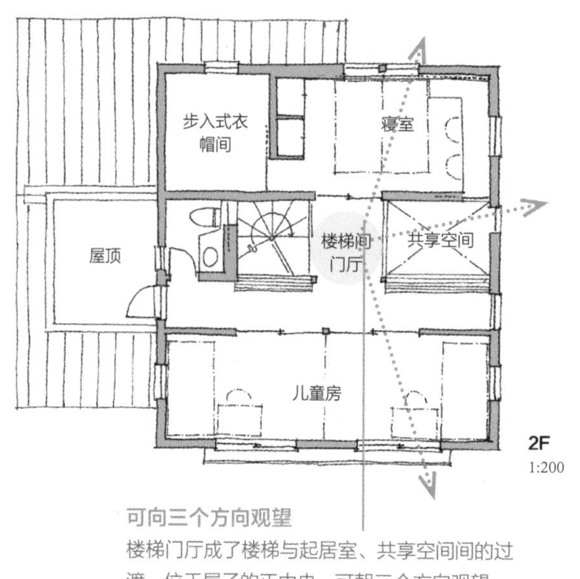


可向三个方向观望

楼梯门厅成了楼梯与起居室、共享空间间的过渡，位于屋子的正中央，可朝三个方向观望

1. 走上楼梯后，便是起居室上方的共享空间

2. 看得到走上楼梯出现在二层的家人

走上被起居室和餐厅围住的楼梯后，前方就是起居室上方的共享空间。由于共享空间正对着儿童房的前室，能够在起居室与儿童房之间建立联系。

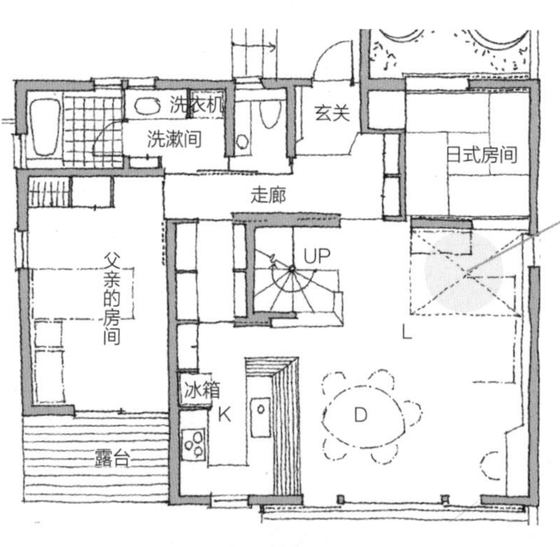


小小的共享空间

在起居室一角的上方有个小小的共享空间，上到二楼的孩子们可在此探出头来

# 门窗的移动

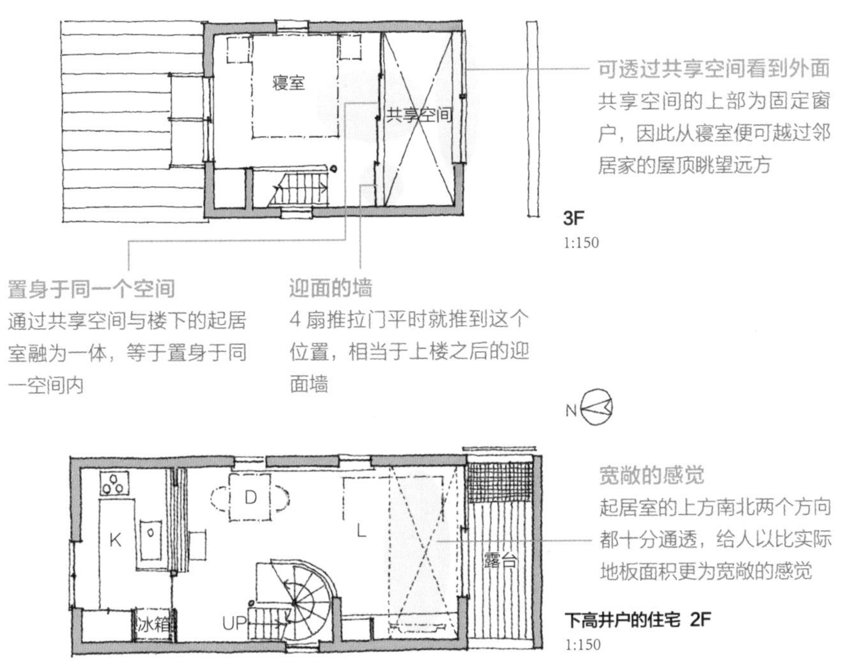


**可透过共享空间看到外面**
共享空间的上部为固定窗户，因此从寝室便可越过邻居家的屋顶眺望远方

**置身于同一个空间**
通过共享空间与楼下的起居室融为一体，等于置身于同一空间内

**迎面的墙**
4 扇推拉门平时就推到这个位置，相当于上楼之后的迎面墙

**宽敞的感觉**
起居室的上方南北两个方向都十分通透，给人以比实际地板面积更为宽敞的感觉

起居室与寝室通过共享空间连在一起。睡觉时可将 4 扇推拉门都关上

从二楼的 LD 上到三楼的寝室时，一上楼便可见起居室上方的共享空间。平时与共享空间之间的推拉门是拉上的，可作为墙壁。移动该推拉门便可使寝室与共享空间处于或连接、或隔离的关系。

# 上楼后还在同一场所

**上下楼层间可以说话**
从餐厅仰视时，三层儿童房的进出情况可以一目了然。孩子也可以跟楼下的父母交谈

**可看到下面的餐厅**
上楼后，眼前就是餐厅上方的共享空间。可以在俯视餐厅的状态下，进入各房间

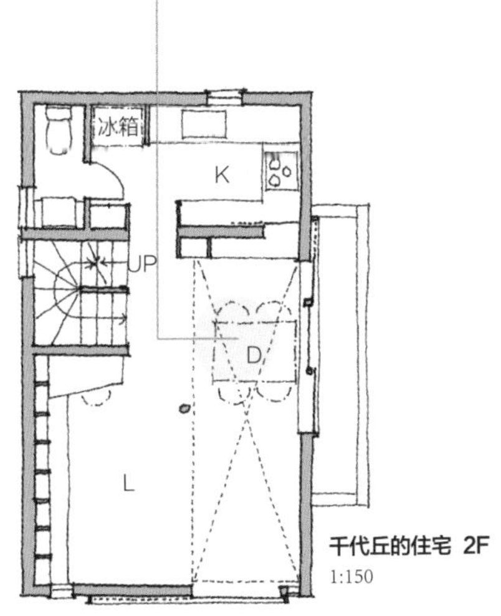


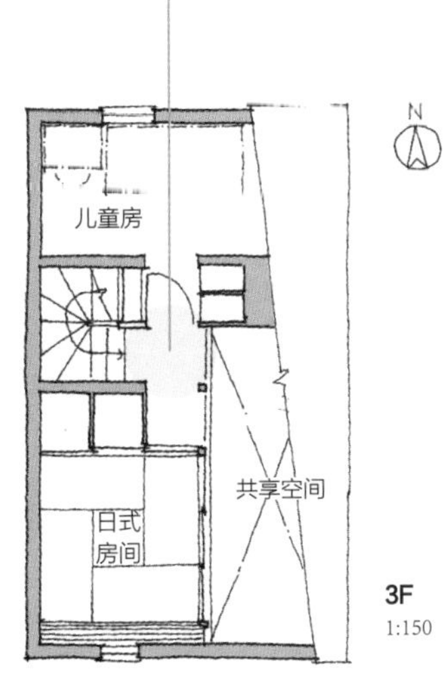

这是从三楼的日式房间透过共享空间朝下面的餐厅望去时所看到的景象

走上面朝餐厅的楼梯后，便可透过共享空间看到餐厅处的餐桌。在三楼也可以看着餐桌的状态进入儿童房或日式房间。因此，没有身处另一楼层的感觉。尤其是日式房间，如果将共享空间一侧的三扇推拉门拉开的话，就与起居室、餐厅连成一个空间了。

# 传递氛围的小型共享空间

说起共享空间，或许大家脑海里会浮现出灿烂的阳光从南边大落地窗照射进来的景象，这说明共享空间一般都是出于采光的考虑来建造的。然而，共享空间还有一个功能也不能被忘记，那就是在上下楼层之间建立起空间的联系。尤其是在建造住宅时，我们不能光考虑共享空间的空间效果，还必须考虑它在日常生活中所能够发挥的作用。

我们完全可以通过建造共享空间的方式来营造纵向空间。这样，不仅能够实现上下楼层间的对话，还能传递相互间的气息。就传递气息而言，即便建造小型的共享空间也完全能营造出上下楼层间的空间关系，并且小型共享空间还会给地板面积带来较大的影响。建造出这样的小型共享空间后，日常生活也就越发充实、越发丰富多彩了。

## 沿着墙壁建造狭长的共享空间

在起居室的靠墙处建有一个较为狭窄的共享空间。虽然不走到墙边的话很难发觉其存在，但这个共享空间是与上一层的寝室相连接的。拉开推拉门后，寝室就与共享空间融为一体了，由此便可使上下楼层间气息相通。

**上楼后感觉上就与外界相连接了**

上楼后正面面对的墙上嵌有玻璃，透过前面的竖窗朝二楼的露台望去，可看到外面的绿化

**通过声音传递气息**

打开推拉门后，虽然上下楼层间的视线不能相接，但起居室里家人的气息还是能够传递上来的

**照亮狭窄的共享空间**

TV台上方就是狭窄的共享空间。从南边竖窗射入的阳光，经过墙壁的反射，能将共享空间照得通亮

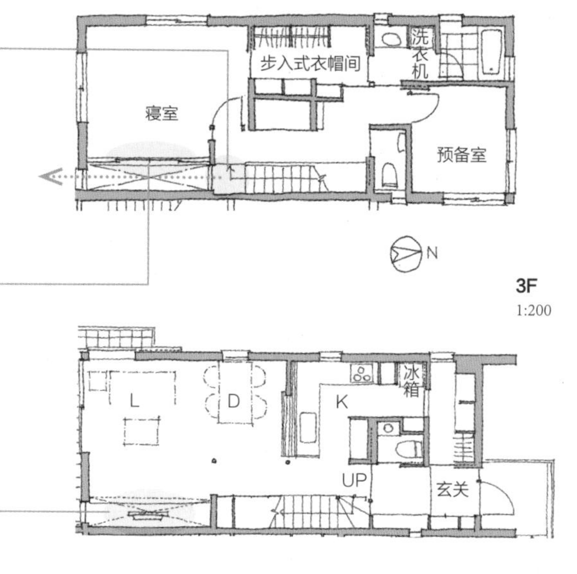


三宿的住宅 2F
1:200

## 在相反的条件下

一个楼层的面积为8坪。在这种情况下，建造共享空间就等于牺牲一些生活所必须的功能。但正因为只有8坪，各居室都被楼上、楼下地分开了，而建造小型的共享空间就能解决这种矛盾，使LDK与儿童房之间气息相通。

**跟上面的房间对话**

天花板上开出的小孔是与楼上儿童房相连的，因此可与两个儿童房对话

**既是单间又融为一体**

两个儿童房通过南面的窗户相连，也能够据此相互对话

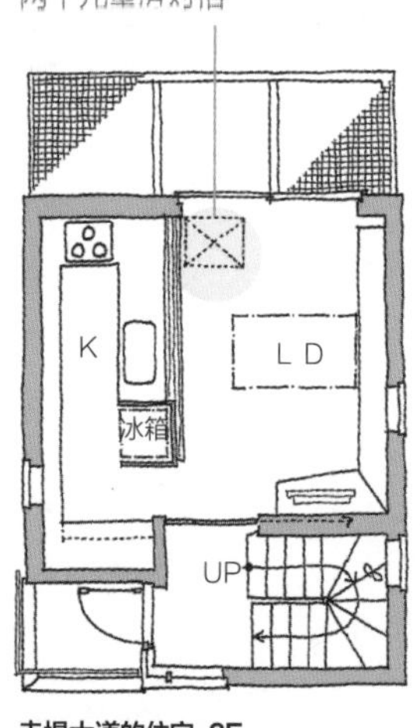


赤堤大道的住宅 2F
1:150

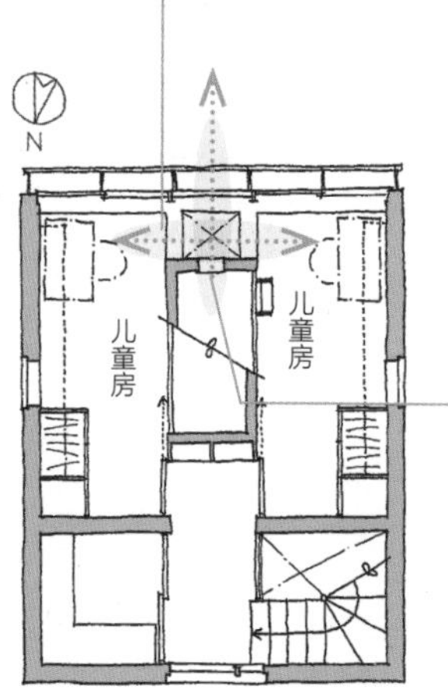


3F
1:150

厨房前面的天花板上开有小孔，与楼上的儿童房相通。小型的共享空间能带来较多来自南边的阳光，故而能将LDK照得更亮一些

**睡在床上便可看到外面**

通过固定式双层床枕边的小孔，可以眺望南面的室外景观

Chapter.3

# 『房间配置』的根本在于『生活』

## 小而温馨

俗话说“大能兼小”。如果眼前有大小两件物品，大家一般都会偏向于关注大者。土地也好，房子也好，大家也都喜欢大一点的。

LDK要20张榻榻米大小，卧室8张榻榻米以上，门厅要宽敞，浴室也要舒舒服服的……将这些所期望的空间加起来，那就成了一所相当大的豪宅了。有人认为，既然要新建住宅，如果空间还没有目前所居住的房子大的话，生活也不可能很舒服。这样的想法其实也并非是不能理解的。

然而情况真是这样的吗？如果这种所谓的宽敞源自生活的必然倒也罢了，如果不是这样的话，那就要根据具体的生活状况来探讨居住面积的大小。而这样考虑的话，我们会意外地发现，反倒是面积较小的住宅住起来比较舒心。

如果就事论事地来讲，面积小的住宅水电费也不会很多，打扫卫生的时候也比较轻松，家具等用品也不用添置很多。总的来说，生活在较小的住宅中，本身就是一件相当环保的事情，并且比起物质层面，住在较小的房子里在精神层面上也会觉得比较温馨。这种温馨既源于空间密度，也来自家人间恰到好处的距离感。

恰到好处的空间密度所带来的恰到好处的距离感，尽管面积较小，但通过相应的空间规划也能够接近生活期望。

1. 位于二楼的起居室。南面的阳光从高窗照入，沙发旁边的窗户可从隔壁的院子借景
2. 这是从邻居家院子所看到的房子外观。有一扇打开的借景窗，可以看到垂枝樱花
3. 这是从一楼的楼梯间朝预备室望去时所看到的景象

# 创造出空间节奏感 | 小小居室

所在地　东京都世田谷区
家族构成　夫妇
占地面积　73.00m²
建造面积　36.30m²
使用总面积　72.60m²
构造、规模　木结构、二层
施工单位　渡边富工务店

**不是凸窗而是凸柜**
厨房的背面建造了固定式的碗柜。这碗柜不是嵌入式的，而是在腰部以上的高度处朝外凸出，这样便可使室内更为宽敞

**可进入两个区域**
起居室和餐厅虽然分处两地，但从厨房可以直接进入这两个区域。储藏室则可从较为隐蔽的位置进出

**视线通畅**
待在厨房里视线可穿过餐厅一直望到外面，也可以越过楼梯间看到起居室，在这两条对角线上视线十分通畅

**分隔后仍具有一体感**
楼梯间的墙壁是玻璃隔扇，保证了起居室和餐厅在视觉上的一体感。这样既能保持各自的独立性，又便于调节保温性能

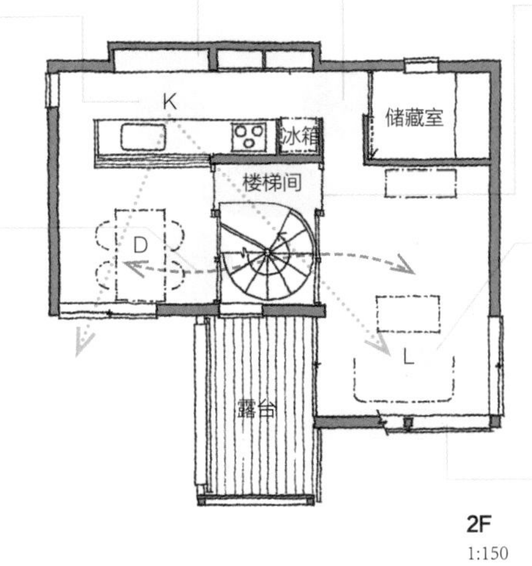


2F
1:150

**想关上时就关上**
出于保暖方面的考虑，给楼梯间装上了一道推拉门（配玻璃的框架门）。安装门锁后，便可防止小孩子随便进出楼梯间了

**通透感和被围住的感觉**
在起居室里，视线可一直看到开放式厨房。背后被围住的安全感和视线可往前延伸的开放感极为协调地混合在了一起

**既闭塞又开放**
南边砌起了一道高于视线高度的墙，而且由于设置了高侧采光（高窗），可以越过南边邻居家的屋顶眺望天空

**挡风推拉门**
拉上该推拉门后，在冬天可以阻挡住从玄关进入的冷空气，与此同时，还能使走廊保持安宁的氛围

**设想一下今后的用途**
设想今后可能将此空间用作储藏室或放置家具，因此将门的位置错开了一点。在进行最低限度尺寸的设计时，必须对生活细节考虑得十分周到

**放射状地进入各个居室**
从走廊兼楼梯间可呈放射状进入各居室，这样可以省略掉多余的移动空间。与此同时，由于各居室的出入口都朝向同一个空间，能借此缩短各房间间的距离感

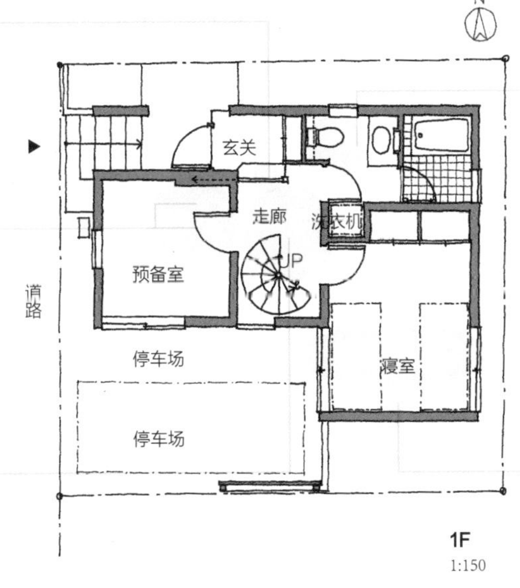


1F
1:150

**隐藏在背阴处**
洗漱间兼作厕所，但由于便器配置在开门的凹陷处，故而在使用时不会令人感到不安

**考虑到视线的位置**
为了遮挡来自南侧邻居家的视线，特在东西两面开设窗户。而事实上东侧是邻居家的院子，西侧则是自己家的停车场。考虑到邻居家的院子将来可能会消失，东面的窗户采用腰部以上高度的窗户

这是一对30岁出头的夫妇所居住的房子。考虑到将来的需求，设立了包括寝室在内的两个单间，而其中一个单间作为预备室可用于多种用途。厕所只有一个且与一楼的洗漱间共用，其面积也控制在所必须的最低限度。一楼为单间和卫生间。二楼则是起居室、餐厅和厨房，营造出一个较为宽裕的空间。然而，生活中总会用到许多物件，如果任其散乱堆放的话，即便是宽敞的房间也会显得局促不安，所以干脆将起居室的角落建成为储藏室。

## 使各楼层都具有特色 | 偖天寺的住宅

所在地　东京都目黑区
家族构成　夫妇
占地面积　56.97m²
建造面积　33.81m²
使用总面积　86.62m²
构造、规模　木结构、三层
施工单位　渡边富工务店

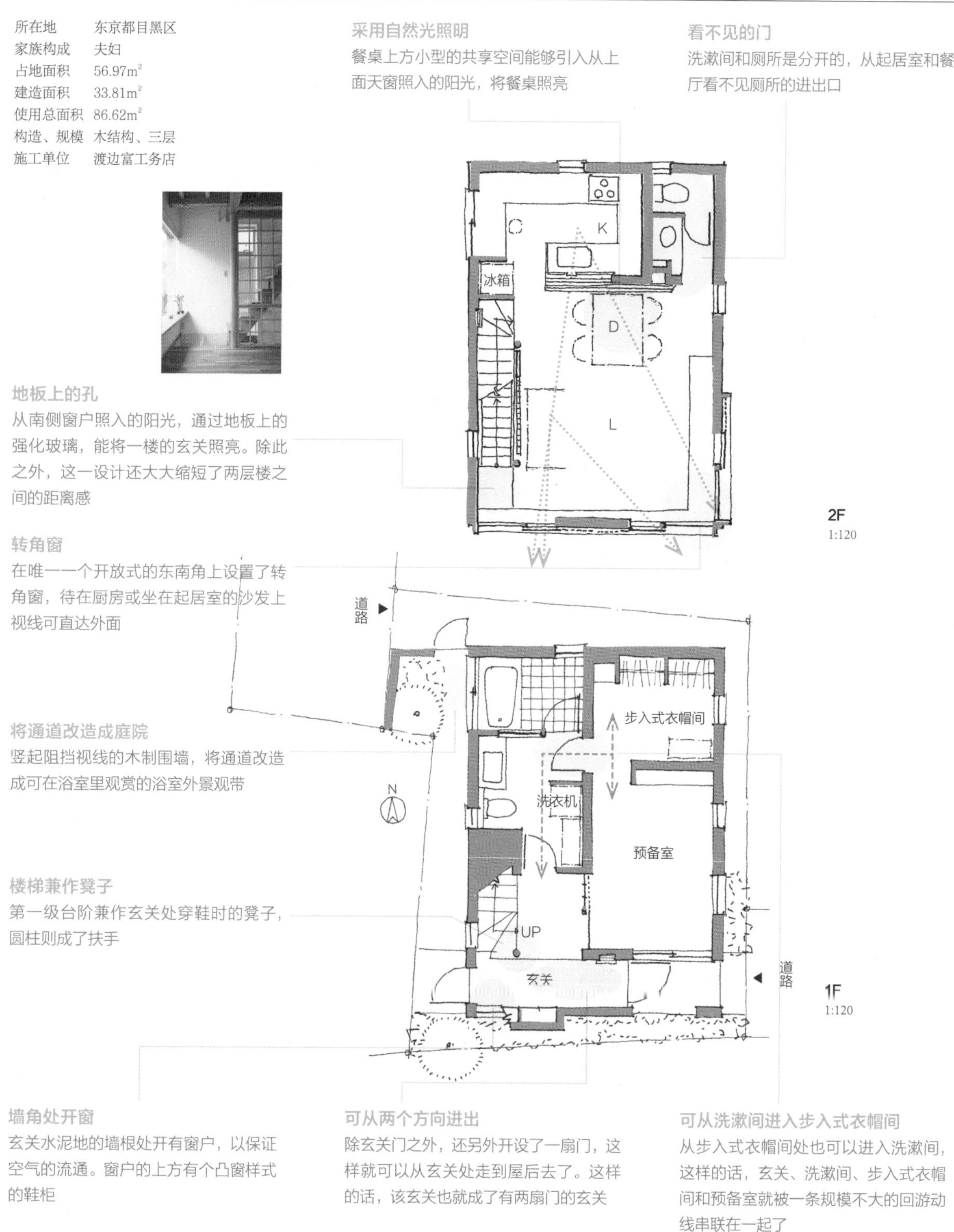


**采用自然光照明**

餐桌上方小型的共享空间能够引入从上面天窗照入的阳光，将餐桌照亮

**看不见的门**

洗漱间和厕所是分开的，从起居室和餐厅看不见厕所的进出口

**地板上的孔**

从南侧窗户照入的阳光，通过地板上的强化玻璃，能将一楼的玄关照亮。除此之外，这一设计还大大缩短了两层楼之间的距离感

**转角窗**

在唯一一个开放式的东南角上设置了转角窗，待在厨房或坐在起居室的沙发上视线可直达外面

**将通道改造成庭院**

竖起阻挡视线的木制围墙，将通道改造成可在浴室里观赏的浴室外景观带

**楼梯兼作凳子**

第一级台阶兼作玄关处穿鞋时的凳子，圆柱则成了扶手

**墙角处开窗**

玄关水泥地的墙根处开有窗户，以保证空气的流通。窗户的上方有个凸窗样式的鞋柜

**可从两个方向进出**

除玄关门之外，还另外开设了一扇门，这样就可以从玄关处走到屋后去了。这样的话，该玄关也就成了有两扇门的玄关

**可从洗漱间进入步入式衣帽间**

从步入式衣帽间处也可以进入洗漱间，这样的话，玄关、洗漱间、步入式衣帽间和预备室就被一条规模不大的回游动线串联在一起了

这是建在私人道路、死胡同尽头的小房子。虽然整个屋子被邻居家围住了，但与东南面的邻居间多少还是有些距离的，因此东南方向还是具有通透感的。在拥挤不堪的城市里有这样的住宅用地已是十分难得了。因此，在考虑空间规划时，十分注重将这种宅基地的长处体现到日常生活中。将LDK设置在二楼，并在视线能够延伸的地方开设窗户使其具有开放性，一楼则是卫生间和将来有可能用作卧室的预备室。尽管对外来说是相对闭塞的，但也设置了小规模的回游动线。由于斜面屋顶的缘故使得有种阁楼感的三楼用作了卧室，透过屋顶上的天窗还可以仰望蓝天。

向远处借景

透过南边倾斜屋顶上的天窗，可以越过邻居家的屋顶看到远处公园里的树木

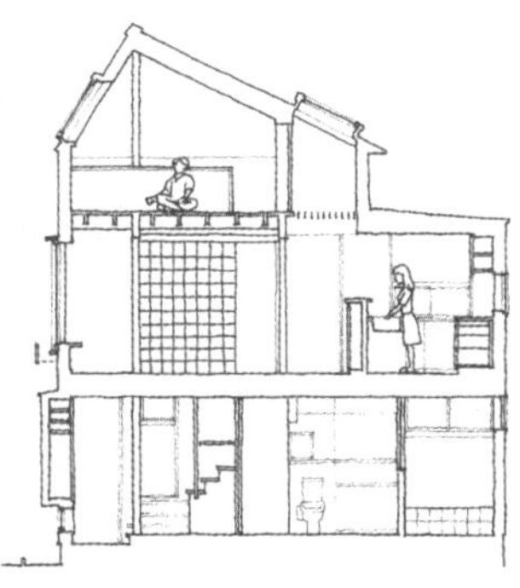

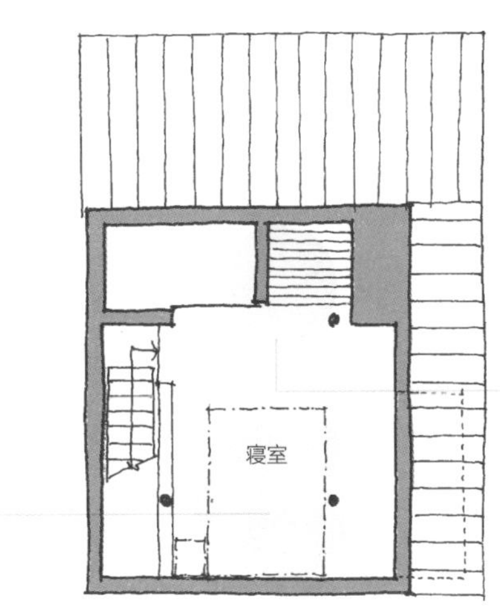


天窗和共享空间

阳光透过天窗可以一直照到二楼的餐厅，而这种联系也可用一道推拉门来隔阻

3F
1:120

1. 房子位于一条死胡同的尽头。正面是一个小小的门厅，门厅的上面是起居室的窗户
2. 透过小阁楼上的天窗可以看到附近公园里的绿植
3. 二楼是位于同一空间的 LDK, 通过天花板的变化来将其一一区分

# 纵向传递光线 | 下高井户的住宅

所在地　东京都衫并区
家族构成　夫妇
占地面积　65.15m²
建造面积　29.39m²
使用总面积　69.17m²
构造、规模　木结构、三层
施工单位　泷新

### 将脚边遮掩起来

走上楼梯后，便可看到厨房内脚下的状态。为此，在厨房的入口处设了一道推拉门，拉上推拉门后便可将脚下活动遮掩起来

### 将光线和风引入室内

楼梯边上是一道从一楼到三楼的狭长窗户。这种纵向狭长式固定窗户的一部分是推拉窗，打来此窗便可将阳光和风引入室内

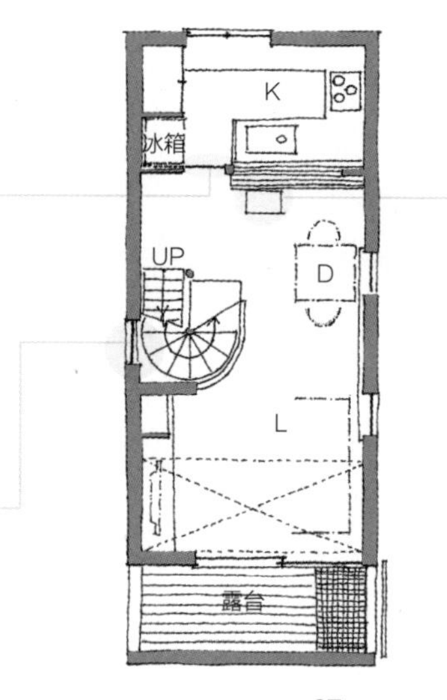


2F
1:150

### 可双向透光

餐厅的地板开了一个小孔，孔上配有高强度玻璃，来自天窗的光线可由此照到一楼。夜晚一楼的灯光也可以由此照到二楼

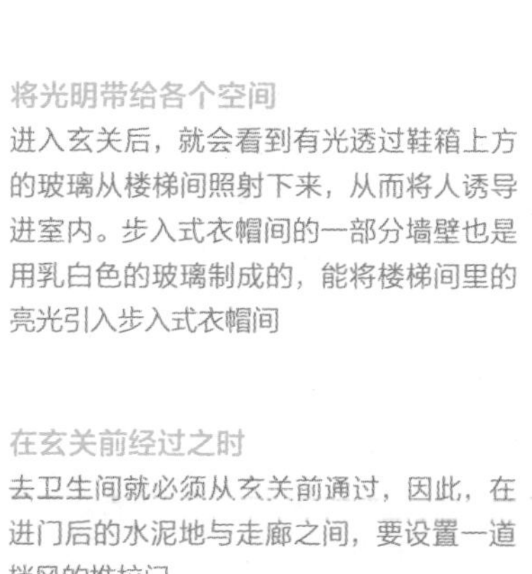

### 将光明带给各个空间

进入玄关后，就会看到有光透过鞋箱上方的玻璃从楼梯间照射下来，从而将人诱导进室内。步入式衣帽间的一部分墙壁也是用乳白色的玻璃制成的，能将楼梯间里的亮光引入步入式衣帽间

### 在玄关前经过之时

去卫生间就必须从玄关前通过，因此，在进门后的水泥地与走廊之间，要设置一道挡风的推拉门

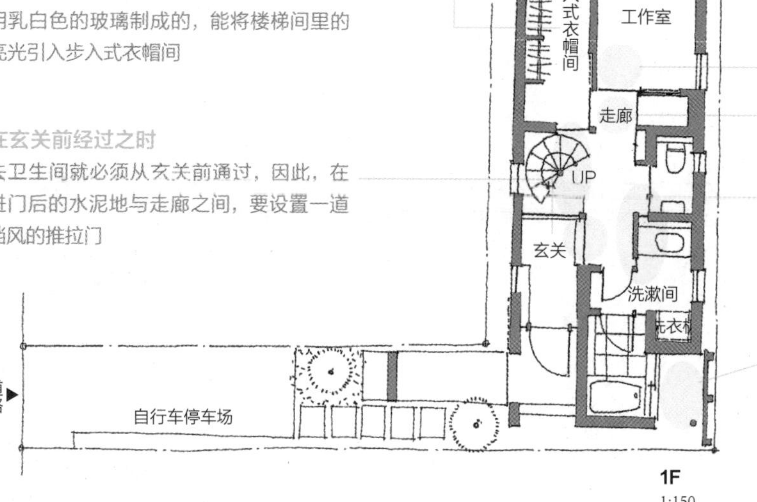


1F
1:150

### 天花板上开出小孔

在一楼工作室的天花板上开出一个如同天窗一般的小孔，由此将二楼的亮光透下来

### 将走廊设置在中央

一楼的走廊设置在建筑物的中央，成为连接包括玄关和楼梯在内的6个空间的枢纽

### 减轻闭塞感

在门的旁边开设一条纵向的缝隙，引入楼梯间的部分亮光，以此来减轻闭塞感

### 引入阳光

在浴室的玻璃窗外留出一个小小的空间，由于二楼露台的地板是用透光材料制成的，故而可将阳光引入浴室

这是一块如旗杆状的住宅用地。虽然在位于旗杆柄的地方也能获取部分面积，但实际能够用于建房的面积连14坪都不到。用最大建筑面积建造了房屋后，建筑物的周围几乎就没什么空地了。那么，一楼也就没有直射阳光了。于是，我们就将不需要直射阳光的卫生间、工作室（缝纫类）还有步入式衣帽间设置在了一楼，而在有直射阳光的二楼安排了LDK，三楼则为卧室。同时，又通过纵向传递的方式，将二楼和三楼的直射阳光（尽管不多）送到一楼。

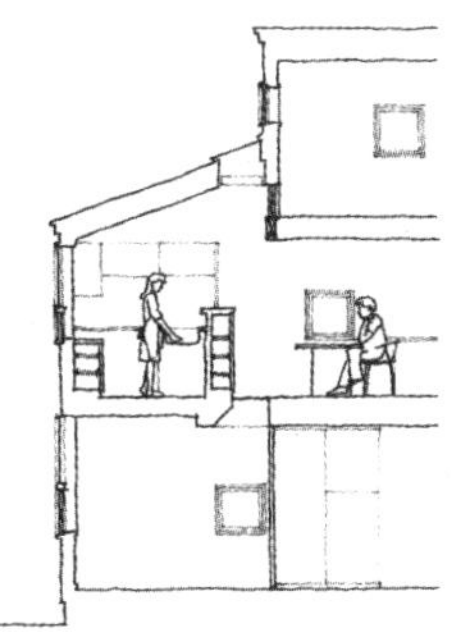

## 北面的阳光

从天窗射入的阳光穿过二楼厨房以及餐厅地板上的孔一直照到一楼的家务间。也就是说，来自北面的安静、柔和的反射光能够照射到一楼

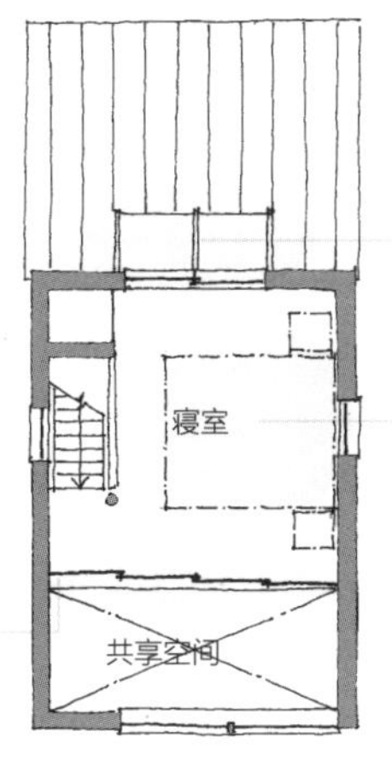


## 被共享空间夹在中间

三楼上寝室的天花板较低，其南面是起居室上方的共享空间，北面的墙根处又与厨房上方的小型共享空间相连

## 可随心所欲地观看天空

位于南侧起居室上方的共享空间，敞开部分直达屋顶，视线可以越过南面邻居家的屋顶眺望天空。共享空间和卧室的分界处是 4 扇推拉门，可根据具体状况开合

3F
1:150

1. 这是位于二楼的起居室，在楼梯上回头观望时，视线可延伸至餐厅、起居室和露台
2. 外观是夜景，但进入胡同后，可以越过露台看到二楼起居室的灯光，诱人进入家中
3. 玄关的模样。占地面积较小的房屋玄关往往都比较暗，但使其靠近楼梯间后便可充分获取亮光了

# 以楼梯为中心 | 大仓山的住宅

所在地　神奈川县横滨市
家族构成　夫妇+一个小孩
占地面积　70.87m²
建造面积　40.35m²
使用总面积　80.07m²
构造、规模　RC结构（底下）+木结构二层
施工单位　泷新

**直接相连而又有所阻隔**

玄关通过楼梯与起居室直接相连，而为了挡风，又设置了一道推拉门加以阻隔

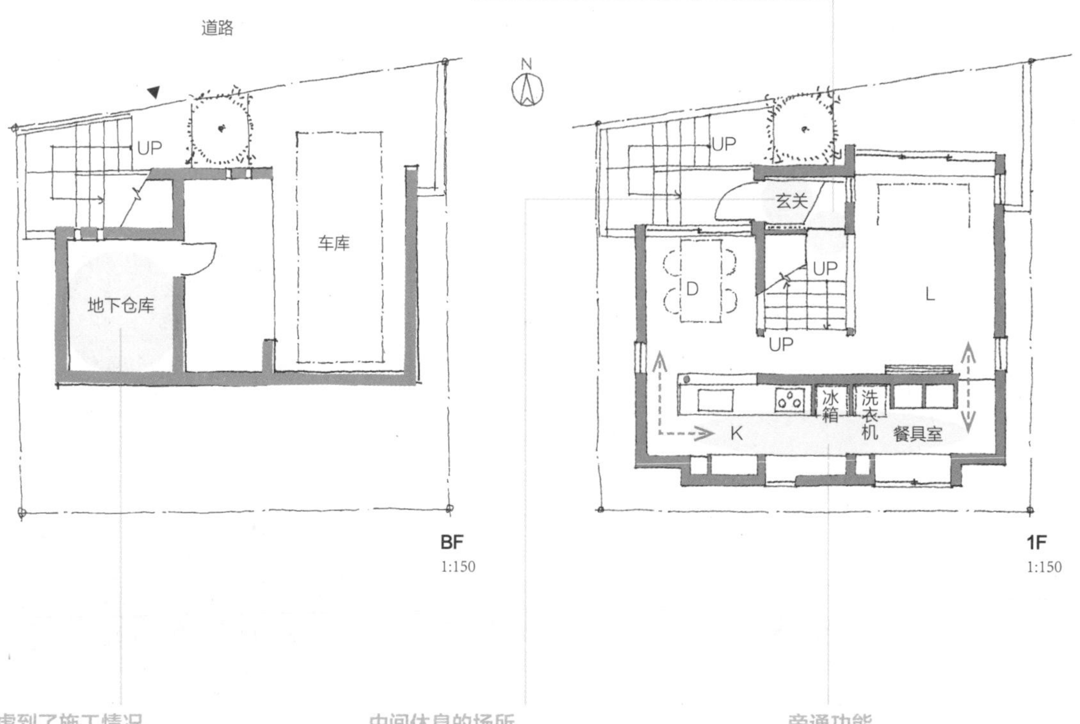


**也考虑到了施工情况**

由于这是一块斜坡地，所以建造了一个可从道路直接进入的车库，在地面挖一深坑用作地下仓库

**中间休息的场所**

玄关的高度处于道路与1楼的中间。无论是从外面还是从里面到玄关的移动距离都是一样的，于是就成了一个中间休息的场所

**旁通功能**

厨房与放置洗衣机的餐具室相连，兼有通往起居室的家务动线的旁通功能

这是一块位于丘陵北面的住宅用地，道路也与北面相连。由于东南西三个方向都与邻居家相连，采光就只能依靠北面了。同时，又由于从北面窗户望出去风景很好，因此考虑由此采光后，也能够实现舒心的生活。因此在空间规划时，设计成各个房间都围在楼梯间周围，楼梯间的天花板上开设一个比较大的天窗，由此，可将光线输送到各个房间。通过以楼梯间为媒介，又可将各个房间都连接在一起，能够传递家人之间的气息。正是因为面积狭窄，才能营造成一个以楼梯间为中心的，光线、通风和气息都能很好传递的舒适住宅。

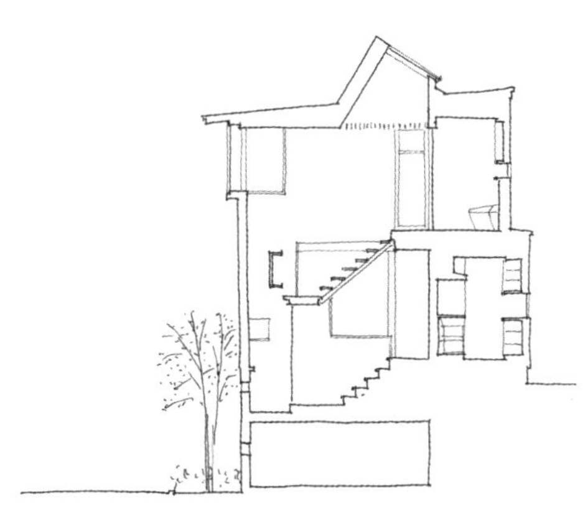

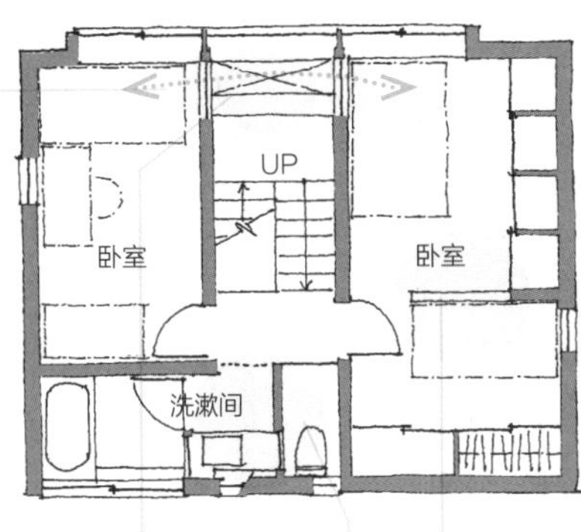

1. 这是面朝道路一侧的房屋外观。由于是利用斜面建造的，居室建在了车库的上方
2. 这是一楼的起居室和楼梯间。从楼梯上方射入的光线和北面百叶窗照入的柔和光线，共同营造出了室内浓淡有致、十分惬意的光照效果
3. 这是从三楼俯视楼梯间时所看到的景象。来自天窗的阳光可一直照射到餐厅

### 通过楼梯间来加以衔接

各个房间相对于楼梯间都是敞开的。这样，既能够保证各房间之间气息相通，同时也能在视觉上保持宽敞

### 同一房间里的另一个空间

用一道 1.6m 高的隔墙在房间里分割出另一个空间，可在此悠然休息

### 阳光可一直照射到最底层

楼梯间的一部分建为共享空间，故而从顶上照下的阳光可穿过二楼的生活空间，一直照到最底层的玄关处

### 克服局促感

洗漱间和厕所都建成了最小尺寸，为了缓解这种局促感，在部分墙壁上嵌入了乳白色的玻璃，这样就能将光线引入室内

## 往上升还是往下沉

狭小宅基地这个词到底是什么时候开始使用的，现在已经不得而知了，但参考住宅相关的杂志，我们可以知道其指的是20坪左右或更小的宅基地。然而，搞了几次都市建房的设计后，就不觉得20坪左右的宅基地是多么狭小了。因为我们已经知道在占地总面积为20坪左右的宅基地上建房，只要将整体设计和空间规划安排好，就能够建成十分舒适的住宅。

话虽如此，有时候还是希望占地面积更大一些。在20坪左右且容积率为100%的宅基地上建造房屋时，其最大的占地面积也就20坪左右。如果需要更多的面积，就得让房屋的一部分沉到地下去了。也就是说，必须建造地下室。最大限度地利用好地下室来缓解容积率，可以将总占地面积增加到30坪左右。尽管这么做会增加工程的费用，但与土地费用相比就不值一提了。

当然，如果容积率是150%的宅基地，就没必要建造地下室了。因为150%的20坪宅基地，其本身总占地面积就能达到30坪。但是，在都市会有因高度限制而带来的北侧斜线限制，故而由于高度的关系，有时候三楼并不能被充分地利用。虽然三楼空间的削减方式与具体的宅基地形状和朝向有关，但一般来说，将30坪左右的占地面积理解为只有25坪应该是不错的。

如果单纯地从空间规划的角度来看，是沉入地下使其成为三层结构还是向上发展变成三层结构，给日常生活带来的感受还是有点不一样的。当我们将玄关设置在一楼时，玄关事实上就处在沉入地下结构的中间楼层，动线自然也以玄关为中心而上下分开。而向上发展成为三层结构时，以玄关为起点的动线只有一个方向。

相反，如果我们将这种差异反映到空间构成中，并以此来增加居住的舒适度，那么就能发挥出狭小宅基地所特有的优势了。

1. 这是道路一侧的外观。二楼朝外敞开的部分非常大，而由外墙延伸的围墙将一楼遮掉了一半，并将地下室的采光井完全遮挡了
2. 这是从一楼的走廊深处朝玄关方向望去时所看到的景象。楼梯连接着上下楼层，而阳光可从玄关处照射进来
3. 这是二楼的起居室。朝南巨大的窗户分作上下两段，都可通过折叠推拉窗来遮挡来自外面的视线和阳光

# 具有较大缩进的宅基地｜瀬田的住宅Ⅱ

所在地　东京都世田谷区
家族构成　夫妇+一个孩子
占地面积　75.36m²
建造面积　31.85m²
使用总面积　89.91m²
构造、规模　RC结构（地下）+木结构二层
施工单位　泷新

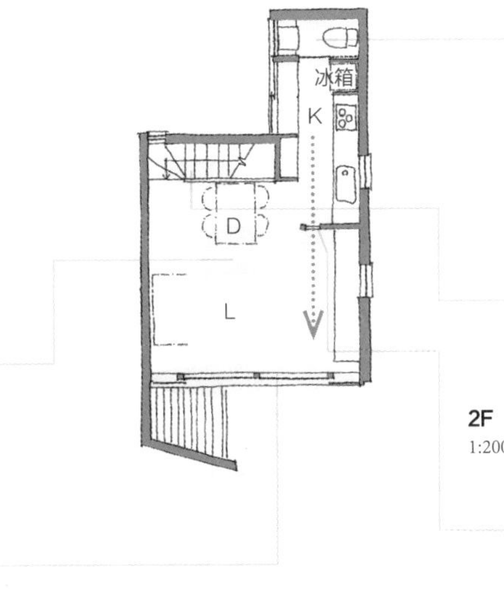


2F
1:200

### 采光和通风
天花板上开有一个小小的天窗，而洗漱间前面开有通风用的窗户

### 扶手的高度
扶手与餐桌同高，起到腰墙的隔离作用，同时扶手是栏杆式的，可将楼梯间的空间也纳入居室

### 各得其所
起居室和餐厅虽然处在同一楼层，但由于确保了各自的领域，故而能够各得其所，保持安宁的生活氛围

### 敞开部分很大
地下室、一楼、二楼越往上越对外敞开。二楼朝南开有很大的窗户，可以往两边打开以确保通风

### 既围住又通透
从感觉上将厨房围住，但由于在视线高度开设了小孔，视线又可以穿过起居室一直看到外面

### 明亮的浴室
浴室面朝着采光井上方的共享空间，洗澡时可观赏外面的景色

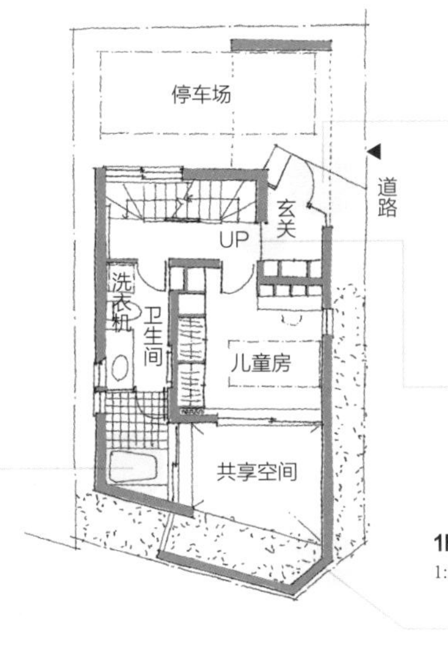


1F
1:200

### 滞留区
虽然玄关的水泥地部分比较小，但由于入口处有滞留区，令人感觉并不狭小

### 玄关在室外，走廊在室内
由于推拉门的分隔作用，走廊就保留在室内了，给人以安定的感觉

### 围墙遮挡后便可敞开窗户了
由于围墙的遮挡作用，外面的行人与在地下室以及一楼的视线便不会相交了。因此，房间的窗户可以开得很大

### 通风作用
步入式衣帽间成了回游动线的一部分，除了人可由此经过外，还具有通风作用

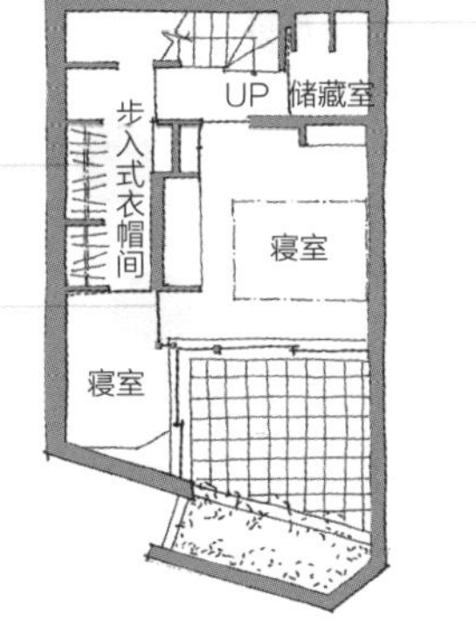


BF
1:200

### 小小的通风通道
小小的储藏室开有一个通往楼梯下面的通风口，与步入式衣帽间一起形成通风的通道

### 感觉十分宽敞
拉开两个寝室的推拉门后，在视觉上就连同采光井在内成为一个空间了

宅基地面积虽然有22坪，但沿道路一侧有缩进部分，按照建筑基准法，实际占地面积只有19坪。这种情况在大城市里很常见，尤其是当面前的道路不足4m时就该特别加以注意了。与此同时，该地区在高度方面的限制也十分严格，因此就很难向上建成三层楼而只得往地下发展了。地下是夫妇的卧室和步入式衣帽间，成了日常生活的居室。将地下建成居室时就一定要建造采光井（居室前面的空地），以此来实现采光和通风。

# 初看是四层楼建筑 | 赤堤大道的住宅

| | |
|---|---|
| 所在地 | 东京都世田谷区 |
| 家族构成 | 夫妇+两个小孩 |
| 占地面积 | 45.90m² |
| 建造面积 | 27.29m² |
| 使用总面积 | 105.40m² |
| 构造、规模 | 钢结构四层 |
| 施工单位 | sobi |

**音乐和阅读**
多功能室放置了钢琴、音响和移动式书架，使其兼具音乐和图书室的功能。地下室所特有的隔音效果，提供了一个极佳的室内环境

**连成一个宽敞的空间**
楼梯间的门厅（走廊）设计得比较宽敞，故而在白天打开寝室的推拉门后，楼梯和门厅就变成了一个融为一体的宽敞空间

**采用推拉门分隔**
出入口和洗漱间的一侧为储藏室的双槽推拉门，洗漱间可在敞开的状态下使用。因场地比较狭窄，难以使用平拉门

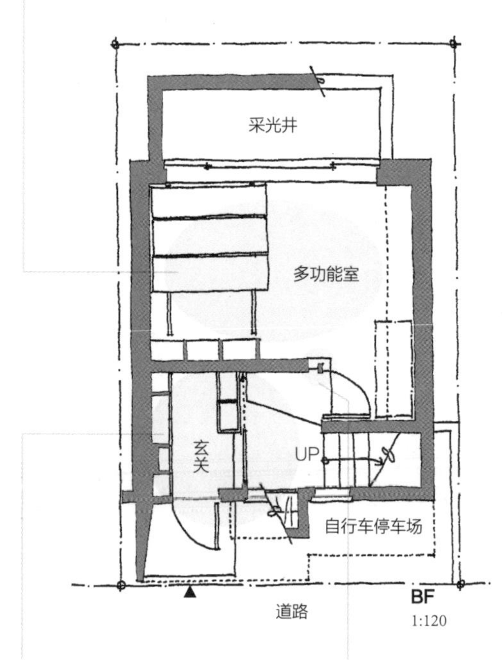


**虽然小也具有储物功能**
玄关处的空间比较小，但除了能放置鞋子、雨伞外，还在落地窗上建造了可挂大衣的储物柜

**从纵缝处漏出来的亮光**
多功能室的门旁开有一条玻璃纵缝，可传递两个空间相互间的亮光，从而减轻闭塞感

**从厕所这边来取放**
如果从日式房间的一侧来取放物品就过于绕远了，故而一些换季时使用的东西可从厕所这边取放

占地面积14坪不到、建筑面积率60%左右、容积率为200%。建成三层楼的话总建筑面积就可达到25坪，再充分利用地下室缓和容积率的功能可再增加8坪，从而确保33坪。于是，我们就利用宅基地与前面道路之间的高度差，使从道路上看来一楼是沉入地下的，变成一幢初看为四层楼的楼房。根据相关规定，这样的建筑为地下一层、地上三层，从而确保了日常生活所必须的建筑面积。

1. 这是从三楼厨房朝起居室和餐厅望去时所看到的景象，是一个如同茶室般宁静、安详的房间

2. 这是道路一侧的外观。看起来像是四层楼的建筑，但进出口所在的楼层是当作地下室来处理的，实则是地下室加三层楼的瘦高型建筑

3. 这是从一楼玄关处所看到的楼梯。楼梯间虽然很小，但从上面照射下来的阳光让人感到十分舒畅

4. 3枝儿童房里固定式床铺周边

**视线通透**

推拉门收入墙中后，起居室与楼梯间就成为一个空间了。由此，视线也可贯通南北，给人以远超实际面积的宽敞感

**虽然很小但依然是个共享空间**

这里开出了一个小孔，透过它张望一下能够看到二楼的情况，也可以通过它在上下楼层间对话。这个小小的共享空间将上下两个楼层连在了一起

**枕边的小孔**

固定式的双层床，可从两边上下。枕边开有小孔，通过该孔可观察南面的外景，同时也使儿童房与共享空间连成一体

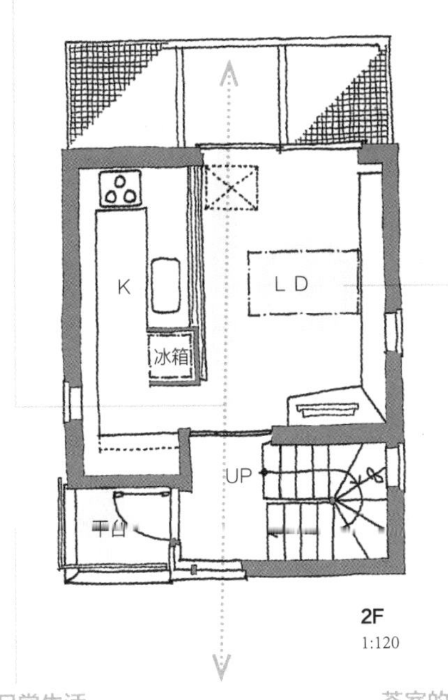


2F
1:120

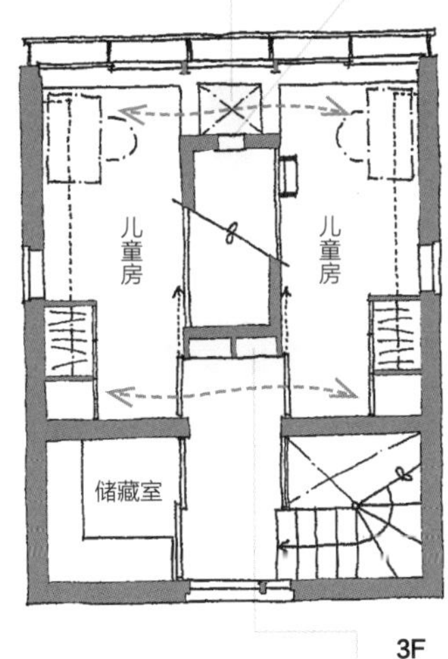


3F
1:120

**考虑到日常生活**

虽然地板面积比较小，但也建造了一个辅助平台。这样，室内反倒能安排得井井有条，有利于日常生活

**茶室的感觉**

放上矮桌可营造出一种类似于茶室的感觉。因其与厨房之间有腰墙分隔，围坐在矮桌边能够感受到茶室般的安宁氛围

**书架夹在中间**

由于书架夹在中间，将推拉门拉开后，两个房间就跟一个房间一样了

# 调整面积和高度 | 初台的住宅

所在地　东京都涩谷区
家族构成　夫妇+两个孩子
占地面积　65.33m²
建造面积　38.88m²
使用总面积　106.92m²
构造、规模　木结构三层
施工单位　泷新

**厨房旁边的洗涤房**
厨房的旁边有一个带有污水池的洗涤房，同时又可兼作食品储藏室

**从共享空间采光**
起居室的上方也有共享空间和天窗，故而比较靠里的空间也能正常采光

**厨房的上面是儿童房**
厨房的上方是共享空间，故而在三楼的儿童房内可以看到厨房的动静

**一物两用**
可从二楼餐厅进出的木制露台，该露台的下面就是玄关门廊

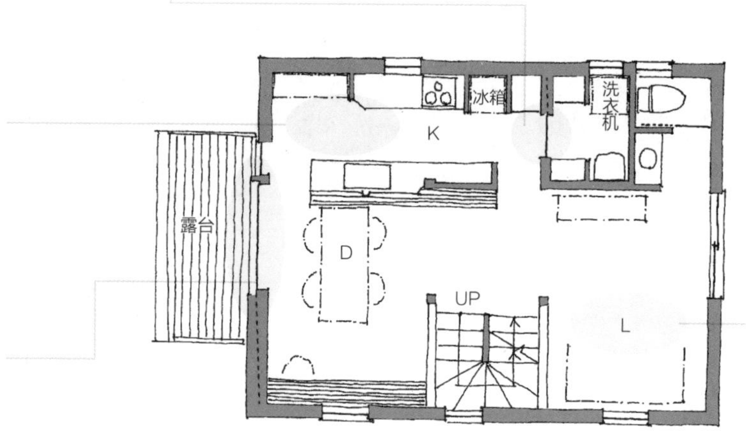


2F
1:120

**拉开推拉门后极为宽敞**
进入室内的出入口处装有推拉门，而其防雨门、纱门和玻璃格子门这三道推拉门都能够收入墙内。当推拉门完全打开后，玄关就与入口门廊融为一体，变得十分宽敞

**可实现多种功能**
玄关被建成一个不铺地板的空间，墙壁被尽可能大地做成了书架。因此，这幢住宅的玄关是以多功能空间的形式融入日常生活的

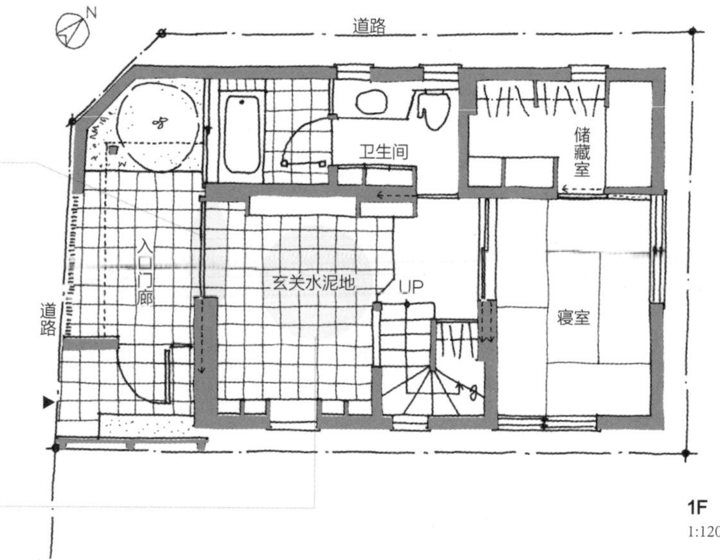


1F
1:120

住宅用地是一块19坪多一点的拐角地。该宅基地的建筑面积率为60%、容积率160%，但由于边角块增量的关系建筑面积率可达到70%，所以一楼和二楼的楼面面积可确保为27坪。但现实问题是，如果将70%的建筑面积率全部用尽的话，则建筑物的周围就几乎没有空地了，这样就有必要考虑建造三楼，但由于道路斜线与北侧斜线的限制，三楼实际能够使用的面积是极为有限的。因此，在楼面面积与高度等因素的条件下，进行空间规划时就必须根据实际的生活方式进行设计。

**小阁楼的形状**
三楼的屋顶在南北方向都是倾斜的，故而儿童房就成了一个带有倾斜屋顶的阁楼房

**面朝着共享空间**
两个儿童房都带有位于腰窗之上的两扇推拉门，而将其收入墙壁后，房间与共享空间也就融为一体了

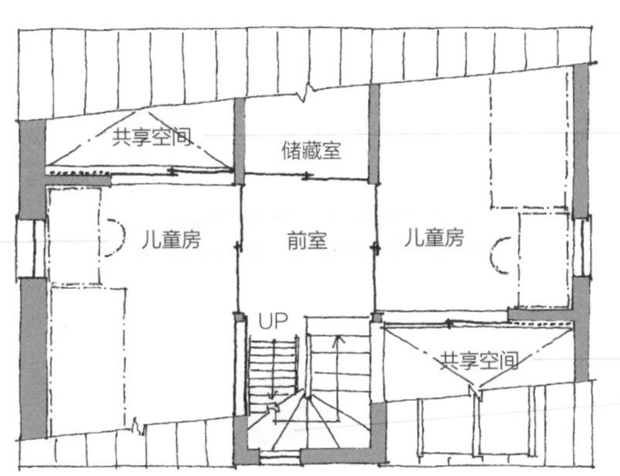


**人可登上屋顶，光可从屋顶照射下来**
有一架较陡的楼梯直达屋顶，而光线也可从楼梯顶端的出入口处照射下来

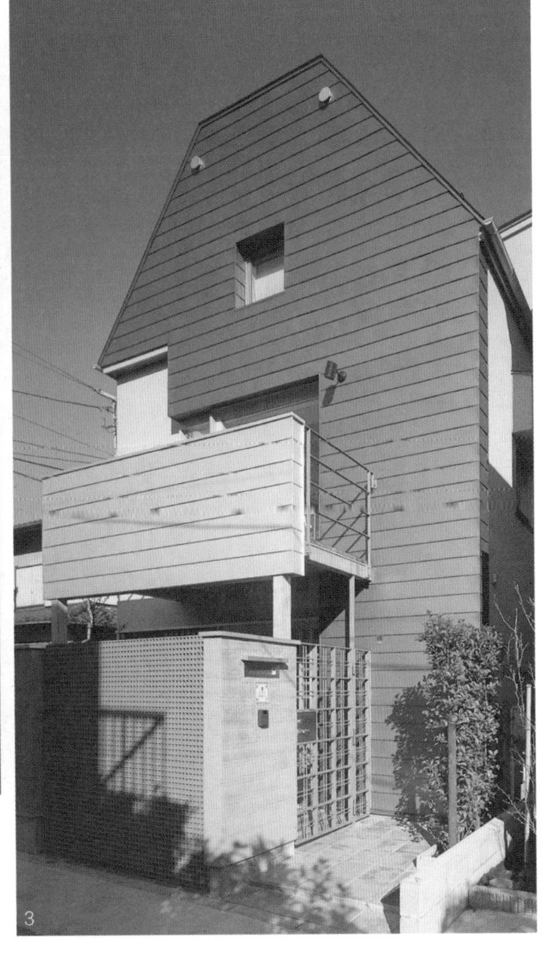

1. 这是二楼的起居室和楼梯。取消了楼梯间的部分墙壁，使这一楼层显得较为宽敞
2. 这是二楼的DK。餐厅和厨房同处于一个房间，打开单扇玻璃推拉门可以走到外面的露台上去
3. 这是道路一侧的外观。可以看到一楼的入口处、从二楼餐厅伸出来的露台，及三楼儿童房的小窗户

# 利用中庭、露台将外界纳入室内

通常住宅通过墙壁、屋顶来达到保护自身而不至于暴露在外的目的。实际上在建造墙壁和屋顶时是区分内外的，而墙壁与敞开部分（窗户）之间的关系将对这种内外的区分方式产生巨大的影响。敞开部分较多的住宅在视觉上就削弱了内外区分的效果，自然而然地就能产生内外融为一体的感觉。然而，仅仅是为了让人感到内部空间宽敞而扩大敞开部分的做法，真的能够令人感到宽敞吗？

让我们想象一下在海边沙滩坐在太阳伞下的情形吧。太阳伞下面的领域就相当于住宅屋顶下面的内部空间，而这个内部空间的四周却是全开放的。那么，我们能够产生内外空间融为一体的感觉吗？不会的。事实上我们甚至感受不到太阳伞的覆盖领域。我们会觉得所有的空间都是外部空间。因此，人们对于空间领域的感受其实是十分有趣的。有时应该感到宽敞的时候却并不觉得宽敞，而应该感到狭窄的时候反倒觉得比较宽敞。这一切都是随着空间构成方式而改变的。那么，到底该怎样才能感到宽敞呢？

一个有效的方法是，将地板延伸到外面，而不是简单地去除墙壁，这样的话可将露台作为室内部分的延伸而纳入室内区域。并且，可在露台的前方建一道墙，使纳入室内的露台处于围合的状态而与周围广阔的世界隔离开，从而使其失去比较对象，这样便可十分单纯地感受到拓展后空间的宽敞感。也就是说，通过延伸室内楼层和建立围墙将其围成中庭的方法，就能将外面的空间纳入室内了。

1. 这是从中庭朝餐厅、书房一角望去时所看到的景象
2. 这是从二楼寝室朝中庭望去时所看到的景象
3. 在玄关门厅处所看到的景象，中庭的对面，越过餐厅可以看到外部的绿植

# 与室内相连的外部空间 | 千叶的住宅

所在地 东京都千叶市
家族构成 夫妇+三个小孩
占地面积 290.94m²
建造面积 78.72m²
使用总面积 150.36m²
构造、规模 木结构二层
施工单位 佐久间工务店

**从楼梯间采光**

从一楼的书房角上到二楼的楼梯间，可从露台一侧和朝南的狭长窗户采光，并照亮一楼

**回游动线的一部分**

将露台设想为衣物晾晒的场地，并且还是二楼回游动线的一部分

**通往寝室的快捷方式**

走上螺旋楼梯后便可进入作为内侧动线的露台和寝室

**经由露台**

建有一条从玄关进入穿过洗漱间的动线，从洗漱间也可直接走到露台上

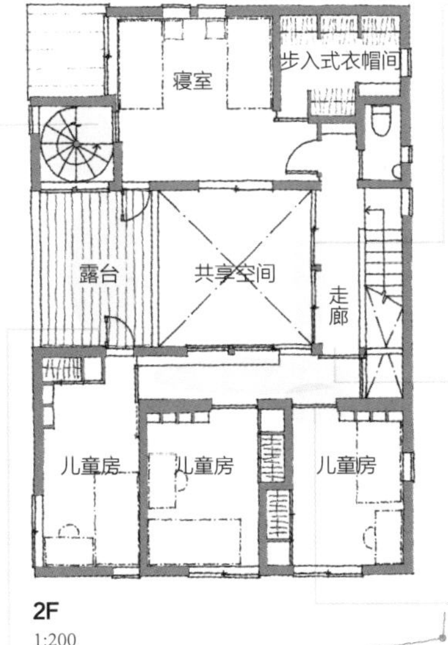


**建成分段式窗户**

从地板直到天花板的敞开部分，下部配有固定的玻璃，上部则是双槽推拉窗。在保证安全性（防止小孩跌落）的同时也确保了通风

**性质不同的走廊**

儿童房里带有固定式的书架，而房间前面的走廊可带有玻璃推拉门，关上此推拉门则走廊就成了儿童房的前室，其性质与楼梯间一侧的走廊绝然不同

**走廊也可成为房间的一部分**

儿童房的推拉门相当宽，将其打开后，房间就与作为前室的走廊融为一体了

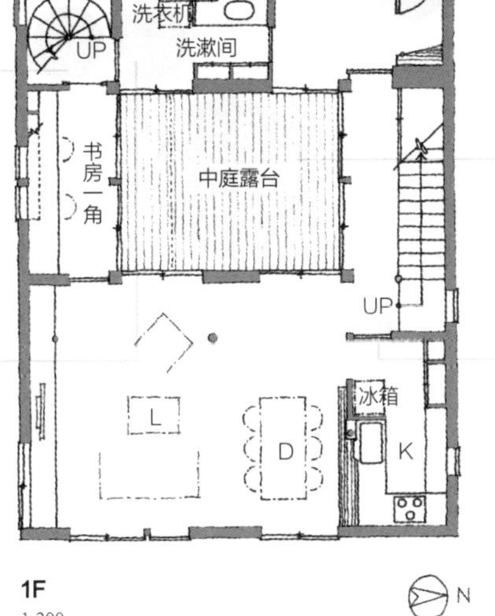


**通往隐秘的厕所**

玄关门厅里建有一个凹室，进入玄关后便可走进旁边的厕所。门的开关方式也有利于厕所的隐秘性

**如同室内一般的中庭**

除了玄关门厅以外，还可从各个空间进入中庭露台。打开推拉门后就成了一个包括走廊和书房在内的大室内空间了

父母家的住宅用地

**起到墙壁的作用**

这个单扇推拉门可根据具体情况拉出或收入墙内。平时将其收入墙内比较便利，有客人来时，将其拉出来就可成为一道遮挡厨房内部的墙壁

在父母所居住的屋子旁边，建造了一所新的住宅。此时首先要考虑的是与父母房子间的关系。而所谓的关系，其实就是能够穿过院子十分方便地往来于这两幢房子之间。如果做不到这一点，那么从精神层面来讲，两家人之间的关系就比分处两地更为疏远了。但反过来讲，如果这种关系过于密切的话，那就很难保障各自的隐私。在考虑到这些因素的同时，并为了遮挡来自南面邻居家三楼的视线，故而建造了一个中庭，这个中庭就是儿辈一家的隐私空间。

## 在二楼造个很大的露台 | 千驮木的住宅

所在地　东京都文京区
家族构成　夫妇+两个小孩
占地面积　272.36m²
建造面积　78.61m²
使用总面积　154.06m²
构造、规模　木结构二层
施工单位　泷新

**柔和地分隔成两个房间**

夫妇寝室两张床的中间建有一道推拉门，关上此推拉门后便可将寝室柔和地分隔成两个房间。其中一个房间带有书房，由于位于独用的寝室内，此书房便可毫无顾忌地加以利用

**欣赏庭院中的绿植**

来到玄关门厅后便可看到一个与停车场间用竖格栅栏分隔开的庭院。而该庭院中的绿植，则在玄关里侧的走廊及寝室里都能欣赏到

**可从两个方向进入**

根据使用的具体情况可从洗漱间和走廊这两个方向进入厕所



**夹着共享的露台**

儿童房分布在共享露台的左右，融为一体

**可在外廊檐上玩耍**

与道路的分界处建有围墙，而围墙与儿童房之间建有一个小小的庭院，并带有古式的外廊檐

**首先用此门挡住外人**

停车场的旁边开有可上锁的门。过了此门空间的隐秘程度就大为提高了

考虑到与邻居家以及周边环境的关系，决定将LDK设置在二楼。这样的话比较容易实现通风和采光，但由于周围比较宽敞，相比将LDK设置在一楼，与邻居家视线相交的机会则更多。为了避免这种情况，当然可以少开一些窗户，但这样一来将LDK设置在二楼也就没有意义了。既要开很大的窗户又要避开邻居家的视线，就只能在窗户外面砌高墙。于是我们就在二楼建造了一个很大的露台，并建起了围墙。由于是出于遮挡视线而建造的围墙，与室内是保持着很大距离的，这样就自然产生了一个被墙壁包围的外部空间，而该空间是能够与室内空间融为一体的。

**从厨房进入后院**
建有可下至后院的外楼梯，也可从厨房经辅助平台进入后院。辅助平台上有可存放杂物的储物架以及污水池

**营造安逸感**
家务角、起居室和餐厅同处一个空间，其中有一部分是被墙壁围起来的，可营造出一种安逸的氛围

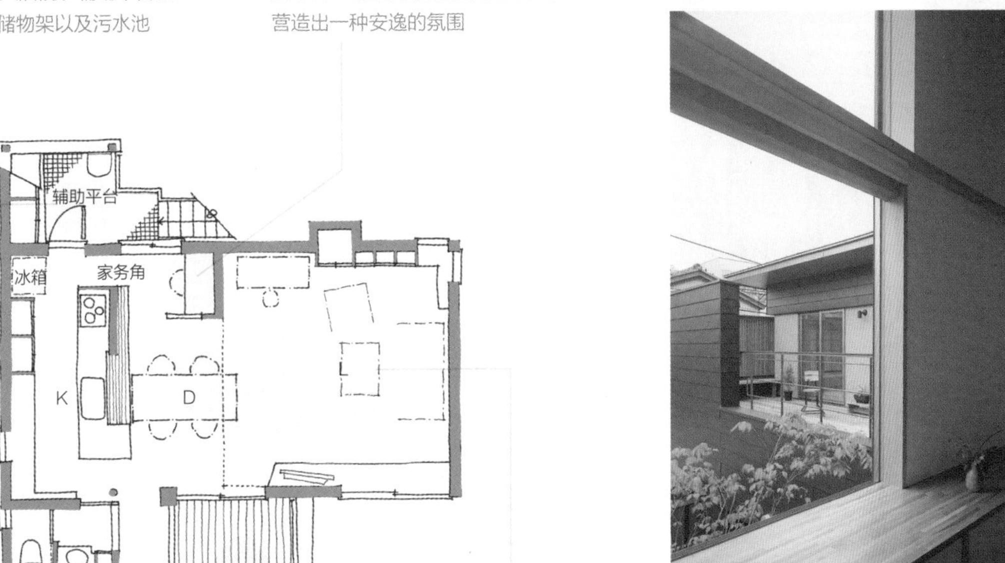

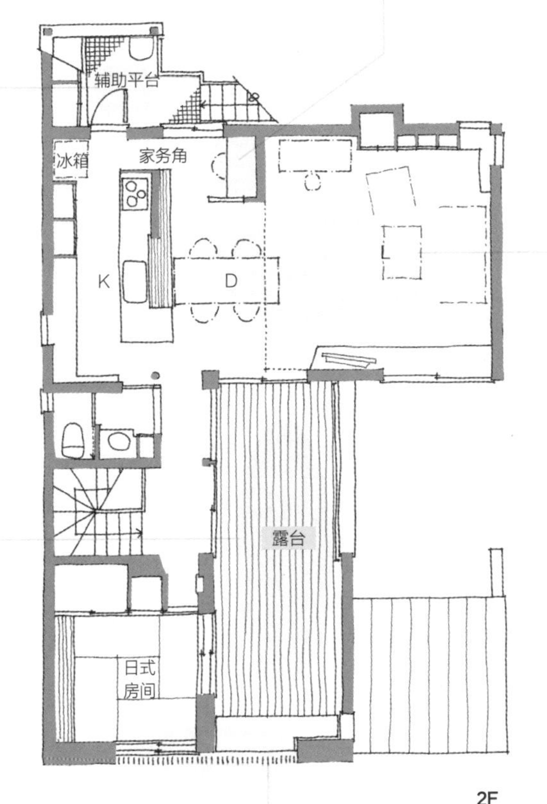


**看得到庭院**
露台被围在中央，可从各个空间进入，仅在可俯瞰庭院的部分安装了扶手

**用天花板的高度来加以区分**
起居室的天花板比较高，餐厅的天花板比较低，尽管同处一室，但通过不同高度的天花板也能区分出各自不同的领域

**遮挡视线**
为了不与来自外面的视线直接接触，用纵格栅栏将露台和日式房间的窗户与道路分隔开

1. 这是从二楼走廊越过露台朝起居室眺望时所看到的景象
2. 这是从起居室朝日式房间望去时所看到的景象。越过庭院内的绿植，可以看到露台以及后面日式房间的窗户
3. 这是从厨房望出去时所看到的景象。视线可从餐厅穿过起居室、露台，同时还通过起居室上方的共享空间（尽管没出现在视野里），感受到宽敞的感觉

# 用房间围住、用墙壁分隔 | 田园调布的住宅

所在地　东京都世田谷区
家族构成　夫妇+三个孩子
占地面积　280.80m²
建造面积　99.75m²
使用总面积　200.91m²
构造、规模　木结构二层+阁楼
施工单位　荣港建设

**起到分隔作用的围墙**
一道水泥围墙可分隔内外（中庭和停车场），确保内侧宽敞的私人空间，入口通道一侧则有屋檐飞出

**隐藏起推拉门**
将起居室和娱乐室的落地窗全开并收入墙壁中，中庭、娱乐室和LDK就成为融为一体的宽敞空间了

**直接进入**
可以不经过玄关，从入口通道的铁格门直接进入中庭和居室

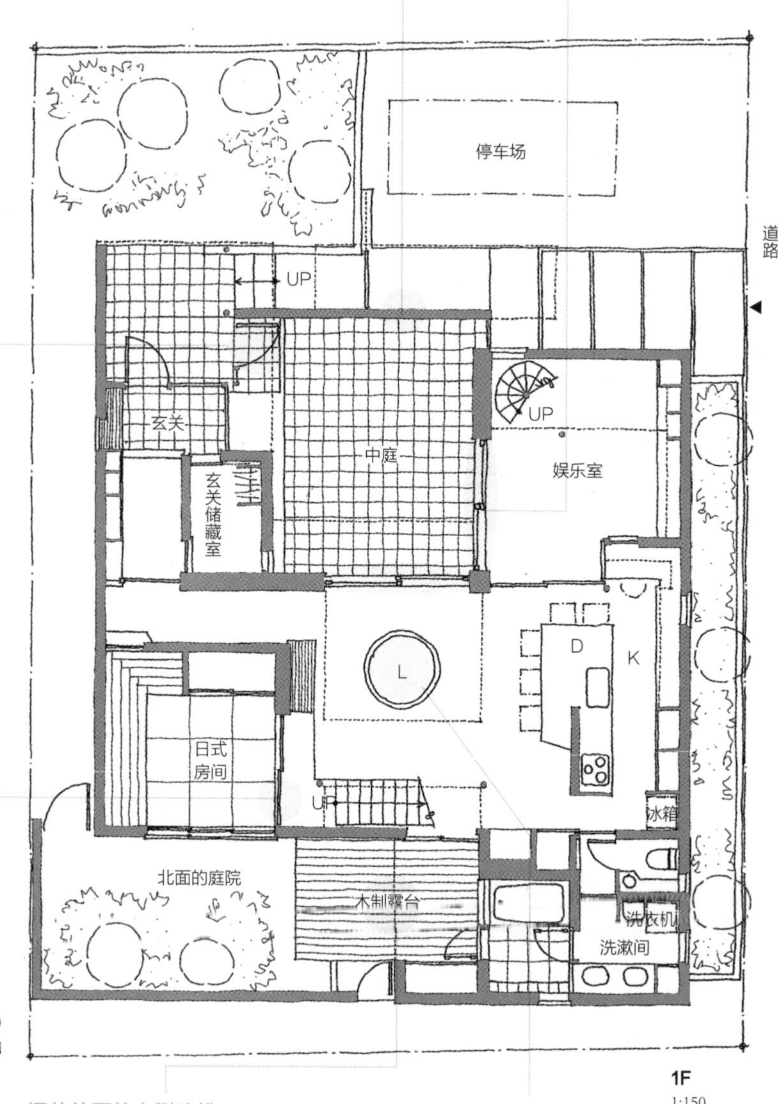


**与日式房间也相通**
由于日式房间与起居室之间的推拉门是可以收入墙壁内的，因此，在除了将日式房间用作单间的情况下，将推拉门拉开，日式房间就与起居室成为一个空间后。即便推拉门关上后，两个空间通过推拉门上的楣窗也仍是相通的

**通往外面的内侧动线**
北面庭院里的木制露台可以用作小型的晾晒场，同时也是厨房的辅助平台，还可通过后门来到外面

**圆矮桌**
起居室内下凹式的被炉处设置了一张固定式的圆矮桌，在家人团聚的傍晚可围着此桌吃晚饭。矮桌下面的地板也是带地暖的

住宅用地85坪，虽然不在大都市里，可这样的面积也够宽敞了。然而，仅仅是在南边建造庭院是不能令人满意的，为了将这种宽敞感纳入室内而建造了中庭，并用围墙将其与停车场以入口通道分隔开。中庭虽然被入口通道、LDK和娱乐室团团围住，但从其中的任何一个空间都能够进入。正是由于被围住所产生的一体感，给人以比实际面积更为宽敞的感觉。

**考虑到洗涤物的搬运**

平台与寝室、走廊相连。到了傍晚，晾晒在平台上的衣物收进室内后可晾在较为宽敞的走廊上

**小孩子的动线**

通过螺旋楼梯可从一楼的娱乐室上到二楼。有小朋友来玩时，这就成了一条极为便利的动线

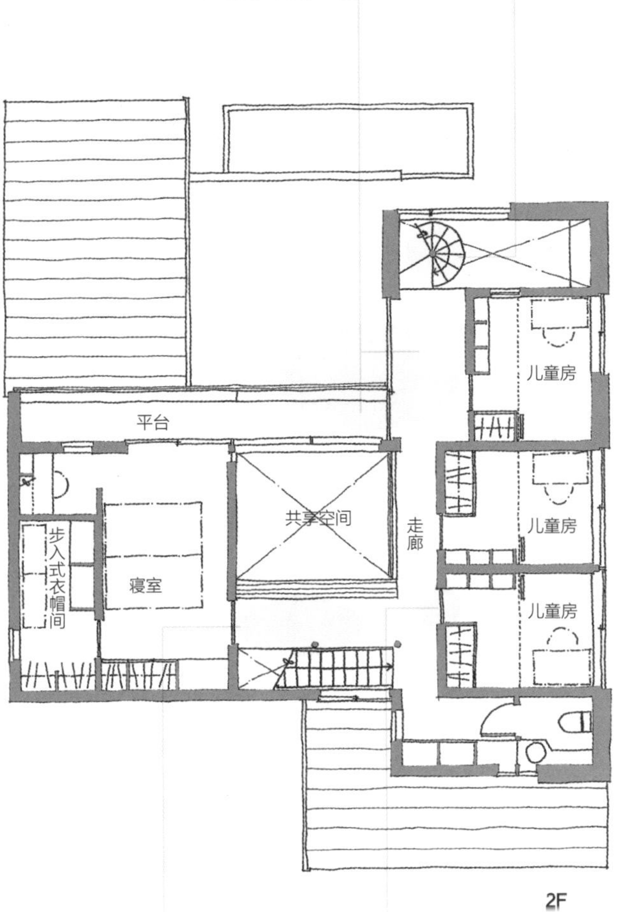

**面朝着共享空间行走**

平台和二楼的走廊都面朝着起居室上方的共享空间，故而走到走廊上后就会产生与一楼融为一体的感觉。与此同时，部分扶手还被做成了书架

**气息相通**

儿童房的进出口处为推拉门，平时常开。推拉门打开后，上下楼间便可互通气息了

1. 这是从起居室朝娱乐室望去时所看到的景象。LDK 和娱乐室围住中庭，打开推拉门后就成为一个空间了
2. 娱乐室和中庭。可从左边的门直接进入中庭，并可通往娱乐室和二楼（通过螺旋楼梯）
3. 道路一侧的外观。从外表看似乎很封闭，其实内部建有与 LDK 融为一体的开放式中庭露台

# 围起来而又通透 | 茅崎东的住宅

所在地　神奈川县横滨市
家族构成　夫妇+两个小孩
占地面积　256.53m²
建造面积　73.09m²
使用总面积　126.86m²
构造、规模　木结构二层
施工单位　渡边富工务店

1

**马上就能进入**
从二楼的个人居室下来后，马上就能进入卫生间

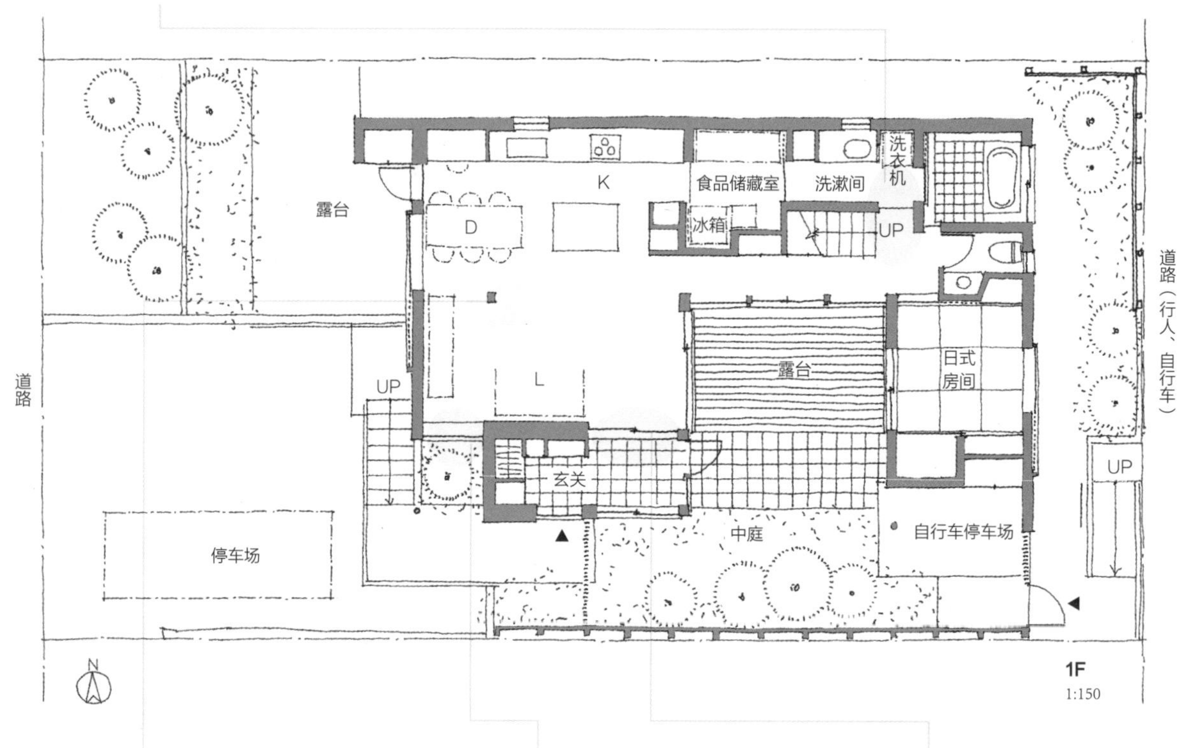


**用柱子来进行区分**
初看似乎有点碍事的柱子，却不露痕迹地将餐厅和起居室分隔开了。当然，在结构上也起到了增强稳定性的作用

**不露痕迹地与外界相连**
越过绿植可从起居室靠边的窗户处看到来访者。由于绿植的上方是没有屋顶的，所以来自南边的阳光能够照射到房间的角落里

**拉开推拉门后就融为一体了**
进入玄关后，中庭里的绿植就展现在眼前。玄关与起居室之间有两扇推拉门，将其收入墙内后，起居室与玄关这两个空间就融为一体了

由于东面是道路，西面是行人或自行车通行的道路，所以这是一块可从两个方向进入的宅基地。中庭虽然离两边的道路较远，但从玄关的水泥地处可穿着鞋子穿过中庭，因此它又成了连接两边的空间。又由于要在家里开设面包烘焙教室，所以LDK确保为20张榻榻米的一个宽敞空间，厨房里建有一个固定的操作台，可供多人围着操作。而该操作台又起到舒缓分隔起居室与餐厅、厨房的作用。

1. LDK。用一根柱子来区分领域，为了营造出餐桌周围安宁的氛围，另建有一道腰墙。从靠里侧的后门处，可走到露台上去

2. 这是从玄关朝中庭望去时所看到的景象。进入玄关后，中庭立刻展现在眼前，透过里侧的日式房间与后院相连

3. 这是道路一侧的外观。可从位于停车场里侧的楼梯进入室内，也可以再往里绕通往玄关

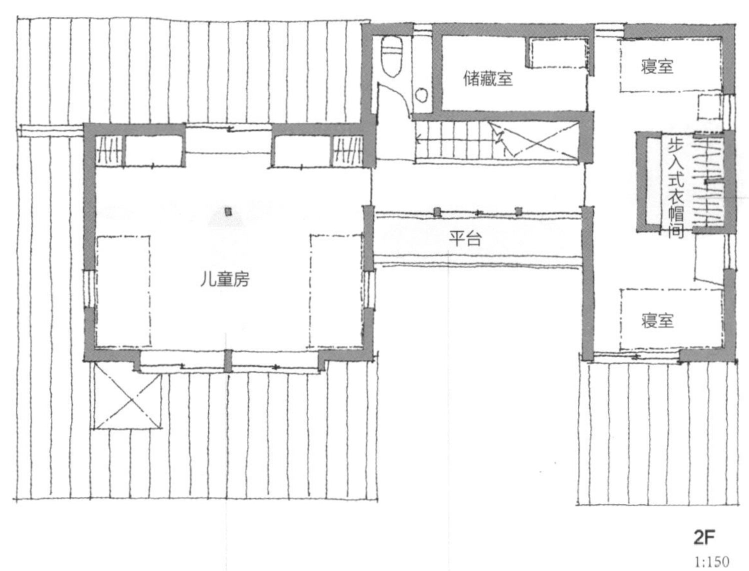


**夫妻分房**

夫妇的房间中央设置了一个步入式衣帽间，形成分房的格局。可分别从两个方向进入步入式衣帽间，故而步入式衣帽间也成了回游动线的一部分

**将来可一分为二**

儿童房在将来是可以一分为二的。并且，每个房间都建有可用推拉门分隔的前室

**晾晒洗涤物**

在一楼洗涤衣物后，跨进一步便是楼梯，而上了楼梯后，跨上一步便可在平台上晾晒衣物。该平台同时还是一楼露台的屋顶

# 使人心情舒畅的回游设计

不久之前，回游性在日本的房屋里还是随处可见的。那时，房间与房间之间是用隔扇分隔的，只要移除隔扇就出现了绕着柱子的回游。说到底，不论有多少间房间，也只是一个大空间而已。而现代住宅要建造得具有开放性就很难了，并且各空间都各具一定的功能，相互之间已经不相容了。

由此可见，每个房间都已成为独立的空间，而从欧美引入个人隐私的观念后，推拉门也都变成真正的门了，原先那种靠隔扇十分灵便地分隔房间的做法也已消失。

这么做个人隐私确实得到了保证，可丧失的是日常生活中的灵活性，而这种灵活性在家务劳动中体现得最为充分。譬如说，进入厨房后也还是从同一个地方退出来，穿过起居室和餐厅，然后走向玄关和楼梯。也就是说，只能来回地走在一条通道上。如果觉得只能这样，自然感觉不出什么，可一旦知道还有别的通道，马上就会感到非常不自在了。既然这样，我们就应该想办法为家务劳动比较集中的地方提供回游便利，因为这样家务劳动会一下子变得十分轻松。因此，在空间规划上的回游性就该主要体现在家务动线上了。

事实上，生活在兼顾到回游性而设计出来的房屋中，不仅有着功能方面的实际利益，还能带来精神上的宽松和愉悦。大人可充分享受其便利性，小孩子也可以随意穿行。许多孩子聚在一起时，还可利用这种回游性来玩捉迷藏等游戏，将整个房屋当做大玩具。与此同时，对于狗狗和猫咪来说也同样是自由自在的。

由于回游性除了使用功能之外还具有多种精神方面的效用，因此，若能巧妙地加以利用，便可大幅提高居住的舒适程度。

1. 这是越过厨房所看到的餐厅和起居室
2. 这是从起居室朝寝室望去时所看到的景象。除了内侧动线外还可以从起居室到露台，从露台进入寝室，实现多条路径进出
3. 日式房间。敞开部分建有可收入墙壁的推拉门，通过此推拉门可调节日式房间与庭院之间的关系

# 一步相连的距离 | 府中的住宅

所在地　东京都府中市
家族构成　夫妇
占地面积　220.77m²
建造面积　99.96m²
使用总面积　99.96m²
构造、规模　木结构一层
施工单位　干建设

**一道墙**

LDK 同处于一个空间，利用一道墙将炉子和冰箱遮蔽起来。通过这样一道起隔断作用的墙，会让人觉得比单纯的一个空间更为宽敞

**将光线引入没有窗户的空间**

从后门到寝室为内侧动线，但这是一个没有窗户的空间。于是在洗漱间到走廊这一带的上方开了天窗，将阳光引入此空间



**距离适中的厕所**

厕所的位置虽然比较靠后，但其所处的位置是经过深思熟虑的，无论是从 LDK 还是从寝室过去，距离都比较适中

**利用露台相连接**

日式房间虽然不在回游动线上，但通过外面的木制露台，在视觉上是与寝室相连接的

这是一栋现已十分少见的平房。一般来说，平房里的动线往往都比较长，在十来年前，通常免不了要建造长长的走廊。为了缩短动线，我们将起居室和餐厅设置在了屋子的中间，而让玄关、储藏室、后门、洗漱间等辅助空间以及作为居室的日式房间和寝室安排在其周围。如此，则无论从哪个空间都能以最短的移动距离到达起居室和餐厅，且辅助空间之间由回游动线将它们串联起来。

# 小型的家务动线、大型的楼层动线 | 神乐坂的住宅

所在地　东京都新宿区
家族构成　夫妇+两个小孩
占地面积　93.00m²
建造面积　55.96m²
使用总面积　181.97m²
构造、规模　RC结构（地下）+木结构三层
施工单位　渡边富工务店

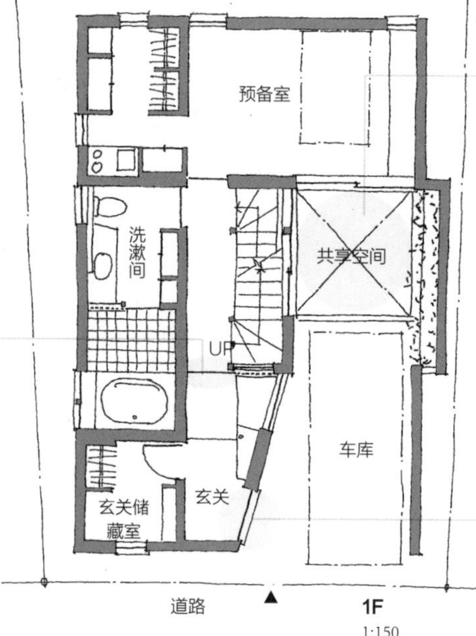


**视觉上的安全感**

穿过采光井的共享空间，预备室、楼梯间（走廊）和车库相互间都能看到，实现了视觉上的回游性。由于无论身在何处，都能看到其他的空间，安全感油然而生

**移动空间也具有安逸感**

由于有推拉门将走廊和玄关分隔开来，使得作为移动空间的走廊也具有安逸感

**玄关处也建有推拉门**

不仅将墙壁砌成斜向的，还在玄关入口处设置了一道推拉门。这样，在停车、开车时就不会觉得局促了

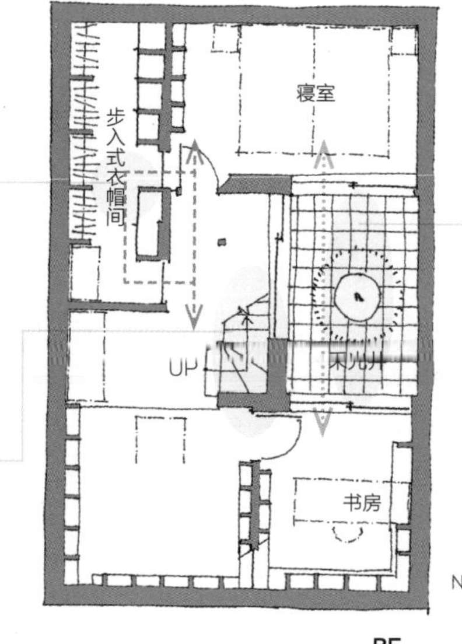


**从两个方向进入**

将步入式衣帽间也纳入了回游动线，可从楼梯间和寝室两个方向进入

**拉长视线轴**

由于采光井被寝室和书房夹在中间，视线轴被拉得很长，所以虽然在地下却没有闭塞感

**采光井也是回游动线的一部分**

将楼梯设置在中央，通过采光井和室内形成回游动线

这是一幢连地下在内一共四层的住宅，为了让所有的居室都能实现采光和通风，将其布置成了コ字形的平面结构。二楼是整幢房屋中最主要的空间，在此设置了起居室、餐厅、厨房以及与厨房相连的家务角。就动线而言，有连接厨房和家务角的家务动线、与楼梯平行的主动线，以及与这两条动线呈木梳状相连的四条动线。除此之外，外面还有连接起居室与餐厅的可兼作晾衣场所的天桥露台。由于有多条动线将各种不同用途的房间连接起来形成了回游动线，各空间虽然分在各处但仍能让人感受到融为一体的开放性。

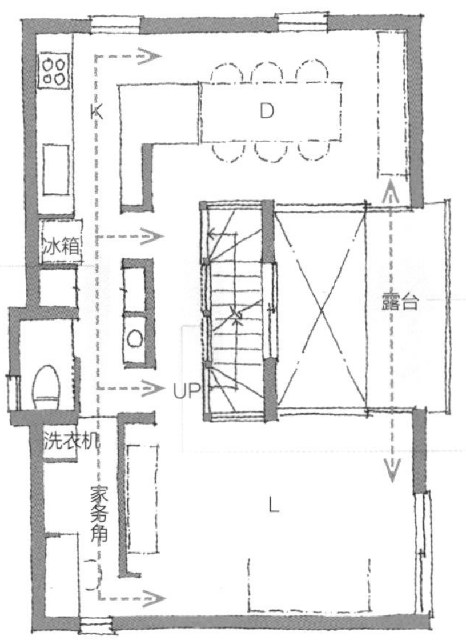


也经过露台

可从起居室和餐厅这两个方向进入露台，露台可用作晾晒场，同时也是回游动线的一部分

从内侧动线进入

从厨房到家务角有一条内侧动线，通过该动线也可以进入起居室和餐厅

将楼梯间封闭起来

用玻璃隔断将楼梯间与走廊隔离开，以保证二楼的空调效果不受影响

**2F**
1:150

1. 这是从位于地下的寝室朝书房望去时所看到的景象。地下部分以采光井为中心来配置各个房间
2. 越过餐厅朝露台方向望去时所看到的景象。可以通过桥状的露台一直走到起居室
3. 这是二楼的起居室。隔着地下室的采光井可以看到楼梯间和餐厅

# 多重回游性 | 久原的住宅

| 所在地 | 东京都大田区 |
|---|---|
| 家族构成 | 夫妇+夫妇（两个家庭） |
| 占地面积 | 165.78m² |
| 建造面积 | 94.08m² |
| 使用总面积 | 218.75m² |
| 构造、规模 | 杠结构三层 |
| 施工单位 | 渡边富工务店 |

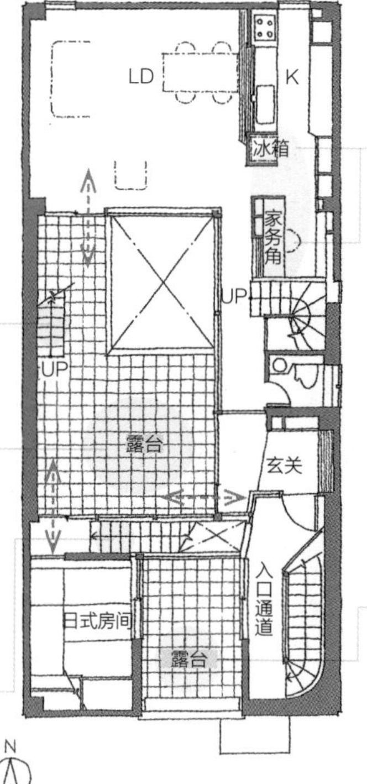


**使寝室与露台相连的楼梯**

这是通往三楼露台的楼梯，与寝室相连

**视线的回游**

将冰箱隐藏起来的墙壁和家务角里的书架虽然将空间分隔开了，但由此形成了视线回游，比起单个房间来，更让人感觉宽敞

**动线集中于露台**

二楼的露台可由起居室玄关的门厅、日式房间前的楼梯间进入，并通过楼梯通往三楼露台，构成了二楼的回游动线

**形成纵向回游动线**

通过可从二楼的入口门厅和日式房间进出的露台，与两个楼梯构成了纵向的回游动线

**被露台夹在中间的楼梯**

从一楼上来，通往二楼日式房间的楼梯。该楼梯被夹在两个露台之间

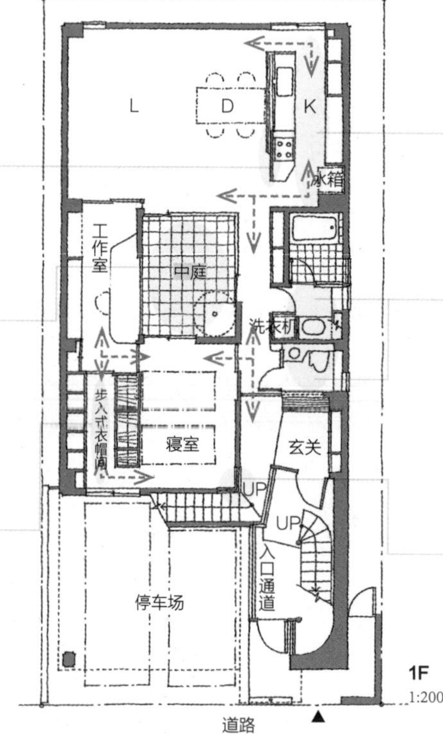


**用一道小墙遮蔽起来**

在煤气炉前建一道小墙，将冰箱遮蔽起来，这样从起居室就看不到冰箱了

**合理安排动线**

从走廊进入LD区域后马上就能进入厨房，而从厨房的里侧也可以穿过餐厅来到起居室。由于墙壁的遮蔽，从LD处是看不到煤气炉和冰箱的

**房间本身也是动线**

小小的中庭四周环绕着多个房间，穿过各房间便可在室内回游

**不露痕迹、方便使用**

从LD可十分方便地进入洗漱间和厕所，而该厕所离寝室也很近。厕所的门十分隐蔽，在LD是看不到的

**从两个方向进入**

步入式衣帽间无论是从寝室还是从工作室都能加以使用。其存衣部分如同一个小岛，环绕该岛便可实现回游

**引入间接光**

房间一角的上部开有推拉窗，可将来自楼梯间上方的阳光导入室内

这是两个家庭分住在不同楼层的格局。由于该地块南北方向比较长，故而为了一楼的通风和采光，十分自然地建造了一个中庭，并以其为中心来实现回游。为了将更多的阳光导入中庭，还在二楼建造了露台，而该露台也能产生回游动线。通过这样的空间，再加上包括外楼梯在内的四架楼梯所形成的纵向动线，实现了一幢多重动线相互沟通缠绕的住宅。

露台
寝室
储藏室
前室
共享空间
洗衣机
洗漱间

3F
1:200

**被围起来的露台**

三楼的露台也建有围墙，可确保不与邻居家的视线相交

**感觉上的回游性**

从通过寝室的前室（储藏室）可以看到楼梯下面，由于实现了这样的感觉上的回游性，就让人感到空间更为宽敞了

**就近晾晒衣物**

从三楼的浴室可以走上屋顶，故而在洗漱间里洗完衣物后可就近晾晒

1. 这是从二楼露台所看到的景象。以一楼的庭院为中心，形成了回游动线
2. 这是二楼的起居室和餐厅。厨房是开放式的，用作隔断的橱柜则可以在餐厅一侧存取物件
3. 这是从一楼的起居室朝庭院望去时所看到的景象。正面所看到的是寝室

# 起到家人沟通作用的两架楼梯

如果不是特别大的房屋，只需要一架楼梯就足够了。因为如果建两架楼梯的话，就会多占相应的地板面积，且被楼梯占用的面积是不可小觑的。即便是最为小巧的螺旋式楼梯，也会在每一楼层占掉一坪左右的面积。通常有楼梯的房屋至少是二层楼建筑，也就是说，一架楼梯至少会占用2坪地板面积。因此，如果将楼梯仅考虑为连接上下楼层的一种装置，那么它就不可能增加地板面积，那么一栋房子有一架楼梯就足够了。然而有时我们会发现，也正因楼梯是这样一种装置，在一栋房子里建两架楼梯也是有意义的。

两架楼梯如果靠得很近自然是没什么意义的，但若二者之间保持一定距离的话，便可在上下楼层间形成较大的回游动线。

建造两架楼梯对于动线设计而言是非常有利的，但这种便利性也并不是绝对的。因为说到底，这是由住宅内部的距离所决定的。长一点的话，也不过10米左右。但是，建造两架楼梯也不仅仅是合理利用空间面积的事。有了两架楼梯后，自然会缩短一楼和二楼间的距离感。当然这是一种感觉，不亲身体验一下很难领会。而这种感觉甚至不是实实在在的感觉，它所缩短的是下意识中的距离感，与居住的舒适度相关联。

1. 这是一楼的起居室。开放式的螺旋楼梯位于起居室的一个角落里
2. 这是朝起居室东侧望去时所看到的景象。其共有三个敞开部分，一个（左边）是沿着楼梯呈纵向狭长形的窗户；一个（右边）是走到露台的落地窗；还有一个（中间）是固定式的玻璃观景窗
3. 这是个人区的楼梯。由于有两架楼梯，所以可将其中的一架做成封闭式的，从天窗处导入阳光

## 内部空间一体化 | 鸠山的住宅

所在地　琦玉县比企郡
家族构成　夫妇
占地面积　238.63m²
建造面积　58.67m²
使用总面积　91.94m²
构造、规模　木结构二层
施工单位　内田产业

**与共享空间融为一体**

走廊兼作书房角，与螺旋楼梯以及餐厅上方的共享空间融为一体，成为一个宽敞的空间

**通过推拉门的开关来增添变化**

关上两头的推拉门后，走廊就与寝室融为一体了，可打开推拉门后，就还原为与两架楼梯相连的走廊

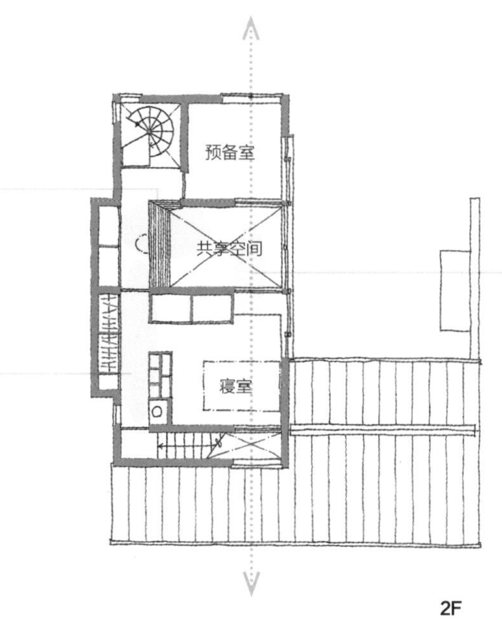


2F
1:200

**相连接的视线轴**

打开寝室与预备室的窗户后，视线轴便可直线延伸。外界与室内在视觉上就连接起来了

**通往二楼的捷径**

不必从起居室一直走到厨房里侧，经由这架小小的螺旋楼梯就能十分便捷地上到二楼

**旁通动线**

兼作食品储藏室的这个储藏室成了从玄关门厅上楼的旁通动线

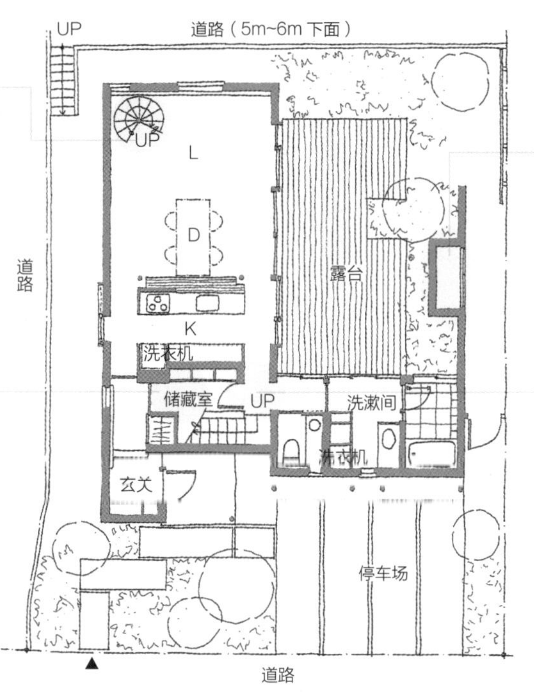


1F
1:200

**藏于屋后**

存放园艺工具的外侧储藏室同时也兼作遮挡邻居视线的围墙，还可从里侧存放、取出工具

**岔路口**

从二楼下来后到达的这一场所，是通往卫生间、厨房和玄关的岔路口

考虑到一楼的厨房和卫生间以及二楼寝室的位置关系，建造了一架作为隐私区域的楼梯。该楼梯与寝室直接相连，再往里走的话就必须通过寝室。既然这样，里面的房间如果与一楼有楼梯相连的话，也就解决了必须穿过卧室的问题了。可仅是这样的话，作为建造两架楼梯的理由似乎说服力还不太够。特别是由两架楼梯所形成的巨大的纵向空间的回游性。在餐厅上方建造了共享空间后，就使得卫生间之外的内部空间都融为一体了，不论身在何处，都能够感觉到家人的存在。

# 造就若即若离空间关系的楼梯 | 北上的住宅

所在地　岩手县北上市
家族构成　夫妇+夫妇（两个家庭）
占地面积　243.09m²
建造面积　117.85m²
使用总面积　221.97m²
构造、规模　木结构二层
施工单位　木之香的住宅

**马上就能上二楼**

楼梯设置在离玄关门厅最近的位置，为此也将卫生间安排在附近，可以在不必过分在意父母的前提下来去

**缩短距离感**

通过上方的共享空间与二楼儿子、儿媳一家的前室相连。这在两个家庭同居的住宅中能够缩短距离感

**这里要靠近些**

这是连接一楼起居室和二楼起居室的楼梯。父母和儿辈虽然是两个家庭，但这一部分要营造出较为亲近的关系

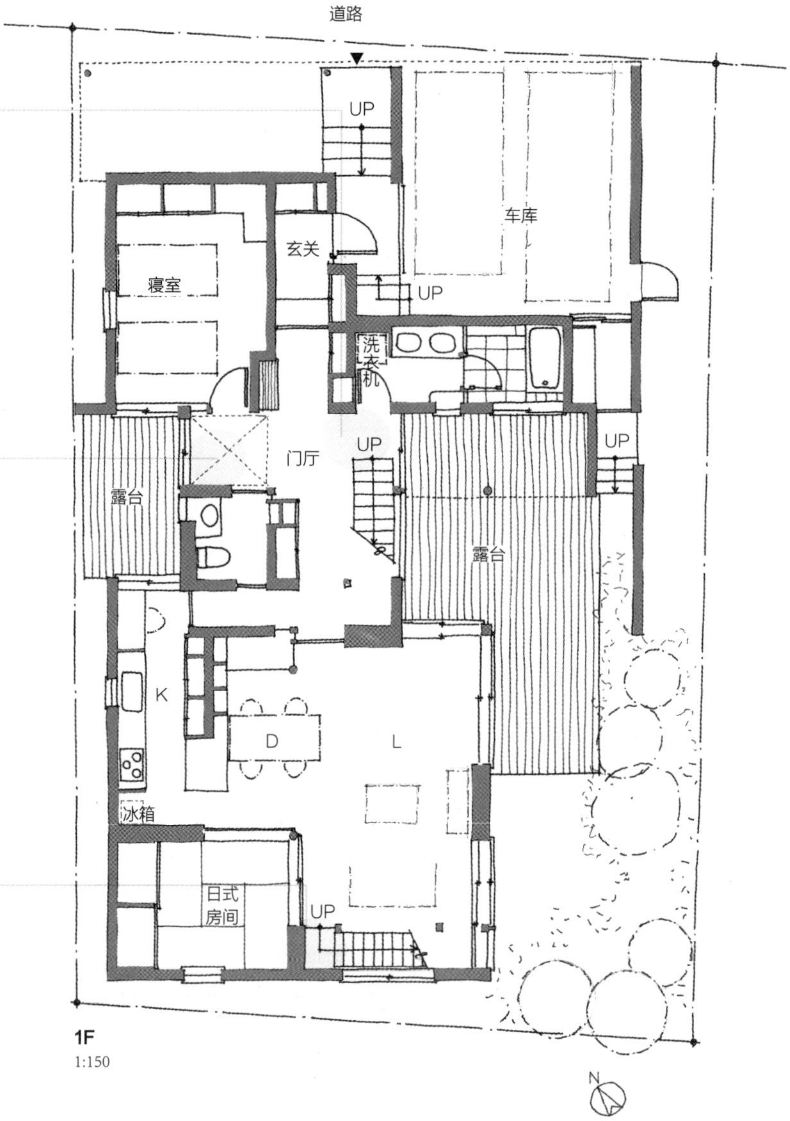

道路
UP
车库
玄关
寝室
UP
洗衣机
UP
UP
门厅
露台
露台
K
D
L
冰箱
日式房间
UP

1F
1:150

N

这是一幢两个家庭共居的住宅，玄关和卫生间是公用的。楼梯很自然地设置在了玄关门厅处，卫生间的入口也在上下楼梯的附近。考虑到两个家庭生活上的隐私，这样的位置安排似乎是不言而喻的。然而，美中不足的是会让人感觉两个家庭间的交流似乎过于淡薄。但也不能因为这个原因而过于深入各自的生活，为了解决这个看似矛盾的问题，我们建造了一架连接各自起居室的小楼梯。在日常生活中，可根据不同的需要利用楼梯，这样便可同时照顾到隐私与交流两方面了。

**连接两个家庭的居所**

包括楼梯间在内，走廊与一楼上方的共享空间融为一体，建造得十分宽敞。在营造出一体感的同时，也缩短了两个家庭间的距离

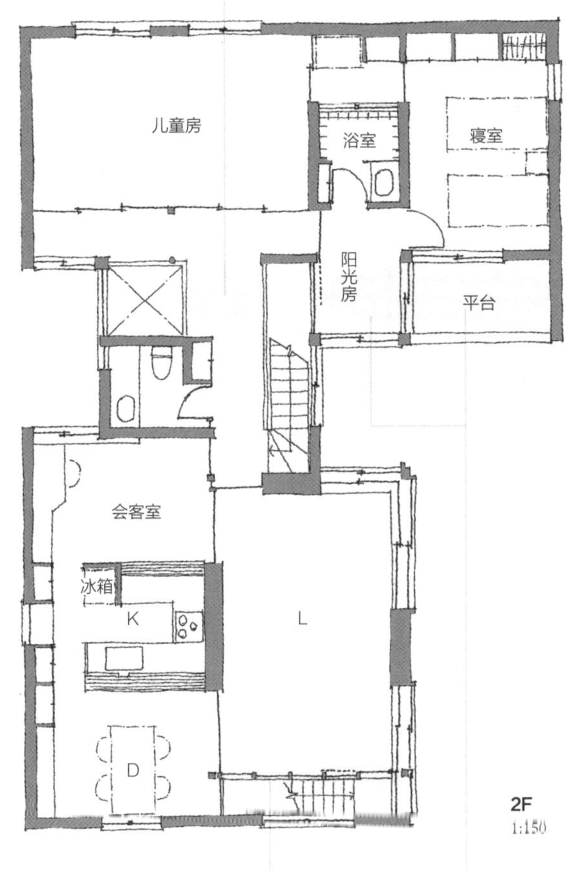


**考虑到环境温度**

二楼上的楼梯间被玻璃隔墙围了起来，以防止上下楼层之间温度的相互影响

**在二楼清洗的衣物就在二楼晾晒**

平台的旁边有个在室内晾晒衣物的空间。经过该处可进入寝室或浴室

1. 朝连接起居室的楼梯望去时所看到的景象。透过楼梯板的空隙可以看到一楼的起居室
2. 这是二楼的餐厅。窗户的位置和大小根据坐到餐桌边上时的视线状况来决定
3. 从玄关门厅旁上去的楼梯。里侧与起居室相连的楼梯也清晰可见

# 连接儿童房与起居室的楼梯 | 三鹰的住宅

所在地　东京都三鹰市
家族构成　夫妇+两个孩子
占地面积　171.27m²
建造面积　68.49m²
使用总面积　131.94m²
构造、规模　木结构二层
施工单位　渡边技建

1. 娱乐室和下楼梯处。墙壁的对面是起居室
2. 这是在中央楼梯的中间所看到的景象。楼梯间的南侧面向露台的墙壁采用透明的玻璃，从这里照入的光线可一直照射到一楼的玄关门厅
3. 这是木制的中央螺旋楼梯。来自二楼的光虽会因楼梯板形成阴影，但也能一直落到玄关门厅

**被夹在中间的楼梯**
沿着这架被两个儿童房夹在中间的楼梯往上走，便可到达二楼的娱乐室和起居室

**隔断后用作前室**
用推拉门将玄关门厅与儿童房前的走廊分隔开，儿童房前的通道就成了前室

**双槽推拉门也可收入墙内**
玄关门厅与水泥地之间用双槽推拉门分隔，但也可将此推拉门收入墙内，将这两个空间合二为一

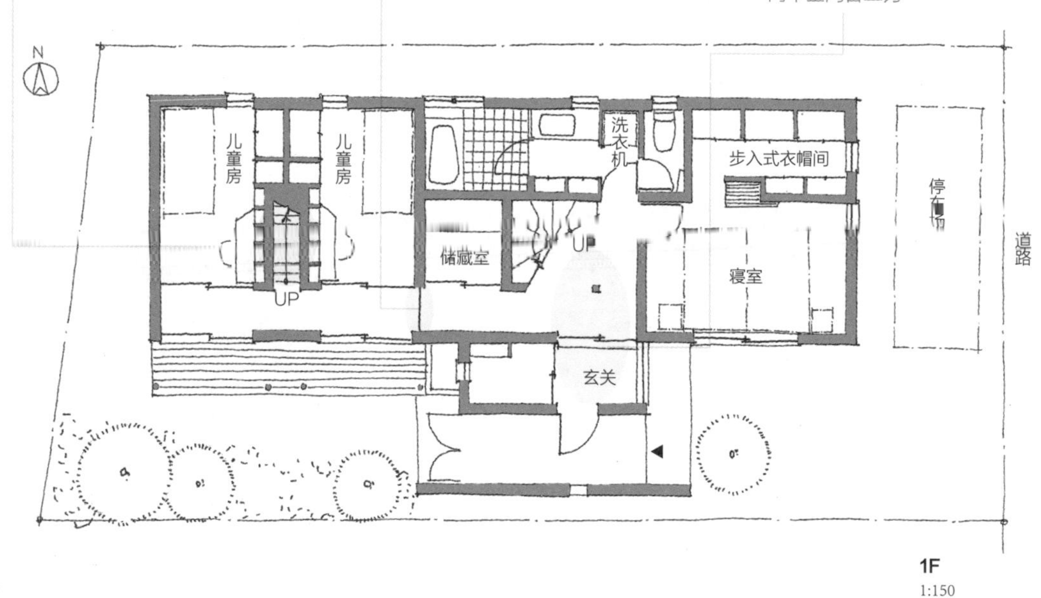


1F
1:150

LDK设置在二楼，而将儿童房安排在一楼。整个建筑是细长形的，要经由位于中间位置的楼梯和玄关才能进入里侧。对于小孩子来说，进入自己房间的路线与LDK相距甚远，于是就在两个儿童房的中间建造了一架小楼梯，使其与二楼的娱乐室相连。由于娱乐室就在起居室的旁边，故而能在感觉上缩短儿童房与起居室之间的距离。

2

3

给厕所建造一个前室

可从餐厅进入的厕所，拉开推拉门后首先是一个洗手区，同时又相当于一个换鞋用的前室

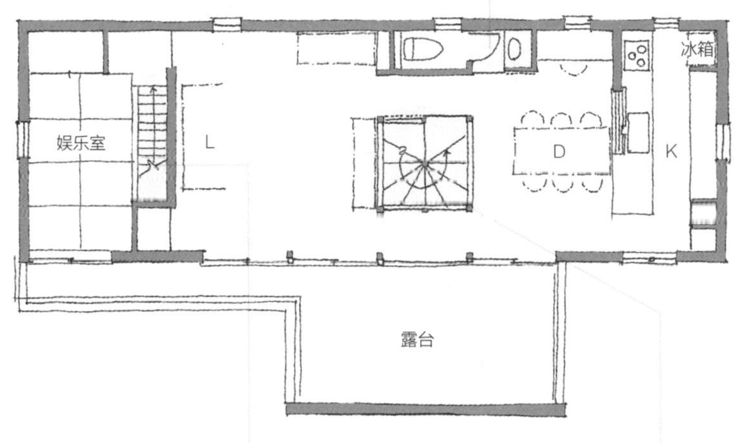


2F
1:150

隐藏起来的楼梯

穿过一楼儿童房之间而上楼的这架楼梯，从起居室是看不到的，可以体会到位于内侧动线上隐秘楼梯的乐趣

被围起来的楼梯间

楼梯间的四面都被围了起来。起居室和餐厅一侧，建造了遮挡视线的墙壁，而面向两条通道的侧面则配有透明的玻璃，视线可一直延伸到外面

## 两个家庭（几个家庭）共居的安全感

战后由于产业结构发生了巨大的变化，人们在自己的出生和成长地工作的情况大为减少。随之而来的是核心家庭化的普及，一个家庭在一起生活的现象极为常见，几个家庭一同生活的住宅则很少了。在几个家庭一起生活被认为是天经地义的年代，尽管精神负担比较重，但那时除了小孩子以外无论男女老少都在工作，在各自的繁忙中也可以相互照应。

战后随着核心家庭化的普及，男性在外工作，女性照顾家庭的模式十分流行，尤其是在大城市，可谓是非常显著。既然是核心家庭，那就必须由夫妇两人来抚养小孩了，在托儿所或保育院制度还不十分完备的年代，女性就只得留在家里。如果说核心家庭让女性远离了工作和社会，那么几个家庭在一起的生活，只要女性本身有意，就能成为寻找与工作、社会连接点的契机。

几个家庭在一起生活，确实会给家人间的人际关系带来负担。但也有其相应的好处，且包括女性与工作、社会的连接在内，这种好处还是多方面的。然而如果要严守战后才冒头的那种隐私意识，与过去完全一样的几个家庭在一起的生活方式迟早是行不通的。也就是说，必须营造出一种在确保个人或家人隐私的同时，且尊重家人间交流的生活形态。

如何将几个家庭一起生活的精神负担转变为由成年人增加而带来的安全感，可谓是左右此类设计的重要因素吧。

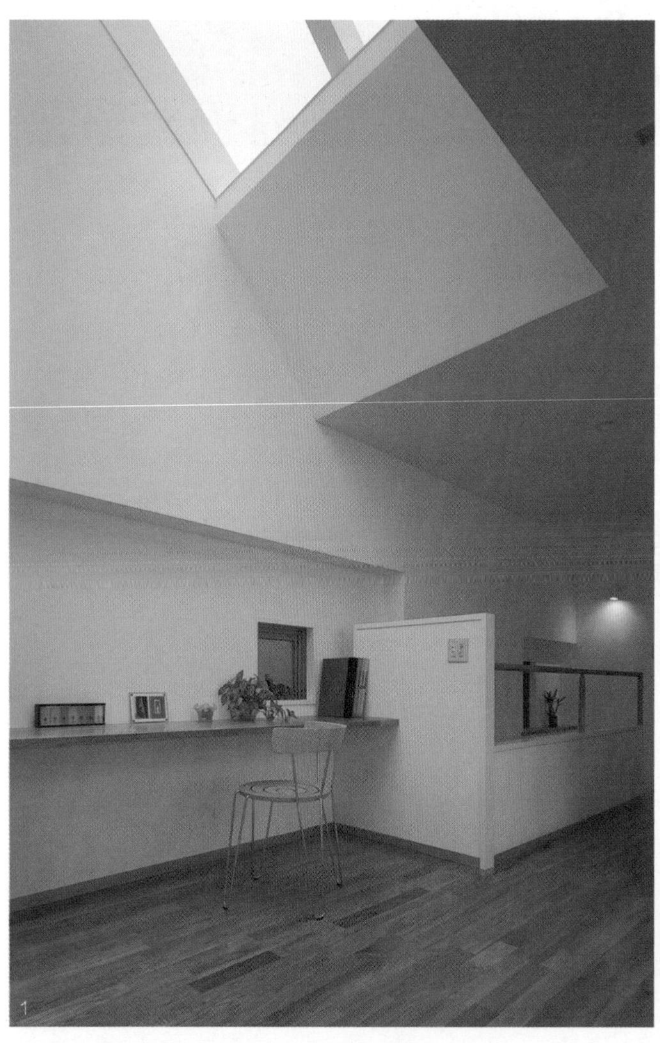

1. 三楼儿辈的起居室安排在最高层，共享空间上方的天窗给空间带来宽敞和明亮感
2. 这是从父母所住的二楼到三楼预备室去的楼梯。从预备室可走到露台上
3. 这是从父母们的三楼预备室朝屋顶露台望去时所看到的景象。走上楼梯后，可隔着露台看到儿辈们的起居室

# 运用屋顶露台营造出自然的交流氛围 | 湊的住宅

所在地　东京都中央区
家族构成　大妇+夫妇（两个家庭）
占地面积　77.06m²
建造面积　61.14m²
使用总面积　183.42m²
构造、规模　钢结构3层
施工单位　大祥工业

**露台的高窗**
阳光通过此较大的窗户可一直照射到二楼的餐厅。上下楼梯时视线也可延伸到露台上，给人以远超实际面积的宽敞感

**相互之间可传递灯光**
寝室与楼梯间之间的隔断开有玻璃（不透明）纵缝，相互之间可以传递灯光

**固定使用**
带洗脸台的厕所是按照最小尺寸建造的，一旦需要，走廊一侧的推拉门可全部拆除。平时，则将双槽推拉门固定起来，将其当做墙壁来使用

**可在一楼完成全部的生活内容**
父母所生活的一楼是个隐私领域。即便在其身体不舒服的时候，只需将饭菜从二楼端下来，就能完成全部的生活内容

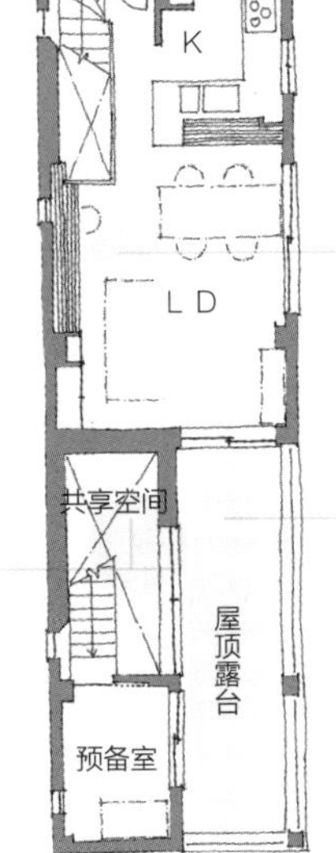

3F
1:200

2F
1:200

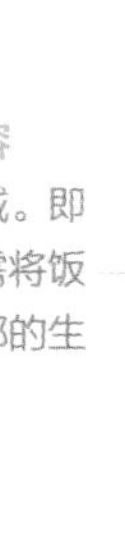

1F
1:200

**利用天窗采光**
由于南面隔着马路建有 10 层高楼，因此来自南面的日照是没有可能的。为此，在起居室和餐厅的上方开了天窗，以此来实现采光

**来到室外便可增进交流**
这是个两个家庭共用的屋顶露台，可以通过该露台来往于两个家庭的生活空间。来到露台上能感觉到与两个家庭生活区域间恰到好处的距离感

**用储物柜来分隔各个领域**
虽然 DK 是同处一室的，但通过如同小岛一般的储物柜，便可将厨房、餐厅以及走廊等各领域分隔开，使日常生活变得更为便利

**茶室型的起居室**
该起居室就是 4 张榻榻米大小的茶室。通过较大的推拉门的开或闭，可以成为宁静、安逸的茶室，也可以与餐厅融为一体

**左右分开**
两个家庭生活区的玄关是各自分开的，分布在左右两处，但进入的通道却是统一的

这是一块狭长得令人惊奇的宅基地，而要在这样一块住宅用地上建造供两个家庭生活的住宅。户主要求将玄关完全分开，以充分实现两个家庭各自独立的生活，此时需要考虑的是如何建立他们之间的沟通关系。总的来说，还是要在某处营造出自然的关联性。于是，我们就在三楼的屋顶上建造了一个露台，使其成为两个家庭共用的场所。

## 合理安排上下、左右的空间关系以实现三户共居｜三宿的住宅

所在地 东京都世田谷区
家族构成 夫妇+夫妇+孩子（三个家庭）
占地面积 334.84m²
建造面积 113.65m²
使用总面积 307.65m²
构造、规模 RC结构（一楼）+木结构（二、三楼）
施工单位 渡边富工务店

**进入后便分作两路**
拉开玄关门厅的推拉门便是楼梯口，这里便是通往三楼 LDK 的岔路口

**优先考虑动线**
在明知道厕所无法开窗的情况下，以厕所为中心设置了回游动线。厕所里安装了 24 小时工作的换气装置

**将相同的空间设计错位配置**
两层的空间设计是一样的，将其错开后露台也错位了，这样便可拓展起居室的视野

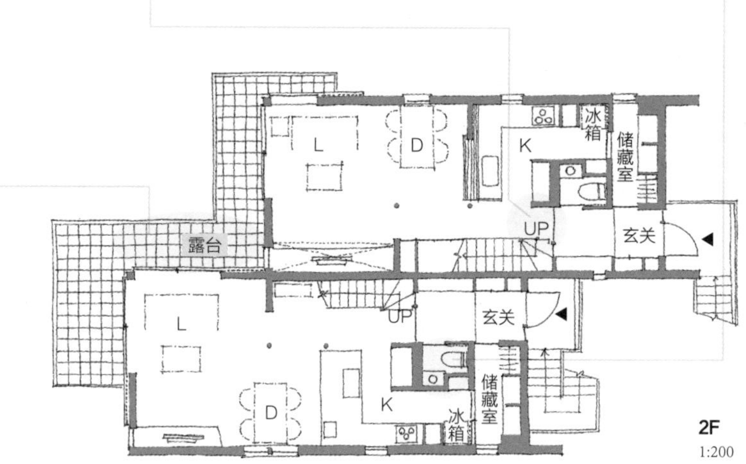


**卫生间建在寝室的隔壁**
卫生间是仅限于家人使用的隐私区域，故而建在靠里处，以便于从寝室直接进入

**分隔而又相连的母女寝室**
母女两人的寝室虽有墙壁分隔，但也还有相连的部分，同时也成为回游动线的一部分

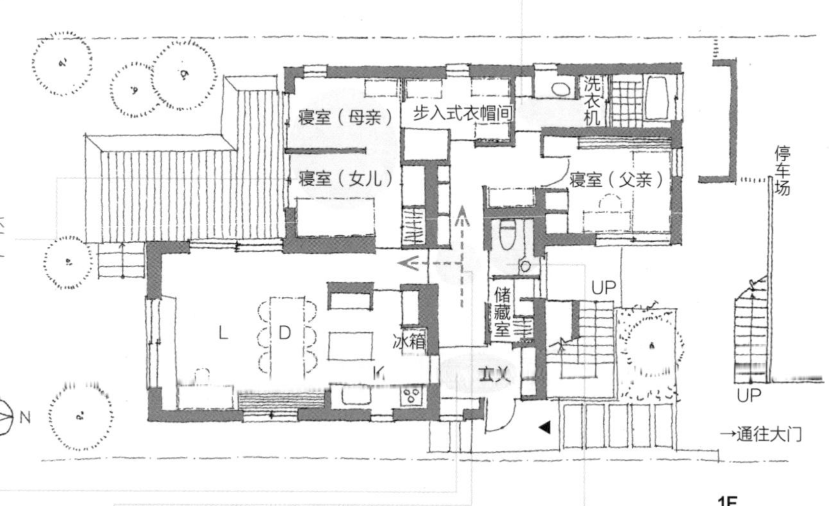


**可在此选择入内的路径**
进入玄关后，可以进入厨房，也可以通过玄关储藏室进入房间。初看十分简单，实际上连着三条动线

**区分领域**
走廊就是进入隐私区域前的通道。因此同一条走廊其实还起到了区分生活领域的作用

**位置恰到好处**
厕所位于 LDK 与隐私区域的分界处，无论从哪个区域来看，距离也都是恰到好处的

这是父母和兄弟二人这样3户人家共居的住宅。既然是3户共居，就必须考虑到今后可能有人会搬出去，到那或许就会将腾空的那套租出去了。因此，必须让三户人家都各自独立。这样在空间规划上就会变成类似于集体住宅或连排住宅的模样了。考虑到集体住宅的限制比较多，于是我们就采用了连排住宅的设计思路。一楼是父母的住宅，上面则以复式公寓的形式安排儿辈的住宅。又考虑到上面楼层对底层的噪声影响，一楼采用了混凝土构造，而二、三层则采用了木结构。

视线穿过别的空间

走上楼梯后，正面是一道用透明玻璃建成的墙。视线穿过共享空间，可以看到下面的起居室，而再穿过其前方纵向狭长的窗户，可以看到院子里的绿植和天空

来自天窗的间接光

由于南北方向较为狭长，为了弥补北面的亮度，给部分墙壁配上了玻璃。这样来自楼梯间天窗的阳光便可照射到预备室了

可收起推拉门让各个空间都连成一片

走廊、步入式衣帽间和洗漱间是相连的，无论是从哪一边都可以进出。将三扇推拉门完全打开后，就成了只剩下一根柱子的宽敞空间了

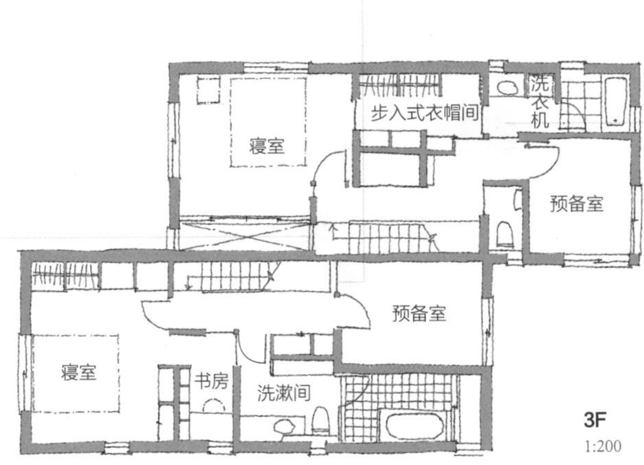

1. 这是房屋南侧的外观。一幢错位结构的三层楼房，一楼父母居住的部分是钢筋水泥结构，而上面儿辈居住的部分则是木结构的

2. 这是从二楼儿辈生活区的厨房朝外望去时所看到的景象。视线越过餐厅和起居室可以看到庭院里的绿植

3. 这是东面孙辈生活区三楼从寝室朝预备室望去时所看到的景象。墙壁的右侧是通往洗漱间的动线。墙壁的左侧则是走廊和楼梯间，可穿过预备室

# 进入后通往两个玄关 | 成城的住宅

所在地　东京都世田谷区
家族构成　夫妇+夫妇（两个家庭）
占地面积　227.27m²
建造面积　90.36m²
使用总面积　219.20m²
构造、规模　RC结构（地下）+木结构二层
施工单位　渡边富工务店

**相邻而设**
起居室和厨房虽是从不同的门进入，但里面其实是相连的。通过不同的门进出可以不走破对方的空间，能够充分发挥相邻而设的便利功能

**气息相通**
透过厨房后面的窗口可越过楼梯看到入口门厅处，能够感受到二楼家庭的气息

**共有入口通道**
两个家庭可经由共有的入口门厅走向各自的玄关

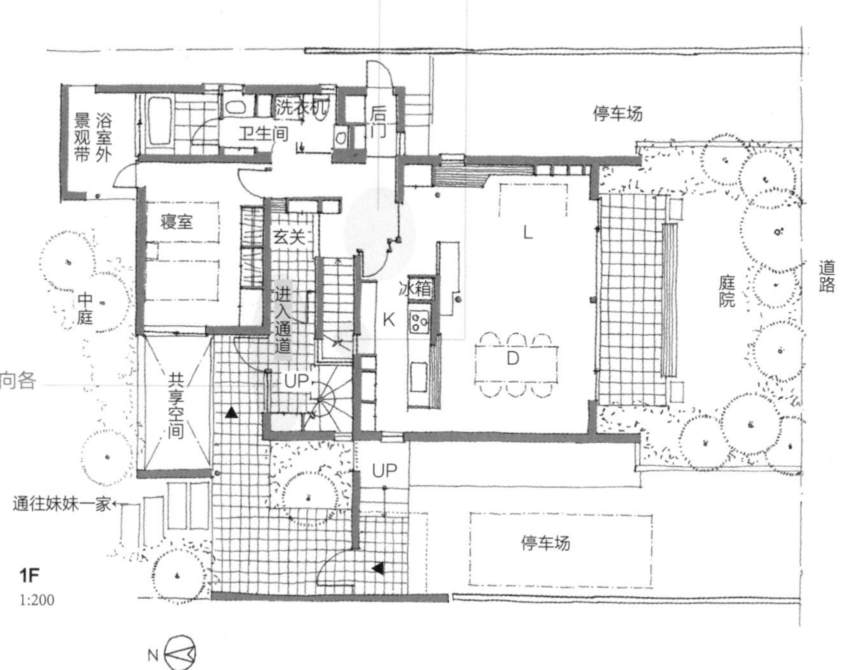


1F
1:200

**如同中庭一般**
由于采光井中也种有绿植，从儿童房里看过去就如同中庭一般，是一个十分安静的空间。也可以从进入通道和庭院处俯看此绿化，故而该采光井是个视线十分通透的空间

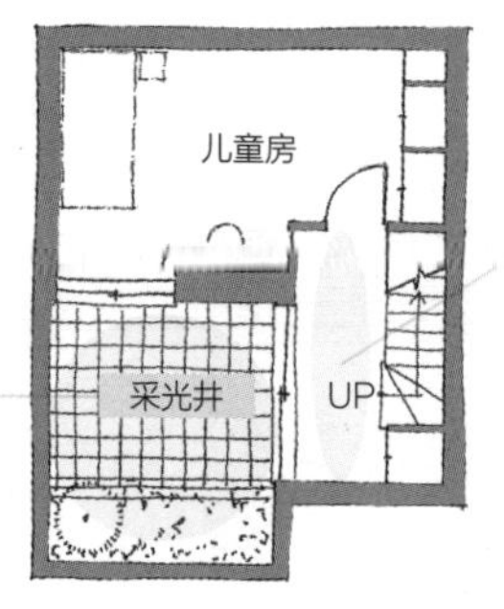


BF
1:200

**下去后也依然十分明亮**
从一楼下到地下室后，由于走廊靠着采光井也是十分明亮的，不会使人感到地下室常有的闭塞感

父母一家三口、儿辈一家三口。这是两个家庭共同居住的住宅。两个家庭的生活是完全独立的，可对外并不设两个玄关，而是从一个玄关门厅进入后再分别通往各自的内部玄关。两个家庭分别住在一楼和二楼，可利用位于入口通道处的楼梯上二楼。虽然分别生活在上、下不同的楼层，但主要玄关和门厅是共有的，故而营造出了生活在一栋住宅里的感觉。

也考虑到噪声影响

上下楼层的卫生间设置在相同的位置，不使排水声产生相互影响

将部分露台遮蔽起来

露台呈 L 形将 LD 围起来。为了遮挡住来自邻居家的视线，餐厅前的露台部分建有围墙

形成多条通道

准备了自玄关门厅到 LD 的动线和到预备室的动线。而从预备室可经由厨房、起居室以及卫生间前走到餐厅

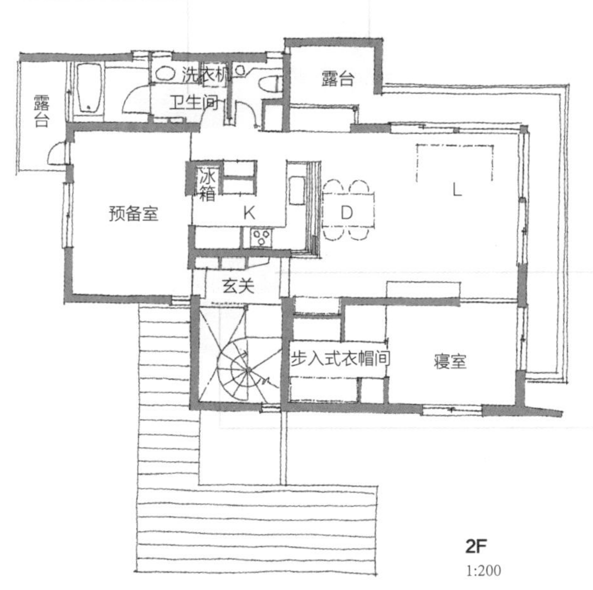


视觉上十分宽敞

从玄关处可看到一楼的入口门厅，可带来视觉上的宽敞感

**2F**
1:200

1. 在玄关处打开门后朝入口门廊望去时所看到的景象。右下方所能看到的是地下儿童房的采光井
2. 从两户共有的入口门厅朝二楼玄关望去时所看到的景象
3. 从入口门厅朝一楼的玄关门厅望去时所看到的景象。正面的鞋箱起到了隔断的作用，但其上方是通畅的，能给人以纵深感

# 与父母同住，其乐融融

两个家庭同住与跟父母一起居住间到底有什么区别呢？说到底，这是由相互之间的关系来决定的。不过，如果是父母的某一方与子女同住的话，只要是不另设玄关，其居住部分也不完全分开的话，似乎就不能称为两个家庭同住了。

在子女与父母中某一方一起生活的情况下，只要没有必须以两家人的方式居住在一起的理由，往往需要通过某种方式来相关联。当然，这种关联主要体现在精神方面，反映着子女的一种关心。于是住宅就成为在日常生活方面相关联的共居形式的住宅。

而父母与子女在日常生活中到底该如何发生关联，以及该共同拥有些什么，双方的感受和想法的不同会出现很大的不同。例如，可以是父母只拥有一个房间，而其他所有的空间都是公用的；也可以是在父母的居室里带有一个迷你厨房，能够制作些简单的食物；甚至可以建造一个父母专用的厕所。这些我们可以设想出的各种生活方式，其中并没有哪种一定是正确的，重要的是双方要能够十分自然、融洽地接受对方。因此，在考虑空间规划时，就应该以双方在日常生活中都不会感到不便为前提，再进一步对可以或不可以避让的部分加以调整。

在相互之间都能够生活得比较舒适的前提下，对于原本有着血缘关系的家人来说，如果在住宅中能够共享某些区域，那么将会使亲情关系更上一层楼。所以说，在设计共居型住宅时，将创建某种关联贯彻始终与构思的整个过程或许也是极为重要的。

1. 从二楼的走廊进入儿辈居住区的起居室、餐厅时所看到的景象。视线可在对角线方向延伸，故而给人以宽敞的感觉
2. 打开楼梯间与儿辈居住区的起居室之间的推拉门，便可实现采光、通风及沟通
3. 一楼母亲的寝室被建成日式房间，铺上榻榻米且装有推拉门、推拉窗

# 以楼梯为缓冲地带 | 小岩的住宅

所在地　东京都江户川区
家族构成　夫妇+两个小孩+母亲
占地面积　123.63m²
建造面积　57.21m²
使用总面积　140.41m²
构造、规模　木结构三层
施工单位　泷新

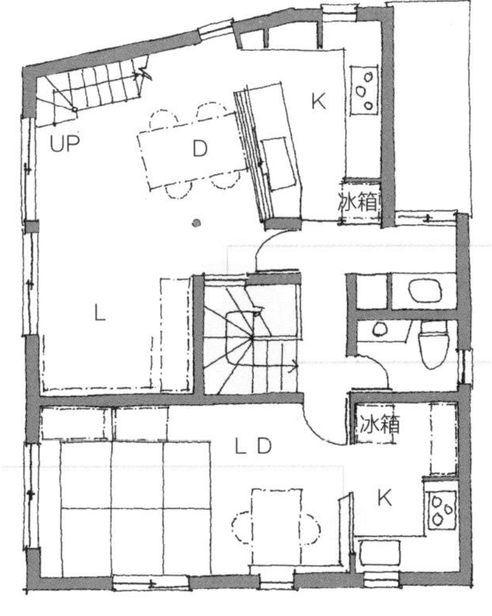
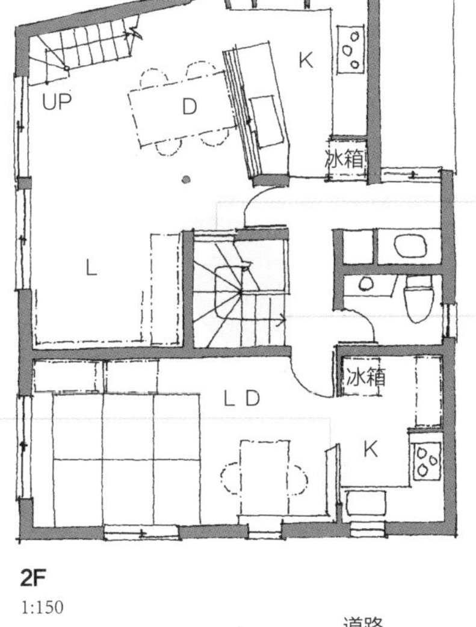


**气息相通**

楼梯间与女儿一家的餐厅之间有一个较小的敞开部分，拉开此推拉门后，有人上下楼梯时便可气息相通了。这样即便与母亲不打照面，也多少能了解一点其生活状况

**分出各个领域**

母亲的空间是一个LDK同处一室的大空间，但也根据生活上的实际需要分出了各个区域。厨房被屏风部分围起来，放置餐桌以外的地方则铺设了榻榻米

**楼梯的位置**

楼梯设置在了整个房屋的正中间。母亲上到二楼后，便可以不走破儿辈一家的区域，马上进入自己的LDK

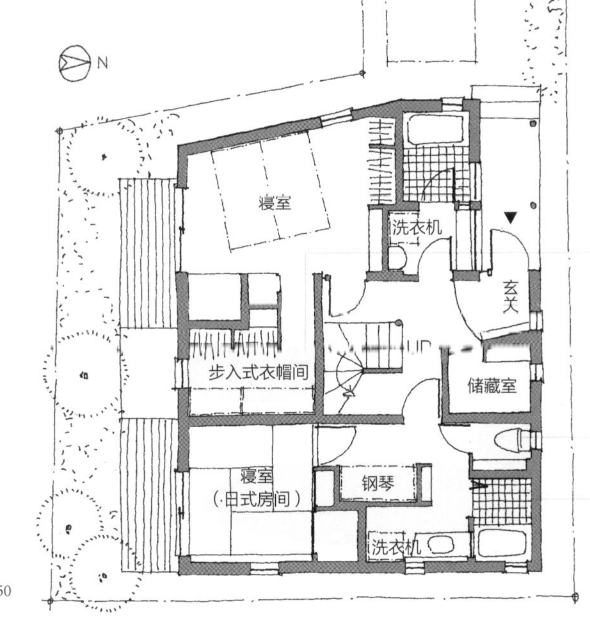


**以步入式衣帽间为缓冲地带**

由于睡觉、起床的时间不一致，故而在两个寝室之间安排了一个步入式衣帽间，可以避免相互影响

**厕所的位置**

一楼的厕所是母亲专用的。二楼的厕所虽说是公用的，但主要还是女儿一家所使用

**母亲的领域**

母亲的寝室和卫生间安排在一楼，由此营造出母亲专用的私人领域

这是女儿一家与母亲同住的住宅。卫生间和厨房都是分开的，而玄关、楼梯和二楼的厕所是公用的。也就是说，对于同住来说生活中的主要部分是各自分开的，而对于两户人家来说，共用的部分又是比较多的。为了避免生活噪音的相互干扰，采取了两代人分住在一、二楼的区域安排。而两代人共用的楼梯则被两代人的居室团团围住，处于整个房屋的正中间。由于楼梯是大家都频繁使用的，这样安排也能增多母女之间的接触。因为说到底，同住一个屋檐下的居住方式，营造出融洽的氛围是十分重要的。

## 利用复式楼层来加强联系 | 三住奏

所在地　东京都世田谷区
家族构成　夫妇+两个孩子+夫妇+两个孩子+母亲（三个家庭）
占地面积　398.01m²
建造面积　194.64m²
使用总面积　561.95m²
构造、规模　RC结构，地下二层地上三层
施工单位　大祥工业

**想用哪个就用哪个**

女儿和儿子的住宅区都有玄关和浴室，母亲可根据当时的心情来选用。现在，原则上使用小儿子一家的玄关

**也带有迷你厨房**

可以在此烧水、煮茶。打开迷你厨房旁边的推拉门，来自楼梯间的风便可吹进来

**厕所就在附近**

可眺望着北面庭院中的绿植悠然歇息的寝室。为了方便起夜，还在寝室的旁边设置了厕所和洗脸池

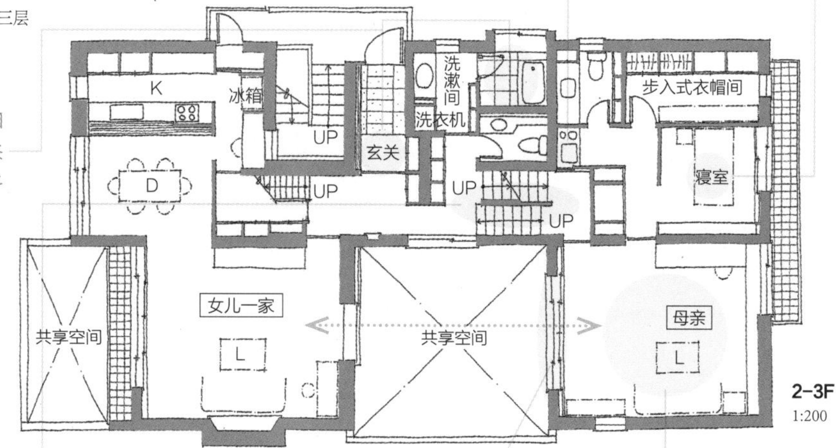


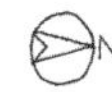


**上下半个楼梯**

从楼梯平台处往下走半个楼梯可到儿子的一家，往上走半个楼梯则可到女儿的一家

**视线连接**

坐在共享空间的窗边做些喜欢的手工活儿时，可看到半个楼梯上下两个孩子一家的起居室

**面面俱到的房间**

这是母亲一天中使用时间最长的房间。可以在此做些手工、处理一些简单的事务、听听音乐、看看电视等。有客来访时，也可在此接待

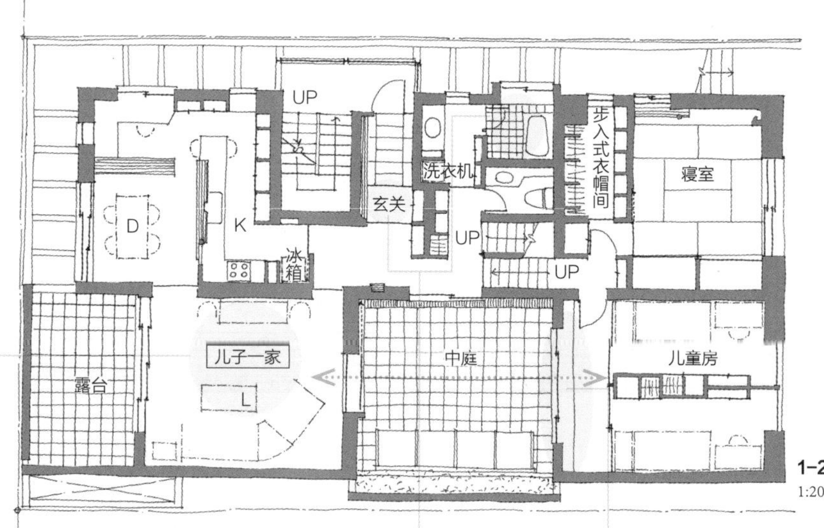


**不同的联系方式**

姐姐和弟弟两家的起居室分置在上下两层，视线不会相交，但他们各自都可与母亲的起居室视线相交

**想用哪个就用哪个**

请参考 2-3F 的图

**隔着中庭相联**

隔着中庭可看到起居室，一个家庭里的隐私区域和公共区域可在视野里融为一体

这是一幢姐弟两家人与母亲共同居住的住宅。两户人家都有自己的玄关，是完全独立的世界，但将母亲的空间夹在中间，通过楼梯与其相连。母亲的空间里带有洗脸池、厕所以及迷你厨房，也可随便选用女儿或儿子家的玄关。吃饭也根据情况与儿子或女儿一家一起。由于姐弟两家分处在不同的楼层而母亲的空间则处在复式楼层的中间，与他们两家都相差半层，缩短了母亲与子女之间的距离。

**横断面**
1:200

1. 这是二楼母亲的起居室。除了休息之外，还可处理一些简单的事务
2. 这是从三楼女儿一家的餐厅朝起居室望去时所看到的景象
3. 这是二楼儿子一家的起居室。打开左边的推拉门，便可隔着中庭露台看到母亲的起居室

# 作者介绍

【经历】

1956年 出生于东京

1979年 日本大学理工学部建筑系毕业

1979-1986年 林宽治设计事务所

1986年 开设本间至/Bleistift（一级建筑事务所）

1995年 作为设计会员参加“NPO建屋协会”

2006-2008年“NPO建屋协会”代表理事

2010年 日本大学理工学部建筑系客座讲师

—

【著作】

《最佳住宅的设计方法》（X-Knowledge出版/2008年）

《最佳住宅的建造方法》（X-Knowledge出版/2009年）

《最佳敞开部分建造方法》（X-Knowledge出版/2010年）

——

【事务所成员以及前辈】

大石裕子/关岛惠美子/矢野明子/清木绿/今井身江子/斋藤文子/吉田亚希子/渡边朋未/金泽真由美/秋田修吾/山田美札/吉田智美/山田裕子/渡边纱代/滩部智子/福田美咲/三平奏子

——

【Bleistift所在地】

东京都世田谷区赤堤1-35-51 Tel：03-3321-6723

http://www22.ocn.ne.jp/～bleistif/

E-mail:pencil@mbd.ocn.ne.jp

SAIKO NI TANOSHII MADORI NO ZUKAN
© ITARU HONMA 2010
Originally published in Japan in 2010 by X-Knowledge Co., Ltd. TOKYO,
Chinese (in simplified character only) translation rights arranged with
X-Knowledge Co., Ltd. TOKYO,
through CREEK & RIVER Co., Ltd. TOKYO.

**律师声明**

北京市中友律师事务所李苗苗律师代表中国青年出版社郑重声明：本书参照原书由中国青年出版社独家出版发行。未经版权所有人和中国青年出版社书面许可，任何组织机构、个人不得以任何形式擅自复制、改编或传播本书全部或部分内容。凡有侵权行为，必须承担法律责任。中国青年出版社将配合版权执法机关大力打击盗印、盗版等任何形式的侵权行为。敬请广大读者协助举报，对经查实的侵权案件给予举报人重奖。

**侵权举报电话**

全国“扫黄打非”工作小组办公室
010-65233456 65212870
http://www.shdf.gov.cn

中国青年出版社
010-50856028
E-mail: editor@cypmedia.com

**版权登记号：01-2015-4004**

**图书在版编目（CIP）数据**

居住空间设计图解 /（日）本间至编著；徐建雄，陈铁军，姚绪辉译.
一北京：中国青年出版社，2015.9
国际环境设计精品教程
ISBN 978-7-5153-3858-3
I.①居… II.①本… ②徐… ③陈… ④姚… III.①住宅－室内装饰设计－教材
IV. ①TU241
中国版本图书馆CIP数据核字（2015）第221503号

**国际环境设计精品教程：居住空间设计图解**

（日）本间至 编著
徐建雄 陈铁军 姚绪辉 译

出版发行：中国青年出版社
地 址：北京市东四十二条21号
邮政编码：100708
电 话：（010）50856188 / 50856199
传 真：（010）50856111
企 划：北京中青雄狮数码传媒科技有限公司

策划编辑：张 军 马珊珊
责任编辑：张 军
助理编辑：王莉莉 张君娜
封面设计：DIT_design
封面制作：吴艳蜂

印 刷：北京建宏印刷有限公司
开 本：787 × 1092 1/16
印 张：10.5
版 次：2015年9月北京第1版
印 次：2019年2月第3次印刷
书 号：ISBN 978-7-5153-3858-3
定 价：49.80元

本书如有印装质量等问题，请与本社联系
电话：(010) 50856188 / 50856199
读者来信：reader@cypmedia.com
如有其他问题请访问我们的网站：www.cypmedia.com